別冊 問題編

大学入試 全レベル問題集

# 数学 I+A+II+B +ベクトル

4 私大上位・国公立大上位レベル

改訂版

Obunsha

数学 レベル4

# 問題編

目　次

# 第1章　方程式・不等式，関数

## 1

✓Check Box □□　解答は別冊 p.10

$0 \leqq \theta \leqq \frac{\pi}{3}$ を満たすすべての$\theta$について，不等式

$$\cos 3\theta + a(\cos 2\theta + 1) + 5\cos\theta \geqq 0$$

が成り立つような実数$a$の値の範囲を求めよ．

（福島県立医科大・改）

## 2

✓Check Box □□　解答は別冊 p.12

$a$を定数とし，関数$f(x)$を

$$f(x) = (x-a)|x-2+a|$$

と定める．このとき，$0 \leqq x \leqq 1$ における$f(x)$の最大値と最小値を$a$を用いて表せ．

（岩手大）

## 3

✓Check Box □□　解答は別冊 p.14

$a$を実数の定数とする．$x$の2次方程式

$$x^2 + (a-1)x + a + 2 = 0 \quad \cdots\cdots(*)$$

について，次の問いに答えよ．

(1)　2次方程式(＊)が $0 \leqq x \leqq 2$ の範囲に実数解をただ1つもつとき，$a$の値の範囲を求めよ．

(2)　$-2 \leqq a \leqq -1$ のとき，2次方程式(＊)の実数解$x$のとりうる値の範囲を求めよ．

（金沢大）

## 4

✓Check Box □□

解答は別冊 p.16

$xy$ 平面上に 2 点 $\mathrm{P}(t,\ t)$，$\mathrm{Q}(t-1,\ 1-t)$ がある．このとき，次の問いに答えよ．

(1) $t$ が $0 \leqq t \leqq 1$ の範囲を動くとき，直線 PQ の通過する領域を図示せよ．

(2) $t$ が $0 \leqq t \leqq 1$ の範囲を動くとき，線分 PQ の通過する領域を図示せよ．

（東京海洋大）

## 5

✓Check Box □□

解答は別冊 p.18

$a$，$b$ は実数とする．$x$ の方程式 $|x^2+ax+b|=|x^2+bx+a|$ の異なる実数解の個数を $n$ とする．次の問いに答えよ．

(1) $n=1$ となる点 $(a,\ b)$ の範囲を図示せよ．

(2) $n=2$ であるとき，この方程式の実数解を求めよ．

（横浜国立大）

## 6

✓Check Box □□

解答は別冊 p.20

多項式 $F(x)$ を零でない多項式 $G(x)$ で割った余りを $R(x)$ とする．以下の問いに答えよ．

(1) 方程式 $F(x)=0$ と $G(x)=0$ の共通解は方程式 $R(x)=0$ の解であることを示せ．

(2) $a$ は実数の定数として

$$G(x)=x^4-ax^3-2x^2+2(a-2)x+4a$$
$$R(x)=x^3+x^2-(a^2+3a+6)x+2a(a+3)$$

とする．

$G(x)$ を $R(x)$ で割った余り $S(x)$ を求めよ．さらに，方程式 $G(x)=0$ と $R(x)=0$ の共通の実数解を求めよ．

（東北大）

## 7

✓Check Box □□ 解答は別冊 p.22

$a$ は0と異なる実数とし，$f(x)=ax(1-x)$ とおく．

(1) $f(f(x))-x$ は，$f(x)-x$ で割り切れることを示せ．

(2) $f(p)=q$，$f(q)=p$ を満たす異なる実数 $p$，$q$ が存在するような $a$ の範囲を求めよ．

(一橋大)

## 8

✓Check Box □□ 解答は別冊 p.24

［A］ 実数 $x$，$y$ が $x>0$，$y>0$，$x^3+y^3=1$ を満たすとき，$x+y$ のとり得る値の範囲を求めよ．

［B］ 実数 $x$，$y$ が条件 $x^2+xy+y^2=6$ を満たしながら動くとき

$$x^2y+xy^2-x^2-2xy-y^2+x+y$$

がとり得る値の範囲を求めよ．

(京都大)

## 9

✓Check Box □□ 解答は別冊 p.26

0以上の実数 $s$，$t$ が $s^2+t^2=1$ を満たしながら動くとき，方程式

$$x^4-2(s+t)x^2+(s-t)^2=0$$

の解のとる値の範囲を求めよ．

(東京大)

## 10

Check Box

解答は別冊 p.28

$a=\sqrt[3]{\sqrt{\frac{65}{64}}+1}-\sqrt[3]{\sqrt{\frac{65}{64}}-1}$ とする．次の問いに答えよ．

(1) $a$ は，整数を係数とする 3 次方程式の解であることを示せ．

(2) $a$ は整数でないことを証明せよ．

(弘前大)

## 11

Check Box

解答は別冊 p.30

角 $\alpha$，$\beta$，$\gamma$ が

$$\alpha+\beta+\gamma=\pi,\ \alpha\geqq 0,\ \beta\geqq 0,\ \gamma\geqq 0$$

を満たすとき，$\cos\alpha+\cos\beta+\cos\gamma\geqq 1$ を示せ．

(京都大)

## 12

Check Box

解答は別冊 p.32

$x$，$y$，$z$ を 0 でない 3 つの実数とする．

$$A=x+y+z,\ B=xy+yz+zx,\ C=xyz$$

とおき，以下の命題を考える．

(p) $A=0$ ならば，$B<0$ である．

(q) $A$，$B$，$C$ がすべて正ならば，$x$，$y$，$z$ はすべて正である．

(r) $x$，$y$，$z$ の 1 つだけが正ならば，$A<0$ または $B\leqq 0$ である．

このとき，以下の問いに答えよ．

(1) (p) が成り立つことを証明せよ．

(2) (q) が成り立つことを仮定して，(r) が成り立つことを証明せよ．

(3) (q) が成り立つことを証明せよ．

(大阪公立大)

# 第2章　確　率

## 13

✓Check Box □□　解答は別冊 p.34

箱の中にAと書かれたカード，Bと書かれたカード，Cと書かれたカードがそれぞれ4枚ずつ入っている．男性6人，女性6人が箱の中から1枚ずつカードを引く(引いたカードは戻さない)．

(ア)　Aと書かれたカードを4枚とも男性が引く確率は □ となる．

(イ)　A，B，Cと書かれたカードのうち，少なくとも一種類のカードを4枚とも男性または4枚とも女性が引く確率は □ となる．

(横浜市立大)

## 14

✓Check Box □□　解答は別冊 p.36

百の位が$X$で十の位が$Y$で一の位が$Z$である3けたの数を$(XYZ)$で表すことにする．

サイコロを投げるとき，1から6までの6通りのうちいずれかの目が出て，どの目が出ることも同様に確からしいとする．このサイコロを3回投げ，出た目の数を順に$A$，$B$，$C$とする．このとき，下記の設問に答えよ．

(1)　$(ABC)$が4の倍数になる確率を求めよ．

(2)　$(ABC)$，$(ACB)$，$(BAC)$，$(BCA)$，$(CAB)$，$(CBA)$のいずれもが4の倍数にならない確率を求めよ．

(埼玉大)

## 15

✓Check Box □□ 解答は別冊 p.38

赤い箱が2個と青い箱が3個ある．$n$ 枚のカードを1枚ずつ無作為にこれら5個の箱のどれかに入れていく．カードが少なくとも1枚入っている赤い箱の個数を $X$ とし，カードが少なくとも1枚入っている青い箱の個数を $Y$ とする．

(1) $X>0$ かつ $Y>0$ となる確率を求めよ．

(2) $X>Y$ となる確率を求めよ．

（一橋大）

## 16

✓Check Box □□ 解答は別冊 p.40

［A］ 次の問いに答えよ．ただし，同じ色の玉は区別できないものとし，空の箱があってもよいとする．

(1) 赤玉10個を区別ができる4個の箱に分ける方法は何通りあるか求めよ．

(2) 赤玉6個と白玉4個の合計10個を区別ができる4個の箱に分ける方法は何通りあるか求めよ．

（千葉大）

［B］ 次の条件を満たす4桁の正の整数 $d_4d_3d_2d_1$ の個数をそれぞれの場合について求めよ．

(1) $9\geqq d_4>d_3>d_2>d_1\geqq 0$

(2) $9\geqq d_4\geqq d_3\geqq d_2\geqq d_1\geqq 0$

（津田塾大）

## 17

✓Check Box

解答は別冊 p.42

A, B, C, D の 4 つの県から 2 チームずつ，計 8 つの野球チームがトーナメント形式で優勝を争うことになった．抽選で右図のように対戦相手を決めるものとし，8 チームの力は同等であるとする．次の確率を求めよ．

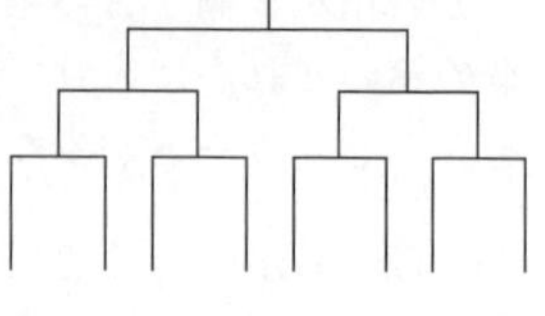

(1) A県の 2 チームが一回戦で対戦する確率を求めよ．

(2) 一回戦の 4 試合の中で同県勢同士の対戦になる試合数を $X$ とおく．
$X=1$, 2, 3, 4 になる確率をそれぞれ求めよ．

(3) 決勝戦以外では同県勢同士の対戦があり得ないような組合せになる確率を求めよ．

(お茶の水女子大)

## 18

✓Check Box

解答は別冊 p.44

白黒 2 種類のカードがたくさんある．そのうち 4 枚のカードを手もとにもっているとき，次の操作(A)を考える．

(A) 手持ちの 4 枚の中から 1 枚を，等確率 $\frac{1}{4}$ で選び出し，それを違う色のカードにとりかえる．

最初にもっている 4 枚のカードは，白黒それぞれ 2 枚であったとする．以下の問い(1)，(2)に答えよ．

(1) 操作(A)を 4 回繰り返した後に初めて，4 枚とも同じ色のカードになる確率を求めよ．

(2) 操作(A)を $n$ 回繰り返した後に初めて，4 枚とも同じ色のカードになる確率を求めよ．

(東京大)

## 19

Check Box □□　解答は別冊 p.46

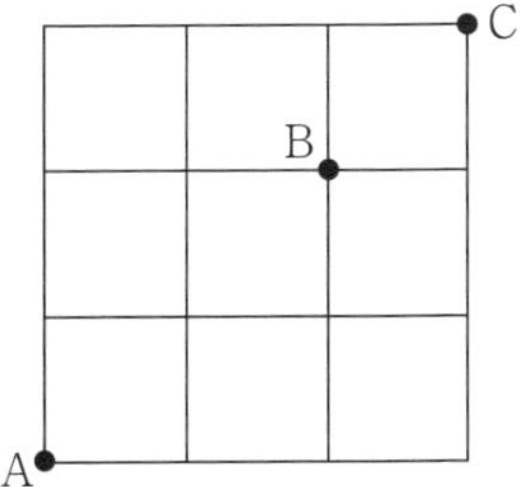


右の図ような格子状の道路がある．左下のA地点から出発し，サイコロを繰り返し振り，次の規則にしたがって進むものとする．

1の目が出たら右に2区画，2の目が出たら右に1区画，3の目が出たら上に1区画進み，その他の場合はそのまま動かない．

ただし，右端で1または2の目が出たとき，あるいは上端で3の目が出たときは，動かない．また，右端の1区画手前で1の目が出たときは，右端まで進んで止まる．

$n$を8以上の自然数とする．A地点から出発し，サイコロを$n$回振るとき，ちょうど6回目に，B地点以外の地点から進んでB地点に止まり，$n$回目までにC地点に到達する確率を求めよ．ただし，サイコロのどの目が出るのも，同様に確からしいものとする．

（東北大）

## 20

Check Box □□　解答は別冊 p.48

赤，白，青，黄の色で塗られた4種類のカードがそれぞれ2枚ずつ合計8枚のカードがある．以下では，同じ色のカード2枚の組をワンペア，異なる色の2枚の組をノーペアと呼ぶ．

(1)　8枚から2枚を取り出すとき，これがワンペアである確率は □ である．また，ノーペアである確率は □ である．

(2)　8枚を4人に2枚ずつ配るとき，4人ともワンペアを受け取る確率は □，2人がワンペアで他の2人がノーペアを受け取る確率は □，1人だけがワンペアで他の3人がノーペアを受け取る確率は □，さらに，4人全員がノーペアを受け取る確率は □ である．

(3)　8枚から4枚を取り出すとき，この中にワンペアの組が1つだけである確率は □ である．

（立命館大）

## 21

✓Check Box

解答は別冊 p.50

1から$n$まで番号が書かれた$n$枚のカードがある．この$n$枚のカードの中から1枚を取り出し，その番号を記録してからもとに戻す．この操作を3回繰り返す．

記録した3個の番号が3つとも異なる場合には大きい方から2番目の値を$X$とする．2つが一致し，1つがこれと異なる場合には，2つの同じ値を$X$とし，3つとも同じならその値を$X$とする．

(1) 確率 $P(X \leqq k)$ $(k=1, 2, \cdots, n)$ を求めよ．

(2) 確率 $P(X=k)$ $(k=1, 2, \cdots, n)$ を求めよ．

(3) $P(X=k)$ が最大となる$k$の値を求めよ．

（千葉大）

## 22

✓Check Box

解答は別冊 p.52

3枚のコインP，Q，Rがある．P，Q，Rの表の出る確率をそれぞれ$p$，$q$，$r$とする．このとき，次の操作を$n$回繰り返す．

まず，Pを投げて表が出ればQを，裏が出ればRを選ぶ．次に，その選んだコインを投げて，表が出れば赤玉を，裏が出れば白玉をつぼの中に入れる．

(1) $n$回ともコインQを選び，つぼの中には$k$個の赤玉が入っている確率を求めよ．

(2) つぼの中が赤玉だけとなる確率を求めよ．

(3) $n=2004$，$p=\frac{1}{2}$，$q=\frac{1}{2}$，$r=\frac{1}{5}$ のとき，つぼの中に何個の赤玉が入っていることが最も起こりやすいかを求めよ．

（東京工業大）

## 23

✓Check Box □□ 解答は別冊 p.54

机のひきだしAに3枚のメダル，机のひきだしBに2枚のメダルが入っている．机のひきだしAの各メダルの色は金，銀，銅のどれかであり，ひきだしBの各メダルの色は金，銀のどちらかである．

(1) ひきだしAのメダルが2種類である確率を求めよ．

(2) ひきだしA，Bを合わせたメダルの色が2種類である確率を求めよ．

(3) ひきだしA，Bを合わせてちょうど3枚の金メダルが入っていることがわかっているとき，ひきだしAのメダルの色が2種類である確率を求めよ．

（北海道大）

## 24

✓Check Box □□ 解答は別冊 p.56

［A］ 1歩で1段または2段のいずれかで階段を昇るとき，1歩で2段昇ることは連続しないものとする．15段の階段を昇る昇り方は何通りあるか．

（京都大）

［B］ 硬貨を投げ，3回続けて表が出たら終了する．$n$回以下で終了する場合の数を$f_n$とする．$f_{10}=$□ である．

（早稲田大）

## 25

✓Check Box □□ 解答は別冊 p.58

1つの整数を表示する装置がある．最初に2013が表示されている．

サイコロを1回投げるたびに次の操作(＊)を行う．

(＊) 表示されている整数をサイコロの出た目の数で割った余り$r$を求め，装置に$r$を表示させる．

サイコロを$n$回投げたとき，最後に装置に表示されている整数が0である確率を$a_n$，1である確率を$b_n$，3である確率を$c_n$とする．次の問いに答えよ．

(1) $a_1$，$b_1$，$c_1$を求めよ．

(2) $a_n$，$b_n$，$c_n$を$a_{n-1}$，$b_{n-1}$，$c_{n-1}$を用いて表せ．

(3) $a_n$，$b_n$，$c_n$を$n$の式で表せ．

（横浜国立大）

# 第3章 整数問題

## 26

✓Check Box □□

解答は別冊 p.60

［A］ $\sqrt{x^2+84}$ が整数となるような正の整数 $x$ をすべて求めよ．

（名古屋市立大）

［B］ 2 以上の整数 $m$，$n$ は $m^3+1^3=n^3+10^3$ を満たす．$m$，$n$ を求めよ．

（一橋大）

## 27

✓Check Box □□

解答は別冊 p.62

［A］ $n$ を正の整数とする．$\dfrac{4n}{n^2-2n-1}$ が正の整数となる $n$ を求めよ．

［B］ $\dfrac{n^2+7}{3n-1}$ が整数となるような正の整数 $n$ を求めよ．

（帝京大）

## 28

✓Check Box □□

解答は別冊 p.64

以下の問いに答えよ．

⑴ $65x+31y=1$ の整数解をすべて求めよ．

⑵ $65x+31y=2016$ を満たす正の整数の組 $(x, y)$ を求めよ．

⑶ 2016 以上の整数 $m$ は，正の整数 $x$，$y$ を用いて $m=65x+31y$ と表せることを示せ．

（福井大）

## 29

✓Check Box □□ 解答は別冊 p.66

$a$ を正の整数とし，$p$，$q$ を素数とする．このとき，2次方程式

$$ax^2-px+q=0$$

の2解が整数となるような組$(a,\ p,\ q)$をすべて求めよ．

（高知大）

## 30

✓Check Box □□ 解答は別冊 p.68

$a$，$b$ は $a \geqq b > 0$ を満たす整数とし，$x$ と $y$ の2次方程式

$$x^2+ax+b=0,\quad y^2+by+a=0$$

がそれぞれ整数解をもつとする．

(1) $a=b$ とするとき，条件を満たす整数 $a$ をすべて求めよ．

(2) $a>b$ とするとき，条件を満たす整数の組$(a,\ b)$をすべて求めよ．

（名古屋大）

## 31

✓Check Box □□ 解答は別冊 p.70

すべての正の整数 $n$ に対して，$3^{3n-2}+5^{3n-1}$ が7の倍数であることを証明せよ．

（弘前大）

## 32

✓Check Box □□ 解答は別冊 p.72

$x+y+z+8=xyz$ ……① を満たす自然数の組$(x,\ y,\ z)$について，次の □ にあてはまる整数を求めよ．

(1) $xyz$のとることのできる値のうち，最も小さいものは [ア] であり，最も大きいものは [イ] である．また，$xyz=$[イ] のとき，$x,\ y,\ z$のうちで最も大きいものの値は [ウ] である．

(2) ①を満たす自然数の組$(x,\ y,\ z)$は，全部で [エ] 個ある．

(帝京大)

## 33

✓Check Box □□ 解答は別冊 p.74

以下の問いに答えよ．

(1) $n$が正の偶数のとき，$2^n-1$ は3の倍数であることを示せ．

(2) $n$を自然数とする．$2^n+1$と$2^n-1$は互いに素であることを示せ．

(3) $p,\ q$を異なる素数とする．$2^{p-1}-1=pq^2$ を満たす$p,\ q$の組をすべて求めよ．

(九州大)

## 34

✓Check Box □□　解答は別冊 p.76

次の条件(a)，(b)をともに満たす直角三角形を考える．ただし，斜辺の長さを $p$，その他の2辺の長さを $q$，$r$ とする．

(a)　$p$，$q$，$r$ は自然数で，そのうちの少なくとも2つは素数である．

(b)　$p+q+r=132$

(1)　$q$，$r$ のどちらかは偶数であることを示せ．

(2)　$p$，$q$，$r$ の組をすべて求めよ．

（一橋大）

## 35

✓Check Box □□　解答は別冊 p.78

整数 $x$，$y$ が $x^2-2y^2=1$ を満たすとき，次の問いに答えよ．

(1)　整数 $a$，$b$，$u$，$v$ が

$$(a+b\sqrt{2})(x+y\sqrt{2})=u+v\sqrt{2}$$

を満たすとき，$u$，$v$ を $a$，$b$，$x$，$y$ で表せ．さらに $a^2-2b^2=1$ のときの $u^2-2v^2$ の値を求めよ．ともに，答えのみでよい．

(2)　$1<x+y\sqrt{2}\leqq 3+2\sqrt{2}$ のとき，$x=3$，$y=2$ となることを示せ．

(3)　自然数 $n$ に対して

$$(3+2\sqrt{2})^{n-1}<x+y\sqrt{2}\leqq(3+2\sqrt{2})^n$$

のとき，$x+y\sqrt{2}=(3+2\sqrt{2})^n$ を示せ．

（早稲田大）

# 第4章 幾何図形

## 36

✓Check Box □□ 解答は別冊 p.80

△ABC の内心を I とし，AI の延長が外接円と交わる点を D とする．AB の長さが 3，AC の長さが 4，∠BAC の大きさは 60° である．

このとき，DI の長さを求めよ．

（奈良県立医科大）

## 37

✓Check Box □□ 解答は別冊 p.82

凸四角形 ABCD は ∠B＝120°，CD＝DA＝AC を満たしているものとする．このとき，次の問いに答えよ．

(1) AB<BD であることを示せ．
(2) 線分 BD 上に AB＝BE となる点 E をとるとき，∠BAE の大きさを求めよ．
(3) AB＋BC＝BD であることを示せ．

（新潟大）

## 38

✓Check Box □□ 解答は別冊 p.84

座標平面上に点 A(3, 0)，B(0, 4) がある．点 P が単位円

$$C : x^2+y^2=1$$

上を動くとき，次の各問いに答えよ．

(1) △PAB の面積が最小となる点 P の座標を求めよ．
(2) $PA^2+PB^2$ が最小となる点 P の座標を求めよ．

## 39 Check Box

解答は別冊 p.86

$\triangle$ABC において，$\angle$A の二等分線とこの三角形の外接円との交点でAと異なる点を A$'$ とする．同様に $\angle$B，$\angle$C の二等分線とこの外接円との交点をそれぞれ B$'$，C$'$ とする．このとき，3直線 AA$'$，BB$'$，CC$'$ は1点Hで交わり，この点Hは $\triangle$A$'$B$'$C$'$ の垂心と一致することを証明せよ．

（京都大）

## 40 Check Box

解答は別冊 p.88

$\triangle$ABC を AB＝AC かつ AB＞BC である二等辺三角形とする．辺 AB 上の点 D を，$\triangle$ABC と $\triangle$CDB が相似となるようにとる．$\triangle$ABC の外心を O，$\triangle$ADC の外心をPとする．以下の問いに答えよ．

(1) 点Pは $\triangle$ADC の外部にあることを示せ．
(2) 四角形 AOCP において，$\angle$AOC＝$\angle$APC であることを示せ．
(3) $\triangle$CDB の外心は，$\triangle$ADC の外接円の周上にあることを示せ．

（奈良女子大）

## 41 Check Box

解答は別冊 p.90

四面体 ABPQ は

$$\mathrm{AP}=\mathrm{AQ}=3,\ \mathrm{BP}=\mathrm{BQ}=2\sqrt{2},\ \mathrm{PQ}=\frac{12}{5},\ \angle\mathrm{APB}=\frac{\pi}{4}$$

を満たすとする．点Pから直線 AB に下ろした垂線を PH とする．

(1) 線分 PH の長さを求めよ．
(2) $\angle$PHQ の大きさを $\theta$ とする．$\sin\theta$ の値を求めよ．
(3) 2つのベクトル $\overrightarrow{\mathrm{AB}}$ と $\overrightarrow{\mathrm{PQ}}$ は垂直であることを証明せよ．
(4) 四面体 ABPQ の体積を求めよ．

（京都工芸繊維大）

## 42

✓Check Box □□ 解答は別冊 p.92

四面体 ABCD は

$$AB=6,\ BC=\sqrt{13},\ AD=BD=CD=CA=5$$

を満たしているとする．

(1) △ABC の面積を求めよ．

(2) 四面体 ABCD の体積を求めよ．

（学習院大）

## 43

✓Check Box □□ 解答は別冊 p.94

半径 $r$ の球面上に異なる 4 点 A，B，C，D がある．

$$AB=CD=\sqrt{2},\ AC=AD=BC=BD=\sqrt{5}$$

であるとき，$r=\dfrac{\sqrt{\boxed{\phantom{00}}}}{\boxed{\phantom{00}}}$ である．

（早稲田大）

## 44

✓Check Box □□ 解答は別冊 p.96

[A] 半径 1 の球に内接する正四面体の 1 辺の長さを求めよ．

（北海道大）

[B] 1 辺の長さが $a$ の正八面体の体積と，この正八面体に内接する球，外接する球の半径を求めよ．

（名古屋市立大）

## 45

✓Check Box □□ 解答は別冊 p.98

正五角形BCDEFを底面としてもつすべての辺の長さが2の五角錐ABCDEFについて考える．対角線BEとCFの交点をGとおくと，△BCFと△GFBは相似になる．このことより

$$BE=\square,\quad BG=\square,\quad \cos\frac{2}{5}\pi=\square$$

である．頂点Aから底面に下ろした垂線をAOとおく．このとき

$$OB^2=\square,\quad OA^2=\square,\quad \overrightarrow{AB}\cdot\overrightarrow{AD}=\square$$

である．

（順天堂大）

## 46

✓Check Box □□ 解答は別冊 p.100

Oを原点とする$xyz$空間内の点A，B，Cの座標をそれぞれ

$$(0,\ 1,\ 0),\ (0,\ -2,\ 0),\ \left(\frac{3\sqrt{3}}{2},\ -\frac{1}{2},\ 0\right)$$

とする．このとき，以下の問いに答えよ．

⑴ 点A，B，C，Dが正四面体の頂点となるとき，点Dの座標を求めよ．ただし，点Dの$z$座標は正とする．

⑵ ⑴で求めた点Dに対して，線分CDを2：1に内分する点をE，線分ADを2：1に内分する点をFとする．このとき，△OEFの面積を求めよ．

⑶ ⑵で定めた点E，Fに対して，点O，E，Fを通る平面が，点O，E，F以外で正四面体ABCDの辺と交わる点の座標を求めよ．

（九州大）

## 47

Check Box □□

解答は別冊 p.102

$xyz$ 座標空間に，下図のように1辺の長さ1の立方体 OABC–DEFG がある．この立方体を $xy$ 平面上の直線 $y=-x$ のまわりに，頂点Fが $z$ 軸の正の部分にくるまで回転させる．このとき，次の問いに答えよ．

(1) 回転後の頂点Bの座標を求めよ．

(2) 回転後の頂点A，Gで定まるベクトル $\overrightarrow{\mathrm{AG}}$ の成分を求めよ．

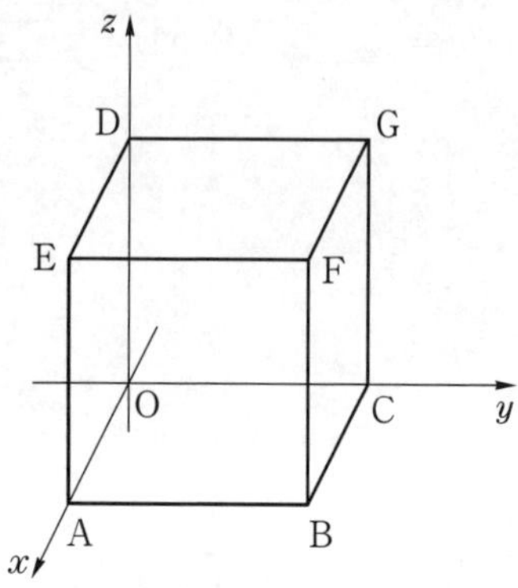


（静岡大）

# 第5章 平面座標

## 48

Check Box □□

解答は別冊 p.104

座標平面上に3点 O(0, 0), A(25, 0), B(16, 12) をとる．このとき，以下の問いに答えよ．

(1) ∠AOB の二等分線の方程式を求めよ．

(2) ∠OBA の大きさを求めよ．

(3) 座標平面上の点Pと △OAB の周との距離を

　　Pにもっとも近い周上の点とPとの距離

と定める．このとき，点 (15, 6) と △OAB の周との距離を求めよ．

(4) △OAB の周との距離が最大となる △OAB の内部の点の座標を求めよ．

（岩手大）

## 49

Check Box □□

解答は別冊 p.106

1辺の長さが1の正方形 ABCD の辺 BC, CD, DA, AB 上に，それぞれ点 P, Q, R, S を

$$\angle APB=\angle QPC,\ \angle PQC=\angle RQD,\ \angle QRD=\angle SRA$$

となるようにとる．ただし，点 P, Q, R, S は，どれも正方形 ABCD の頂点とは一致しないものとする．以下の問いに答えよ．

(1) 線分 BP の長さ $t$ のとりうる値の範囲を求めよ．

(2) 直線 AP と直線 RS の交点をTとする．四角形 PQRT の面積を線分 BP の長さ $t$ についての関数と考えて $f(t)$ で表す．$f(t)$ の最大値を求めよ．

（大阪大）

## 50

Check Box □□

解答は別冊 p.108

方程式 $x^2+y^2-4y+2=0$ で定義される円 $C$ を考える．

(1) 点 $A(-\sqrt{2},\ 0)$ と点 O(0, 0) を通り，円 $C$ と接する円の中心の座標を求めよ．

(2) 点Pが円 $C$ 上を動くとき，$\cos\angle APO$ の最大値と最小値を求めよ．

（北海道大）

## 51

✓Check Box □□ 解答は別冊 p.110

$a$を実数とし，2つの放物線 $y=x^2+1$，$y=-x^2+ax$ は共有点をもたないとする．

(1) $a$のとり得る値の範囲を求めよ．

(2) この2つの放物線の両方に接する直線が2本存在することを示せ．

(3) (2)の直線の交点をPとする．$a$が(1)で求めた範囲を動くとき，Pの軌跡を求めよ．

(福島県立医科大)

## 52

✓Check Box □□ 解答は別冊 p.112

$r$を1より大きい実数とする．座標平面上の円$C_r$は，2点$(-1,\ 0)$，$(1,\ 0)$を通り，半径が$r$で中心の$y$座標が正であるとする．このとき，次の問いに答えよ．

(1) $C_r$の方程式を求めよ．

(2) 半径が$\sqrt{3}$で中心の$x$座標が正の円を考える．これらのなかで，すべての$C_r$ $(r>1)$と直交するものを$S$とする．円$S$の方程式を求めよ．ただし，2つの円が直交するとは，交点におけるそれぞれの接線が直交することである．

(3) (2)で求めた円$S$と$C_r$の2つの交点の間の距離を求めよ．

(横浜市立大)

## 53

✓Check Box □□ 解答は別冊 p.114

$a$を正の定数とする．放物線 $P$：$y=ax^2$ 上の動点Aを中心とし$x$軸に接する円を$C$とする．動点Aが放物線$P$上のすべての点を動くとき，座標平面上で$y>0$ の表す領域において，どの円$C$の内部にも含まれない点がある．この点の集まりを図示せよ．

(名古屋大)

## 54

✓Check Box □□

解答は別冊 p.116

$a>0$ とする．$xy$ 平面において，点 $A(a,\ a^2)$ における放物線 $y=x^2$ の接線を $l$ とする．第1象限に中心をもち，点Aで直線 $l$ と接する円のうち，$x$ 軸とも接する円を $C_1$，$y$ 軸とも接する円を $C_2$ とする．円 $C_1$ の中心を $P_1$，円 $C_1$ と $x$ 軸との接点を $Q_1$ とし，円 $C_2$ の中心を $P_2$，円 $C_2$ と $y$ 軸との接点を $Q_2$ とする．直線 $l$ と $x$ 軸との交点を $R_1$，直線 $l$ と $y$ 軸との交点を $R_2$ とし，$\angle P_1R_1Q_1=\theta$ とおく．次の問いに答えよ．

(1) $Q_2R_2=2Q_1R_1$ を示せ．

(2) $P_1Q_1=P_2Q_2$ となるときの $\tan\theta$ の値を求めよ．

(3) $P_1Q_1=P_2Q_2$ となるような $a$ の値を求めよ．

（大阪公立大）

## 55

✓Check Box □□

解答は別冊 p.118

点 $P(0,\ 2a-1)$ から，曲線 $C_1：y=a-ax^2$ に引いた2本の接線の各接点をA，Bとし，曲線 $C_1$ に点A，Bで接する円を $C_2$ とする．ただし，$a>1$ とする．

(1) 点A，Bの座標を求めよ．

(2) 円 $C_2$ の中心をEとする．点Eの座標と円 $C_2$ の半径を求めよ．

(3) $a=\dfrac{3}{2}$ のとき，おうぎ形AEBにおける弧ABと曲線 $C_1$ とで囲まれる部分の面積を求めよ．

（帯広畜産大）

## 56

✓Check Box □□

解答は別冊 p.120

$xy$ 平面上の円 $x^2+y^2=1$ へ，この円の外部の点 $P(a,\ b)$ から2本の接線を引き，その接点をA，Bとし，線分ABの中点をQとする．

(1) 点Qの座標を $a$，$b$ を用いて表せ．

(2) 点Pが円 $(x-3)^2+y^2=1$ の上を動くとき，点Qの軌跡を求めよ．

（北海道大）

## 57

✓Check Box □□ 解答は別冊 p.122

曲線 $y=f(x)=x(4-x)$ 上に 4 点

$$O(0,\ 0),\ A(a,\ f(a)),\ B(b,\ f(b)),\ C(3,\ 3)\ (0<a<b<3)$$

をとる.

(1) 四角形 OABC の面積が最大になるときの $a$, $b$ の値を求めよ.
(2) $\angle$OAC の大きさが最小になるときの $a$ の値を求めよ.

(大分大)

## 58

✓Check Box □□ 解答は別冊 p.124

2 つの放物線

$$C_1: y=-x^2+2ax-a^2+1,\ C_2: y=x^2-1$$

がある. $a$ は $-2<a<2$ を満たす定数とする. 次の問いに答えよ.

(1) $C_1$ と $C_2$ は異なる 2 点で交わることを示せ.
(2) $C_1$ と $C_2$ で囲まれた領域内(境界を含む)を点 P$(x,\ y)$ が動くとき, $2x+y$ の最大値を $a$ を用いて表せ.

(富山県立大)

## 59

✓Check Box □□ 解答は別冊 p.126

$xy$ 平面上の点 P から放物線 $y=x^2$ へ 2 本の異なる接線をひき, それらの接点を Q, R とする.

(1) 点 P が次の 3 つの不等式

$$y \leqq x-1,\ y \leqq -x+1,\ -1 \leqq y$$

を同時に満たす範囲を動くとき, 線分 QR の中点が動く範囲を図示せよ.
(2) $\triangle$PQR の面積が 2 に等しくなる点 P はどんな曲線上にあるか. その方程式を求めよ.

(東京工業大)

# 第6章 微分・積分

## 60

✓Check Box □□ 解答は別冊 p.128

関数 $y=x^3-ax$ のグラフ上の点Pにおける接線 $T_P$ がこのグラフと再び交わる点をQとする．ただし，$T_P$ がこのグラフと共有する点がP以外にないときは $Q=P$ と定める．

(1) Pの $x$ 座標を $c$ として，Qの座標を求めよ．

(2) 点Qにおけるこのグラフの接線が $T_P$ と直交するようなPは何個あるか．

（京都大）

## 61

✓Check Box □□ 解答は別冊 p.130

(1) 関数 $f(x)=2x^3-3x^2+1$ のグラフをかけ．

(2) 方程式 $f(x)=a$ （$a$ は実数）が相異なる3つの実数解 $\alpha<\beta<\gamma$ をもつとする．$l=\gamma-\alpha$ を $\beta$ のみを用いて表せ．

(3) $a$ が(2)の条件のもとで変化するとき，$l$ の動く範囲を求めよ．

（名古屋大）

## 62

✓Check Box □□ 解答は別冊 p.132

3次関数 $f(x)$ および2次関数 $g(x)$ を

$$f(x)=x^3,\quad g(x)=ax^2+bx+c$$

とし，$y=f(x)$ と $y=g(x)$ のグラフが $\left(\frac{1}{2},\ \frac{1}{8}\right)$ で共通接線をもつとする．このとき，以下の問いに答えよ．

(1) $b$，$c$ を $a$ を用いて表せ．

(2) $f(x)-g(x)$ の $0\leqq x\leqq 1$ における最小値を $a$ を用いて表せ．

（千葉大）

## 63

Check Box

解答は別冊 p.134

$a$, $b$ は実数とする．関数 $f(x)=x^3+3ax^2+3bx$ が極大値と極小値をもつ．次の問いに答えよ．

(1) 極大値が正で，極小値が負で，かつ極大値と極小値の和が負となる点 $(a,\ b)$ の範囲を求めよ．

(2) 極大値が 1 で，極小値が $-1$ であるような点 $(a,\ b)$ をすべて求めよ．

（横浜国立大）

## 64

Check Box

解答は別冊 p.136

$0 \leqq t \leqq 1$ を満たす実数 $t$ に対して，$xy$ 平面上の点 A，B を

$$\mathrm{A}\left(\frac{2(t^2+t+1)}{3(t+1)},\ -2\right),\ \mathrm{B}\left(\frac{2}{3}t,\ -2t\right)$$

と定める．$t$ が $0 \leqq t \leqq 1$ を動くとき，直線 AB の通りうる範囲を図示せよ．

（東京大）

## 65

Check Box

解答は別冊 p.138

点 $\mathrm{P}(a,\ b)$ から曲線 $y=x^3-x$ に対し，傾きが 2 以下の接線が 3 本引ける．このような点 P の存在範囲を $S$ とする．

(1) $S$ を図示せよ．

(2) $S$ の面積を求めよ．

（一橋大）

## 66

Check Box □□

解答は別冊 p.140

$f(x)=x^4-4x^3-8x^2$ とする.

(1) 関数 $f(x)$ の極大値と極小値，およびそのときの $x$ を求めよ.

(2) 曲線 $y=f(x)$ に2点 $(a,\ f(a))$ と $(b,\ f(b))$ $(a<b)$ で接する直線の方程式を求めよ.

(3) 曲線 $y=f(x)$ と(2)の直線で囲まれた図形の面積を求めよ.

（北海道大・改）

## 67

Check Box □□

解答は別冊 p.142

頂点が $z$ 軸上にあり，底面が $xy$ 平面上の原点を中心とする円である円すいがある．この円すいの側面が，原点を中心とする半径1の球に接している.

(1) 円すいの表面積の最小値を求めよ.

(2) 円すいの体積の最小値を求めよ.

（一橋大）

## 68

Check Box □□

解答は別冊 p.144

関数

$$f(x)=\int_0^x |(t-1)(t-2)|dt-\left|\int_0^x (t-1)(t-2)dt\right|$$

に対して，$y=f(x)$ $(x>0)$ のグラフをかけ．ただし，グラフの凹凸は調べなくてよい.

（山口大）

## 69

✓Check Box □□ 解答は別冊 p.146

定数$\alpha$が $\alpha<\dfrac{1}{3}$ のとき，定数でない整式$f(x)$が次の等式を満たすとする．

$$f(x)f'(x)+\int_1^x f(t)dt=\alpha x-\frac{4}{9}$$

このとき，次の問いに答えよ．

(1) $f(x)$は2次以下であることを示せ．

(2) $f(x)$を求めよ．

（宇都宮大）

## 70

✓Check Box □□ 解答は別冊 p.148

$a$を実数の定数とする．$xy$平面上の曲線 $C：y=|(x-a)(x-1)|$ および直線 $l：y=a(x-1)$ について，以下の問いに答えよ．

(1) $C$と$l$の共有点の個数を，$a$の値によって分類せよ．

(2) $C$と$l$の共有点が3個のとき，$C$と$l$で囲まれる図形で，$l$よりも下側の部分の面積を$S_1$，上側の部分の面積を$S_2$とする．
$S_1=12S_2$が成り立つように$a$を定めよ．

（電気通信大）

## 71

✓Check Box □□ 解答は別冊 p.150

3次曲線 $y=x^3-3x$ を$C_1$とする．$a$を正の実数とし，$C_1$を$x$軸方向へ$a$だけ平行移動した曲線を$C_2$とする．

(1) $C_1$と$C_2$が異なる2点で交わるような$a$の範囲を求めよ．また，このとき$C_1$と$C_2$で囲まれる図形の面積$S(a)$を求めよ．

(2) $a$が(1)の範囲を動くとき，面積$S(a)$の最大値を求めよ．

（東北大）

## 72

✓Check Box □□

解答は別冊 p.152

$xy$ 平面上の曲線 $C: y=x^3+x^2+1$ を考え，$C$上の点$(1,\ 3)$を$\mathrm{P}_0$とする．

$k=1,\ 2,\ 3,\ \cdots\cdots$に対して，点$\mathrm{P}_{k-1}(x_{k-1},\ y_{k-1})$における$C$の接線と$C$の交点のうちで$\mathrm{P}_{k-1}$と異なる点を$\mathrm{P}_k(x_k,\ y_k)$とする．このとき，$\mathrm{P}_{k-1}$と$\mathrm{P}_k$を結ぶ線分と$C$によって囲まれた部分の面積を$S_k$とする．

(1) $S_1$を求めよ．

(2) $x_k$を$k$を用いて表せ．

(3) $S_k$を求めよ．

（東京工業大・改）

## 73

✓Check Box □□

解答は別冊 p.154

$a,\ b$を実数とし，曲線

$$C: y=x^3-3ax^2+bx$$

を考える．$C$の接線の傾きの最小値が$-3$であるとき，以下の問いに答えよ．

(1) $b$を$a$を用いて表せ．

(2) $C$が$x$軸の正の部分，負の部分とそれぞれ1点で交わるとする．このとき，$a$の値の範囲を求めよ．

(3) $a$が(2)で求めた範囲にあるとき，$C$と$x$軸で囲まれた図形の面積の最小値を求め，そのときの$a$の値を求めよ．

（熊本大）

# 第7章 ベクトル，空間座標

## 74

✓Check Box □□ 解答は別冊 p.156

$\triangle$ABC の外心Oが三角形の内部にあるとし，$\alpha$，$\beta$，$\gamma$ は

$$\alpha\overrightarrow{\mathrm{OA}}+\beta\overrightarrow{\mathrm{OB}}+\gamma\overrightarrow{\mathrm{OC}}=\vec{0}$$

を満たす正数であるとする．また，直線 OA，OB，OC がそれぞれ辺 BC，CA，AB と交わる点を A′，B′，C′ とする．

(1) $\overrightarrow{\mathrm{OA}}$，$\alpha$，$\beta$，$\gamma$ を用いて $\overrightarrow{\mathrm{OA'}}$ を表せ．

(2) $\triangle$A′B′C′ の外心がOに一致すれば $\alpha=\beta=\gamma$ であることを示せ．

（名古屋大）

## 75

✓Check Box □□ 解答は別冊 p.158

$s$ を正の実数とする．鋭角三角形 ABC において，辺 AB を $s:1$ に内分する点をDとし，辺 BC を $s:3$ に内分する点をEとする．線分 CD と線分 AE の交点をFとする．以下の問いに答えよ．

(1) $\overrightarrow{\mathrm{AF}}=\alpha\overrightarrow{\mathrm{AB}}+\beta\overrightarrow{\mathrm{AC}}$ とするとき，$\alpha$ と $\beta$ を求めよ．

(2) Fから辺 AC に下ろした垂線を FG とする．FG の長さが最大となるときの $s$ を求めよ．

（東北大）

## 76

✓Check Box □□ 解答は別冊 p.160

$OA \parallel CB$, $CB < OA$, $OA = 1$, $OC = AB = l$ の等脚台形 OABC がある．点 O から辺 AB またはその延長上に垂線を下ろしその交点を D とし，

$$\overrightarrow{OA} = \vec{a},\ \overrightarrow{OC} = \vec{c},\ \vec{a}\cdot\vec{c} = m$$

とする．

(1) ベクトル $\overrightarrow{AB}$, $\overrightarrow{OD}$ を $\vec{a}$, $\vec{c}$, $l$, $m$ を用いて表せ．

(2) 点 D が辺 AB を $2:1$ に内分し，かつ $\angle AOC$ の二等分線上にあるとき，$l$, $m$ の値を求めよ．

（千葉大）

## 77

✓Check Box □□ 解答は別冊 p.162

三角錐 OABC において点 R, S, T がそれぞれ辺 OA, AB, OC 上に

$$OR : RA = 1 : 3,\ AS : SB = 1 : 1,\ OT : TC = 1 : 9$$

となるようにとる．$\overrightarrow{OA} = \vec{a}$, $\overrightarrow{OB} = \vec{b}$, $\overrightarrow{OC} = \vec{c}$ とおくとき，次の問いに答えよ．

(1) $\overrightarrow{RS}$, $\overrightarrow{RT}$ を $\vec{a}$, $\vec{b}$, $\vec{c}$ を用いて表せ．

(2) 辺 BC 上の点 P を $\overrightarrow{BP} = t\overrightarrow{BC}$ とするとき，$\overrightarrow{RP}$ を $t$, $\vec{a}$, $\vec{b}$, $\vec{c}$ を用いて表せ．

(3) 点 P が 3 点 R, S, T で決まる平面上にあるとき，(2)における $t$ の値を求めよ．

（滋賀大）

## 78

✓Check Box □□　解答は別冊 p.164

空間内の四面体 OABC について，$\overrightarrow{OA}=\vec{a}$，$\overrightarrow{OB}=\vec{b}$，$\overrightarrow{OC}=\vec{c}$ とおく．辺 OA 上の点Dは OD：DA=1：2 を満たし，辺 OB 上の点Eは OE：EB=1：1 を満たし，辺 BC 上の点Fは BF：FC=2：1 を満たすとする．3点 D，E，F を通る平面を $\alpha$ とする．以下の問いに答えよ．

(1)　$\alpha$ と辺 AC が交わる点をGとする．$\vec{a}$，$\vec{b}$，$\vec{c}$ を用いて $\overrightarrow{OG}$ を表せ．

(2)　$\alpha$ と直線 OC が交わる点をHとする．OC：CH を求めよ．

(3)　四面体 OABC を $\alpha$ で2つの立体に分割する．この2つの立体の体積比を求めよ．

（岐阜大）

## 79

✓Check Box □□　解答は別冊 p.166

原点Oを中心とする半径 $r$ の球面上に点 A，B，C をおき

$$\overrightarrow{OA}=\vec{a},\ \overrightarrow{OB}=\vec{b},\ \overrightarrow{OC}=\vec{c}$$

とする．ベクトル $\vec{a}$，$\vec{b}$，$\vec{c}$ 間の内積に

$$\vec{a}\cdot\vec{b}=0,\ \vec{b}\cdot\vec{c}=kr^2,\ \vec{c}\cdot\vec{a}=0 \ （ただし，0\leqq k<1）$$

の関係がある場合について，次の問いに答えよ．

(1)　平面 ABC 上の点Nについて，ベクトル $\overrightarrow{ON}=\vec{n}$ を

$$\vec{n}=s\vec{a}+t\vec{b}+u\vec{c}$$

で表すとき，$s+t+u=1$ となることを示せ．

(2)　(1)のベクトル $\overrightarrow{ON}$ の大きさが最小となるような $s$，$t$，$u$ を，$k$ を用いて表せ．

(3)　点 O，A，B，C を頂点とする三角錐の体積 $V$ を，$k$ と $r$ を用いて示せ．

（九州大）

## 80

✓Check Box □□　解答は別冊 p.168

四面体 OABC において，$\angle BOC=\angle COA=\angle AOB=60^\circ$ とする．頂点Aから，3点O，B，Cを通る平面に下ろした垂線を AH とし，点Hから直線 OB に下ろした垂線を HD とする．辺 OA，OB，OC の長さをそれぞれ $a$，$b$，$c$ として，次の問いに答えよ．

(1) 内積 $\overrightarrow{OH}\cdot\overrightarrow{OB}$ および $\overrightarrow{OH}\cdot\overrightarrow{OC}$ を，それぞれ $a$，$b$，$c$ で表せ．

(2) 線分 OH は $\angle BOC$ を2等分することを示せ．

(3) $\overrightarrow{AD}\perp\overrightarrow{OB}$ であることを示せ．さらに，線分 OD および OH の長さをそれぞれ $a$ で表せ．

(4) 四面体 OABC の体積を $a$，$b$，$c$ で表せ．

（新潟大）

## 81

✓Check Box □□　解答は別冊 p.170

平面上に $\triangle OAB$ があり，$OA=5$，$OB=6$，$AB=7$ を満たしている．$s$，$t$ を実数とし，点Pを $\overrightarrow{OP}=s\overrightarrow{OA}+t\overrightarrow{OB}$ によって定める．次の問いに答えよ．

(1) $\triangle OAB$ の面積を求めよ．

(2) $s$，$t$ が $s\geqq 0$，$t\geqq 0$，$1\leqq s+t\leqq 2$ を満たすとき，点Pが存在しうる部分の面積を求めよ．

(3) $s$，$t$ が $s\geqq 0$，$t\geqq 0$，$1\leqq 2s+t\leqq 2$，$s+3t\leqq 3$ を満たすとき，点Pが存在しうる部分の面積を求めよ．

（横浜国立大）

## 82

✓Check Box □□ 解答は別冊 p.172

△ABC において

$$AB=\sqrt{7},\ BC=3,\ CA=2,\ \overrightarrow{CA}=\vec{a},\ \overrightarrow{CB}=\vec{b}$$

とする．下の問いに答えよ．

(1) 直線 AB と点 C からその直線に下ろした垂線との交点を H とするとき，$\overrightarrow{CH}$ を $\vec{a}$，$\vec{b}$ を用いて表せ．

(2) 点 C と △ABC の外心 O を通る直線が，直線 AB と交わる点を Q とするとき，$\overrightarrow{CQ}$ を $\vec{a}$，$\vec{b}$ を用いて表せ．

（東京学芸大）

## 83

✓Check Box □□ 解答は別冊 p.174

1 辺の長さが 2 の正三角形 ABC の外接円を円 O とする．点 P が円 O の周上を動くとき，以下の各問いに答えよ．

(1) 円 O の半径を求めよ．

(2) 内積の和 $\overrightarrow{PA}\cdot\overrightarrow{PB}+\overrightarrow{PB}\cdot\overrightarrow{PC}+\overrightarrow{PC}\cdot\overrightarrow{PA}$ を求めよ．

(3) 内積 $\overrightarrow{PA}\cdot\overrightarrow{PB}$ の最大値，最小値を求めよ．

（福井大）

## 84

✓Check Box □□ 解答は別冊 p.176

$a$ を正の定数とする．AB$=a$，AC$=2a$，$\angle$BAC$=\dfrac{2}{3}\pi$ である $\triangle$ABC と，$\left|2\overrightarrow{\mathrm{AP}}-2\overrightarrow{\mathrm{BP}}-\overrightarrow{\mathrm{CP}}\right|=a$ を満たす動点Pがある．このとき，次の問いに答えよ．

(1) 辺BC を 1：2 に内分する点をDとするとき，$\left|\overrightarrow{\mathrm{AD}}\right|$ を求めよ．

(2) $\left|\overrightarrow{\mathrm{AP}}\right|$ の最大値を求めよ．

(3) 線分 AP が通過してできる図形の面積 $S$ を求めよ．

（旭川医科大）

空間内の 4 点

$$\mathrm{O}(0,\ 0,\ 0),\ \mathrm{A}(-1,\ 1,\ 0),\ \mathrm{B}(1,\ 0,\ 0),\ \mathrm{C}(0,\ 1,\ 1)$$

をとる．

(1) 直線OA 上の点Hをとって CH と OA が垂直であるようにする．点Hの座標を求めよ．また，$\angle$CHC$'=\theta$ として $\cos\theta$ の値を求めよ．ただし，C$'(0,\ 1,\ 0)$ とする．

(2) 直線OA 上の点Pと直線BC 上の点Qとの距離 PQ が最小となる P，Q の座標を求めよ．

（北海道大）

## 86

✓Check Box □□ 解答は別冊 p.180

空間における3点

$$A(1,\ 1,\ -1),\ B(3,\ 2,\ 1),\ C(-1,\ 3,\ 0)$$

を通る平面を$\alpha$とするとき，次の問いに答えよ．

(1) △ABCは直角三角形であることを示せ．

(2) 原点Oから平面$\alpha$に垂線を下ろし，その交点をHとするとき，点Hの座標を求めよ．

(3) 四面体OABCに外接する球の中心の座標を求めよ．

（島根大）

## 87

✓Check Box □□ 解答は別冊 p.182

$xyz$座標空間において，原点をOとし，3点

$$A(6,\ 0,\ 0),\ B(0,\ 6,\ 0),\ C(0,\ 0,\ 6)$$

をとる．OA，OB，OCを辺にもつ立方体を$K$とし，3点C，D(0，6，2)，E(3，6，0)を通る平面を$\alpha$とする．このとき，立方体$K$の内部にある平面$\alpha$の部分の面積を求めよ．

（京都府立医科大）

## 88

✓Check Box □□　解答は別冊 p.184

空間内に 4 点

$$A(0,\ 0,\ 1),\ B(3,\ 1,\ 1),\ C(1,\ 4,\ 4),\ D(1,\ 1,\ 2)$$

がある．点Aを含み，直線 AD に垂直な平面を $L$ とする．以下の問いに答えよ．

(1) $0<t<1$ に対し，線分 BC を $t:(1-t)$ に内分する点をNとする．点Nから平面 $L$ に下ろした垂線と $L$ の交点をHとするとき，点Hの座標を求めよ．

(2) Pを平面 $L$ 上を動く点とするとき，$2\text{PB}^2+\text{PC}^2$ の最小値を求めよ．

（東北大）

## 89

✓Check Box □□　解答は別冊 p.186

$a$ を $0<a<1$ とする．座標空間の 4 点を

$$O(0,\ 0,\ 0),\ A(1,\ 0,\ 0),\ B\left(0,\ \frac{1}{a},\ 0\right),\ C\left(0,\ 0,\ \frac{1}{1-a}\right)$$

また，4 点 O，A，B，C を頂点とする四面体に内接する球を $S$ とする．

(1) 3 点 A，B，C を通る平面に直交し長さが 1 のベクトルを $a$ を用いて表せ．

(2) 球 $S$ の半径を $a$ を用いて表せ．

(3) 3 点 A，B，C を通る平面と球 $S$ の接点の座標を $a$ を用いて表せ．

(4) 球 $S$ の体積の最大値を求めよ．

（札幌医科大）

## 90

✓Check Box □□　解答は別冊 p.188

数列 $\{a_n\}$ を次のように定める．

$$a_1=2,\ \begin{cases} a_n<100 \text{ のとき，} a_{n+1}=a_n+3 \\ a_n \geqq 100 \text{ のとき，} a_{n+1}=a_n-100 \end{cases}$$

このとき，次の問いに答えよ．

(1)　$a_n>a_{n+1}$ を満たす最小の自然数 $n$ を $m$ とおく．$m$，$a_m$ および $\sum_{k=1}^{m} a_k$ を求めよ．

(2)　$a_{105}$ および $\sum_{k=1}^{105} a_k$ を求めよ．

（香川大）

## 91

✓Check Box □□　解答は別冊 p.190

数列 $\{a_n\}$ は $a_n>0$ かつ $a_1=3$ であるとする．初項から第 $n$ 項までの和 $S_n$ について

$$S_{n+1}+S_n=\frac{1}{3}(S_{n+1}-S_n)^2$$

が成り立つとき，次の問いに答えよ．

(1)　$S_2$ と $S_3$ を求めよ．
(2)　数列 $\{a_n\}$ の満たす漸化式を求めよ．
(3)　数列 $\{S_n\}$ の一般項を求めよ．

（宇都宮大）

## 92 ✓Check Box □□

解答は別冊 p.192

自然数$k$に対し，$a_k=\dfrac{(3k+1)(3k+2)}{3k(k+1)}$ で与えられる数列を考える．

(1) $\displaystyle\sum_{k=1}^{n} a_k$ を$n$の式で表せ．

(2) 数列$\{a_k\}$から

$$b_1=a_1,\ b_2=a_2+a_3+a_4,\ b_3=a_5+a_6+a_7+a_8+a_9$$

のように，奇数個ずつの$a_k$の和をとり数列$\{b_k\}$を考えるとき，$\displaystyle\sum_{k=1}^{n} b_k \geqq 675$ となる最小の$n$の値を求めよ．

(群馬大)

## 93 ✓Check Box □□

解答は別冊 p.194

$a$は実数の定数とする．$a_1=a$，$a_n=3^n-5a_{n-1}$ $(n \geqq 2)$ で定まる数列$\{a_n\}$について，次の問いに答えよ．

(1) 一般項$a_n$を$a$と$n$の式で表せ．

(2) 任意の自然数$n$に対し，$a_{n+1}>a_n$ が成り立つときの$a$の値を求めよ．

(早稲田大)

## 94

✓Check Box

解答は別冊 p.196

(1) $n$ が 2 以上の自然数のとき，1，2，3，…，$n$ の中から異なる 2 個の自然数を取り出してつくった積すべての和 $S$ を求めよ．

(2) $n$ が整数のとき，

$$S(n)=|n-1|+|n-2|+|n-3|+\cdots+|n-100|$$

の最小値とそのときの $n$ の値を求めよ．

（宮城教育大）

## 95

✓Check Box

解答は別冊 p.198

すべての自然数の組 $(m,\ n)$ を次の規則に従って 1 列に定める．

(i) $m+n<m'+n'$ ならば，$(m,\ n)$ は $(m',\ n')$ より前とする．

(ii) $m+n=m'+n'$ のとき，$m<m'$ ならば $(m,\ n)$ は $(m',\ n')$ より前とする．

このとき，1 番目から順番に数えて $(m,\ n)$ は $N(m,\ n)$ 番目にあるとする．

(1) $N(m,\ n)=10$ となる $(m,\ n)$ を求めよ．

(2) $N(m,\ 1)$ を $m$ を用いて表せ．

(3) $N(m,\ n)$ を $m$ と $n$ を用いて表せ．

(4) $N(m,\ n)=\frac{3}{2}mn-1$ を満たす $(m,\ n)$ をすべて求めよ．

（名古屋工業大）

## 96

✓Check Box □□ 解答は別冊 p.200

正の整数$n$について，$\sqrt{2n-1}$以下の最大の整数を$a_n$と定める．このとき，以下の問いに答えよ．

(1) 正の整数$m$に対して，$a_n=m$となる$n$はいくつあるか求めよ．

(2) 数列$\{a_n\}$の初項から第100項までの和を求めよ．

(3) $T_n=\sum_{k=1}^{n}\frac{1}{a_k}$とする．$T_{12}$の値を求めよ．また，$T_n>10$を満たす最小の$n$を求めよ．

（福井大）

## 97

✓Check Box □□ 解答は別冊 p.202

(1) $n$を自然数とする．不等式

$$y\leqq 2n^2,\ y\geqq \frac{1}{2}x^2,\ x\geqq 0$$

を同時に満たす整数の組$(x,\ y)$の個数を求めよ．

(2) $n$を自然数とする．不等式

$$y\geqq 0,\ y\leqq \sqrt{x},\ 0\leqq x\leqq n^2$$

を同時に満たす整数の組$(x,\ y)$の個数を求めよ．

（お茶の水女子大）

## 98

✓Check Box □□ 解答は別冊 p.204

数列 $\{a_n\}$ は

$$a_1=1,\ a_2=1,\ a_na_{n+2}-a_{n+1}{}^2=(-1)^{n+1}\ (n=1,\ 2,\ 3,\ \cdots)$$

により定まる．次の問いに答えよ．

(1) $a_{n+2}=a_{n+1}+a_n$ $(n=1,\ 2,\ 3,\ \cdots)$ が成り立つことを証明せよ．

(2) $m$ を自然数とするとき，$a_{6m}$ は 8 の倍数であることを示せ．

（横浜国立大）

## 99

✓Check Box □□ 解答は別冊 p.206

2 次方程式 $x^2-6x+2=0$ の 2 つの解を $\alpha$，$\beta$ $(\alpha>\beta)$ とする．このとき，次の問いに答えよ．

(1) $\alpha^2+\beta^2$，$\alpha^3+\beta^3$ の値を求めよ．

(2) $n$ が 2 以上の自然数のとき，$\alpha^n+\beta^n$ は 4 の倍数であることを示せ．

(3) すべての自然数 $n$ に対して，$\alpha^n$ の整数部分（$\alpha^n$ を超えない最大の整数）は奇数であることを示せ．

（岡山県立大）

## 100

✓Check Box □□ 解答は別冊 p.208

$xy$ 平面の点 $(0,\ 1)$ を中心とする半径 1 の円を $C$ とし，第 1 象限にあって $x$ 軸と $C$ に接する円 $C_1$ を考える．次に，$x$ 軸，$C$，$C_1$ で囲まれた部分にあって，$x$ 軸とこれら 2 円に接する円を $C_2$ とする．以下同様に，$C_n$ $(n=2,\ 3,\ \cdots)$ を $x$ 軸，$C$，$C_{n-1}$ で囲まれた部分にあって，これらに接する円とする．

(1) $C_1$ の中心の $x$ 座標を $a$ とするとき，$C_1$ の半径 $r_1$ を $a$ を用いて表せ．

(2) $C_n$ の半径 $r_n$ を $a$ と $n$ を用いて表せ．

（東北大）

## 101

✓Check Box □□ 解答は別冊 p.210

整数$p$，$q$ $(p \geqq q \geqq 0)$ に対して2項係数を ${}_p\mathrm{C}_q=\dfrac{p!}{q!(p-q)!}$ と定める．なお，$0!=1$ とする．

(1) $n$，$k$が0以上の整数のとき

$$ {}_{n+k+1}\mathrm{C}_{k+1}\times\left(\frac{1}{{}_{n+k}\mathrm{C}_k}-\frac{1}{{}_{n+k+1}\mathrm{C}_k}\right) $$

を計算し，$n$によらない値になることを示せ．

(2) $m$が3以上の整数のとき，和 $\dfrac{1}{{}_3\mathrm{C}_3}+\dfrac{1}{{}_4\mathrm{C}_3}+\dfrac{1}{{}_5\mathrm{C}_3}+\cdots+\dfrac{1}{{}_m\mathrm{C}_3}$ を求めよ．

（千葉大）

## 102

✓Check Box □□ 解答は別冊 p.212

$x$，$y$を変数とする．

(1) $n$を自然数とする．次の等式が成り立つように定数$a$，$b$を定めよ．

$$ \frac{n+1}{y(y+1)\cdots(y+n)(y+n+1)} $$
$$ =\frac{a}{y(y+1)\cdots(y+n)}+\frac{b}{(y+1)(y+2)\cdots(y+n+1)} $$

(2) すべての自然数$n$について，次の等式が成り立つことを証明せよ．

$$ \frac{n!}{x(x+1)\cdots(x+n)}=\sum_{r=0}^{n}(-1)^r\frac{{}_n\mathrm{C}_r}{x+r} $$

（大阪大）

# 第9章 確率・統計

## 103

Check Box

解答は別冊 p.214

$(2n+1)$ 枚のカードに $-n$ から $n$ までの各整数を1枚に1つずつ書いて箱の中に入れる．この箱の中から無作為に(でたらめに) 1枚のカードを取り出し，それに書かれている数を $X$ とする．

(1) 確率変数 $X$ の分散 $V(X)$ を求めよ．

(2) このカードを箱の中に戻してから，再び無作為に1枚のカードを取り出して，それに書かれている数を $Y$ とし，$Z=X+Y$ とする．$|k|\leqq 2n$ を満たす整数 $k$ に対して，$Z=k$ となる確率を $p_k$ とする．$p_k$ を $n$ と $k$ を用いて表せ．

(3) (2)の結果を利用して，$Z$ の分散 $V(Z)$ を求めよ．

(大阪大)

## 104

Check Box

解答は別冊 p.217

ある国の14歳女子の身長は，母平均 160 cm，母標準偏差 5 cm の正規分布に従うものとする．この女子の集団から，無作為に抽出した女子の身長を $X$ cm とする．このとき，次の問いに答えよ．必要があれば，正規分布表を利用してもよい(問題編巻末参照)．

(1) 確率変数 $\dfrac{X-160}{5}$ の平均と標準偏差を求めよ．

(2) $P(X\geqq x)\leqq 0.1$ となる最小の整数 $x$ を求めよ．

(3) $X$ が 165 cm 以上 175 cm 以下となる確率を求めよ．ただし，小数第3位を四捨五入せよ．

(4) この国の14歳女子の集団から，大きさ2500の無作為標本を抽出する．このとき，この標本平均 $\overline{X}$ の平均と標準偏差を求めよ．さらに，$X$ の母平均と標本平均 $\overline{X}$ の差 $|\overline{X}-160|$ が 0.2 cm 以上となる確率を求めよ．ただし，小数第3位を四捨五入せよ．

(滋賀大)

## 105 ✓Check Box □□ 解答は別冊 p.220

$a$, $b$ を実数とする．確率変数 $X$ のとり得る値の範囲が $-1 \leqq X \leqq 3$ であり，その確率密度関数 $f(x)$ は

$$\begin{cases} -1 \leqq x \leqq 0 \text{ のとき，} & f(x)=a(x+1) \\ 0<x \leqq 3 \text{ のとき，} & f(x)=bx+a \end{cases}$$

で表されている．また，$X$ の期待値 $E(X)$ は $\dfrac{2}{3}$ である．このとき，以下の問いに答えよ．

(1) $a$ と $b$ の値を求めよ．

(2) $X$ の分散 $V(X)$ を求めよ．

(3) 確率変数

$$Y=18X+5$$

を考える．$Y$ と同じ期待値，分散をもつ母集団から大きさ 117 の標本を無作為に抽出し，その標本平均を $\overline{Y}$ とする．このとき，標本の大きさ 117 は十分に大きいとみなせるので，$\overline{Y}$ は近似的に正規分布に従うとする．必要があれば，正規分布表を利用してもよい(問題編巻末参照)．

(i) $\overline{Y}$ の期待値と分散を求めよ．

(ii) $16 \leqq \overline{Y} \leqq 18$ となる確率の近似値を小数点以下第 2 位まで求めよ．

(横浜市立大)

## 106 ✓Check Box □□ 解答は別冊 p.223

3 個のさいころを同時に投げるとき，ある 1 つのさいころの目が他の 2 個のさいころの目の和に等しい事象を $E_1$，3 個のさいころの目の和が 15 以上となる事象を $E_2$ で表すことにする．以下の問いに答えよ．必要があれば，正規分布表を利用してもよい(問題編巻末参照)．

(1) $E_1$，$E_2$ とは互いに排反な事象であるか．また，$E_1$ と $E_2$ とは独立な事象であるか．その理由を述べて答えよ．

(2) 3 個のさいころを 20 回投げるとき，事象 $E_1$ がちょうど 5 回現れる確率を小数第 2 位まで求めよ．ただし，事象 $E_1$ がちょうど 4 回現れる確率は 0.21727 である．

(3) 3 個のさいころを 400 回投げるとき，事象 $E_2$ が少なくとも 40 回は現れる確率を小数第 2 位まで求めよ．

(長崎大)

## 107 ✓Check Box □□ 解答は別冊 p.226

［A］ 弱い酸による布地の損傷を実験するのに，その酸につけた布地が使用に耐えられなくなるまでの時間を測ることにした．このようにして与えられる実験データの平均が，真の値と，母集団標準偏差の 10 %以上違わないことが，95 %以上の確率で正しいといえるためには，何個のデータを取ればよいか．ただし，時間は正規分布に従うものとする．必要があれば，正規分布表を利用してもよい(問題編巻末参照)．

（宮崎大）

［B］ ある動物用の新しい飼料を試作し，任意抽出された 100 匹にこの飼料を毎日与えて 1 週間後に体重の変化を調べた．増加量の平均は 2.57 kg，標準偏差は 0.35 kg であった．この増加量について以下の問いに答えよ．

(1) 母平均を信頼度 95 %で推定せよ(信頼区間を求めよ)．

(2) 標本平均と母平均の違いを 95 %の確率で 0.05 kg 以下にするには，標本の大きさをいくらにすればよいか．

（山梨大）

## 108 ✓Check Box □□ 解答は別冊 p.229

ある病気に対して投与する薬の効果の有無を調べたい．薬を投与し，効果有と判断される比率は $p$ であるとする．この病気をもった患者から無作為に $n$ 人を選び，薬を投与したとき，$i$ 番目の患者に薬の効果が認められれば 1 とし，認められなければ 0 とする確率変数を $X_i$ とする．このとき，次の各問いに答えよ．

(1) 標本平均 $\overline{X}=\frac{1}{n}\sum_{i=1}^{n}X_i$ の平均，および分散を求めよ．

(2) この病気をもった患者から無作為に 400 人を選び，薬を投与したところ 320 人に薬の効果が認められた．このとき，母比率 $p$ の信頼度 95 %の信頼区間を，小数第 3 位を四捨五入して求めよ．ただし，標本の大きさ 400 は十分大きい数とみなせるとし，また確率変数 $Z$ が標準正規分布に従うとき，

$$P(Z<-1.96)=0.025$$

が成り立つとする．

（鹿児島大）

## 109

Check Box □□　解答は別冊 p.232

乱数サイについて，次の各問いに答えよ．ただし，乱数サイとは，正二十面体のさいころで各面に 0 から 9 までの数字が 2 度ずつ書き込まれたものである．

(1)　2 つの正常な乱数サイを同時に投げるとき，出る目の和が 14 となる確率を求めよ．

(2)　(1)において，出る目の差の絶対値を $X$ とするとき，$X$ の確率分布，期待値 $E(X)$，分散 $V(X)$ を求めよ．

(3)　ある乱数サイを 200 回投げたとき，9 の目が 30 回出た．このとき，このサイの 9 の目が出る確率が $\frac{1}{10}$ であるといってよいか．有意水準 5 %，1 %でそれぞれ検定せよ．

（旭川医大）

Check Box □□　解答は別冊 p.235

以下の問いに答えよ．

(1)　ある新しい薬を 400 人の患者に用いたら，8 人に副作用が発生した．従来から用いていた薬の副作用の発生する割合を 4 %とするとき，この新しい薬は従来から用いた薬に比べて，副作用の発生する割合が低いといえるか．二項分布の計算には正規分布を用い，危険率(有意水準)5 %で検定せよ．また，危険率 1 %ではどうか．ただし，400 人の患者は無作為に抽出されたものとする．

(2)　この新しい薬をつくっているある工場で，大量の製品全体の中から任意に 1000 個を抽出して検査を行ったところ，20 個の不良品があった．二項分布の計算には正規分布を用い，この製品全体について不良率を 95 %の信頼度で推定せよ．

（山梨大）

# 《正規分布表》

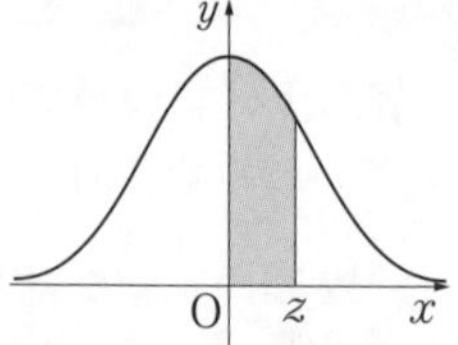


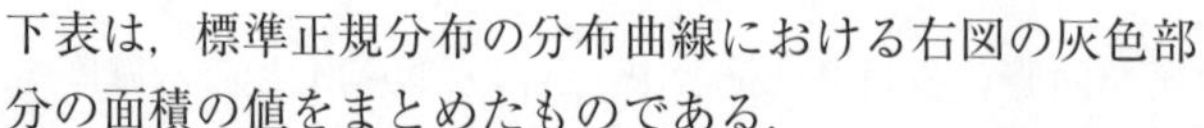

下表は，標準正規分布の分布曲線における右図の灰色部分の面積の値をまとめたものである．

| z | .00 | .01 | .02 | .03 | .04 | .05 | .06 | .07 | .08 | .09 |
|---|---|---|---|---|---|---|---|---|---|---|
| 0.0 | 0.0000 | 0.0040 | 0.0080 | 0.0120 | 0.0160 | 0.0199 | 0.0239 | 0.0279 | 0.0319 | 0.0359 |
| 0.1 | 0.0398 | 0.0438 | 0.0478 | 0.0517 | 0.0557 | 0.0596 | 0.0636 | 0.0675 | 0.0714 | 0.0753 |
| 0.2 | 0.0793 | 0.0832 | 0.0871 | 0.0910 | 0.0948 | 0.0987 | 0.1026 | 0.1064 | 0.1103 | 0.1141 |
| 0.3 | 0.1179 | 0.1217 | 0.1255 | 0.1293 | 0.1331 | 0.1368 | 0.1406 | 0.1443 | 0.1480 | 0.1517 |
| 0.4 | 0.1554 | 0.1591 | 0.1628 | 0.1664 | 0.1700 | 0.1736 | 0.1772 | 0.1808 | 0.1844 | 0.1879 |
| 0.5 | 0.1915 | 0.1950 | 0.1985 | 0.2019 | 0.2054 | 0.2088 | 0.2123 | 0.2157 | 0.2190 | 0.2224 |
| 0.6 | 0.2257 | 0.2291 | 0.2324 | 0.2357 | 0.2389 | 0.2422 | 0.2454 | 0.2486 | 0.2517 | 0.2549 |
| 0.7 | 0.2580 | 0.2611 | 0.2642 | 0.2673 | 0.2704 | 0.2734 | 0.2764 | 0.2794 | 0.2823 | 0.2852 |
| 0.8 | 0.2881 | 0.2910 | 0.2939 | 0.2967 | 0.2995 | 0.3023 | 0.3051 | 0.3078 | 0.3106 | 0.3133 |
| 0.9 | 0.3159 | 0.3186 | 0.3212 | 0.3238 | 0.3264 | 0.3289 | 0.3315 | 0.3340 | 0.3365 | 0.3389 |
| 1.0 | 0.3413 | 0.3438 | 0.3461 | 0.3485 | 0.3508 | 0.3531 | 0.3554 | 0.3577 | 0.3599 | 0.3621 |
| 1.1 | 0.3643 | 0.3665 | 0.3686 | 0.3708 | 0.3729 | 0.3749 | 0.3770 | 0.3790 | 0.3810 | 0.3830 |
| 1.2 | 0.3849 | 0.3869 | 0.3888 | 0.3907 | 0.3925 | 0.3944 | 0.3962 | 0.3980 | 0.3997 | 0.4015 |
| 1.3 | 0.4032 | 0.4049 | 0.4066 | 0.4082 | 0.4099 | 0.4115 | 0.4131 | 0.4147 | 0.4162 | 0.4177 |
| 1.4 | 0.4192 | 0.4207 | 0.4222 | 0.4236 | 0.4251 | 0.4265 | 0.4279 | 0.4292 | 0.4306 | 0.4319 |
| 1.5 | 0.4332 | 0.4345 | 0.4357 | 0.4370 | 0.4382 | 0.4394 | 0.4406 | 0.4418 | 0.4429 | 0.4441 |
| 1.6 | 0.4452 | 0.4463 | 0.4474 | 0.4484 | 0.4495 | 0.4505 | 0.4515 | 0.4525 | 0.4535 | 0.4545 |
| 1.7 | 0.4554 | 0.4564 | 0.4573 | 0.4582 | 0.4591 | 0.4599 | 0.4608 | 0.4616 | 0.4625 | 0.4633 |
| 1.8 | 0.4641 | 0.4649 | 0.4656 | 0.4664 | 0.4671 | 0.4678 | 0.4686 | 0.4693 | 0.4699 | 0.4706 |
| 1.9 | 0.4713 | 0.4719 | 0.4726 | 0.4732 | 0.4738 | 0.4744 | 0.4750 | 0.4756 | 0.4761 | 0.4767 |
| 2.0 | 0.4772 | 0.4778 | 0.4783 | 0.4788 | 0.4793 | 0.4798 | 0.4803 | 0.4808 | 0.4812 | 0.4817 |
| 2.1 | 0.4821 | 0.4826 | 0.4830 | 0.4834 | 0.4838 | 0.4842 | 0.4846 | 0.4850 | 0.4854 | 0.4857 |
| 2.2 | 0.4861 | 0.4864 | 0.4868 | 0.4871 | 0.4875 | 0.4878 | 0.4881 | 0.4884 | 0.4887 | 0.4890 |
| 2.3 | 0.4893 | 0.4896 | 0.4898 | 0.4901 | 0.4904 | 0.4906 | 0.4909 | 0.4911 | 0.4913 | 0.4916 |
| 2.4 | 0.4918 | 0.4920 | 0.4922 | 0.4925 | 0.4927 | 0.4929 | 0.4931 | 0.4932 | 0.4934 | 0.4936 |
| 2.5 | 0.4938 | 0.4940 | 0.4941 | 0.4943 | 0.4945 | 0.4946 | 0.4948 | 0.4949 | 0.4951 | 0.4952 |
| 2.6 | 0.49534 | 0.49547 | 0.49560 | 0.49573 | 0.49585 | 0.49598 | 0.49609 | 0.49621 | 0.49632 | 0.49643 |
| 2.7 | 0.49653 | 0.49664 | 0.49674 | 0.49683 | 0.49693 | 0.49702 | 0.49711 | 0.49720 | 0.49728 | 0.49736 |
| 2.8 | 0.49744 | 0.49752 | 0.49760 | 0.49767 | 0.49774 | 0.49781 | 0.49788 | 0.49795 | 0.49801 | 0.49807 |
| 2.9 | 0.49813 | 0.49819 | 0.49825 | 0.49831 | 0.49836 | 0.49841 | 0.49846 | 0.49851 | 0.49856 | 0.49861 |
| 3.0 | 0.49865 | 0.49869 | 0.49874 | 0.49878 | 0.49882 | 0.49886 | 0.49889 | 0.49893 | 0.49897 | 0.49900 |
| 3.1 | 0.49903 | 0.49906 | 0.49910 | 0.49913 | 0.49916 | 0.49918 | 0.49921 | 0.49924 | 0.49926 | 0.49929 |
| 3.2 | 0.49931 | 0.49934 | 0.49936 | 0.49938 | 0.49940 | 0.49942 | 0.49944 | 0.49946 | 0.49948 | 0.49950 |
| 3.3 | 0.49952 | 0.49953 | 0.49955 | 0.49957 | 0.49958 | 0.49960 | 0.49961 | 0.49962 | 0.49964 | 0.49965 |
| 3.4 | 0.49966 | 0.49968 | 0.49969 | 0.49970 | 0.49971 | 0.49972 | 0.49973 | 0.49974 | 0.49975 | 0.49976 |
| 3.5 | 0.49977 | 0.49978 | 0.49978 | 0.49979 | 0.49980 | 0.49981 | 0.49981 | 0.49982 | 0.49983 | 0.49983 |
| 3.6 | 0.49984 | 0.49985 | 0.49985 | 0.49986 | 0.49986 | 0.49987 | 0.49987 | 0.49988 | 0.49988 | 0.49989 |
| 3.7 | 0.49989 | 0.49990 | 0.49990 | 0.49990 | 0.49991 | 0.49991 | 0.49992 | 0.49992 | 0.49992 | 0.49992 |
| 3.8 | 0.49993 | 0.49993 | 0.49993 | 0.49994 | 0.49994 | 0.49994 | 0.49994 | 0.49995 | 0.49995 | 0.49995 |
| 3.9 | 0.49995 | 0.49995 | 0.49996 | 0.49996 | 0.49996 | 0.49996 | 0.49996 | 0.49996 | 0.49997 | 0.49997 |

大学入試 全レベル問題集

# 数学 I+A+II+B +ベクトル

東海林藤一 著

## 4 私大上位・国公立大上位レベル

改訂版

# はじめに

本書の目指す大学のレベルになると，簡単には解けない手ごわい問題が増えてきます．まず，計算量が違います．問題によっては，すぐには意味がわからず，図をかいたり，具体化したりということで問題の意味を理解しないといけません．最後まで解き切るための正確な論理も必要です．

合格ラインは大学にもよりますがおおよそ6割程度ですから，どの問題を選ぶかの判断力も実力のうちです．本書の問題を選ぶにあたっては，原則本番で解きたいというレベルを基準にしました．内容も，各分野から定型の標準問題，問題を解く上で必要な解法・アイディアを含む問題をできるだけ取り入れています．

**使いこなせる知識の習得，解けるための総合力の強化**

が目標です．難しいと感じるかもしれませんが，ぜひマスターしてください．

本シリーズは『レベル別』で，基礎から学べるようになっています．定理・公式や計算法，頻出問題の解法など，レベルに応じて身につくようになっています．分野によって得意・不得意があるでしょうから，複数のレベルを平行して勉強していくのもよいでしょう．入試問題は総合問題ですから，すべての分野でまずはしっかりとした土台をつくることです．

また，すぐに解答を読むような安易な勉強法ではいけません．どれだけ自分の頭で考え抜いたかで，知識も定着し，実力につながるのです．勉強は，全体が見えなくて，はじめは大変ですが徐々に加速がつくものです．とにかく粘り強く続けることが大事です．難関大合格というはっきりした目標があるのですから頑張れるはずです．

『どこまで登るつもりか？　目標が　その日その日を支配する』

高校野球の監督の言葉です．本シリーズを通して，皆さんに本物の実力を養ってもらいたいと思っています．栄冠に向かって，頑張っていきましょう．

著者紹介：**東海林　藤一**（とうかいりん　とういち）

山形県出身で，東北大学理学部数学科を卒業．仙台市内のCAP予備校を経て，代々木ゼミナールに．講師の傍らテキスト作成，模試作成にも関わる．その後専任講師となり長い間難関大数学の指導をしていた．現在はCAP特訓予備校を中心に個別指導など難関大の受験指導を続けている．『全国大学入試問題正解 数学』(旺文社)の解答者の一人である．著書に『大学入試 全レベル問題集 数学Ⅲ＋C⑥ 私大上位・国公立大上位レベル』(旺文社)がある．

# 本書の特長とアイコン説明

## (1) 本書の構成

過去に出題された入試問題から厳選した問題が，各分野ごとに並んでいます．中には難しいと感じる問題もあると思いますが，本書が目指すレベルには必要と考えてください．解答では，その問題だけの解法暗記にならないよう，体系的学習ができるように解説してありますのでぜひ熟読してください．また，教科書の内容をひと通り学習していることを前提としていますので，解説内容が前後すること(例えば第1章の解答に，第5章の内容を使うなど)はご了承ください．

## (2) アイコンの説明

**アプローチ**…言葉や記号の定義，その問題の考え方・アプローチ法などを解説．ここをきちんと理解すれば類題が解けるようになるでしょう．

**解答**…答案に書くべき論理と計算を載せてありますので，内容の理解は当然として，答案の書き方の参考にしてください．

**別解**…**解答**とは本質的に別の考え方を用いる解答を載せてあります．

**補足**…計算方法をより詳しく説明したり，その問題だけではわからないような別の例を説明してあります．

**注意!**…その問題に対する補助的な知識や注意点を説明しています．

**参考**…その問題に関連する発展的な知識や話題などを取り上げています．

**志望校レベルと「全レベル問題集 数学」シリーズのレベル対応表**

| 本書のレベル | 各レベルの該当大学 |
|---|---|
| 数学Ⅰ＋A＋Ⅱ＋B＋ベクトル ①基礎レベル | 高校基礎～大学受験準備 |
| 数学Ⅰ＋A＋Ⅱ＋B＋C ②共通テストレベル | 共通テストレベル |
| 数学Ⅰ＋A＋Ⅱ＋B＋ベクトル ③私大標準・国公立大レベル | [私立大学]東京理科大学・明治大学・青山学院大学・立教大学・法政大学・中央大学・日本大学・東海大学・名城大学・同志社大学・立命館大学・龍谷大学・関西大学・近畿大学・関西学院大学・福岡大学 他<br>[国公立大学]弘前大学・山形大学・茨城大学・宇都宮大学・群馬大学・埼玉大学・新潟大学・富山大学・金沢大学・信州大学・静岡大学・広島大学・愛媛大学・鹿児島大学 他 |
| 数学Ⅰ＋A＋Ⅱ＋B＋ベクトル ④私大上位・国公立大上位レベル | [私立大学]早稲田大学・慶應義塾大学／医科大学医学部 他<br>[国公立大学]東京大学・京都大学・北海道大学・東北大学・東京工業大学・名古屋大学・大阪大学・九州大学・筑波大学・千葉大学・横浜国立大学・神戸大学・東京都立大学・大阪公立大学／医科大学医学部 他 |
| 数学Ⅲ＋C ⑤私大標準・国公立大レベル | [私立大学]東京理科大学・明治大学・青山学院大学・立教大学・法政大学・中央大学・日本大学・東海大学・名城大学・同志社大学・立命館大学・龍谷大学・関西大学・近畿大学・福岡大学 他<br>[国公立大学]弘前大学・山形大学・茨城大学・埼玉大学・新潟大学・富山大学・金沢大学・信州大学・静岡大学・広島大学・愛媛大学・鹿児島大学 他 |
| 数学Ⅲ＋C ⑥私大上位・国公立大上位レベル | [私立大学]早稲田大学・慶應義塾大学／医科大学医学部 他<br>[国公立大学]東京大学・京都大学・北海道大学・東北大学・東京工業大学・名古屋大学・大阪大学・九州大学・筑波大学・千葉大学・横浜国立大学・神戸大学・東京都立大学・大阪公立大学／医科大学医学部 他 |

※掲載の大学名は購入していただく際の目安です．また，大学名は刊行時のものです．

# 解答編　目次

# 学習アドバイス

以下，問題ごとに次のように記号で内容やレベルを定めます．ただし，上位レベル対策の問題集なので，すべて標準からやや難しい問題です．解けない問題があっても，解答・解説をよく読んで知らなかった知識や解法を吸収してください．はじめは，●や★を後回しにしてもいいと思います．

○：その分野で代表的なテーマだが，文字定数や計算量，または気づきを必要とすることで応用問題になっている．参考，補足を含め，解答をしっかり読んでほしい．

□：多くの入試問題にある形式で，設問を分けて誘導する応用問題．設問の流れを読むのがポイント．

☆：解法を知っていれば難しくないので，難関レベルでは差がつく問題．解法をしっかりマスターしてほしい．

●：やや難問です．解答を読むよりは，じっくり時間をかけて考え抜いてほしい問題．

★：数学の話題を含む問題．難関私立，特に医学部では知っておきたい．

## ■第1章　方程式・不等式，関数■

1 ○　2 ○　3 ○　4 ☆　5 ○　6 ☆　7 ●
8 ☆　9 ☆　10 ★　11 ☆　12 ●

2次関数の最大・最小，2次方程式の解の配置，絶対値のついたグラフや方程式は他の分野にも現れる大事な内容です．文字定数が入っているので，場合分けの練習でもあります．また，解の配置の応用として通過領域を取り上げました．通過領域の問題は3次方程式の 64 にもあります．他に，共通解，対称式，2変数( 57 にもある)も重要なテーマです．解法をしっかりマスターしてください．

## ■第2章　確　率■

13 ○　14 ○　15 ○　16 ☆　17 ○　18 ☆　19 ○
20 ○　21 ○　22 ○　23 ○　24 ☆　25 ○

場合の数の要素は確率の問題に入っていますが，特に 16 で重複組合せを取り上げました．「○」と仕切り「|」の説明でいいのですが，便利なので記号「${}_nH_r$」を覚えてもいいと思います．問題には難問はありませんが，いろいろな

設定のものを選びました．『同様に確からしい』に注意して，全事象をどう定めるかを考えながら解いてください．数え上げでは，さいころの問題で 36 マスの表をつくるとか，樹形図( 18 )を描くなども有効です．最後に，漸化式を利用する場合の数と確率の問題があります．特に，頻出の確率漸化式はぜひ得点源にしてください．

## ■ 第３章　整数問題 ■

26 ○　27 ○　28 ○　29 ☆　30 ●　31 ○　32 ○
33 □　34 □☆　35 ★

整数問題は，与えられた不定方程式から固有の『気づき』が必要になるのが難しいところです． 26 ～ 29 と 32 は約数・倍数，絞り込みなど定型的な解法の問題です．また，合同式は使えると便利です． 30 ， 35 は難問です．それでも 30 は挑戦してほしい問題です． 35 はペル方程式とよばれる問題で，こちらは証明を読んで理解できればいいと思います．

## ■ 第４章　幾何図形 ■

36 ○　37 ○　38 ○　39 ○　40 ●　41 ○　42 ○
43 ☆　44 ☆　45 ☆　46 ○　47 ●

平面図形では，まず条件から正しい図を描けるかがポイントです． 39 ， 40 の証明問題がよい練習になると思います．立体図形は不得意とする人が多いので，空間座標も含めて多めにしました．ベクトルや数学Ⅲの体積にもつながるので，正四面体，等面四面体，立方体，正八面体の特徴は，解答の図や参考・補足もよく読んでイメージできるようにしましょう．

## ■ 第５章　平面座標 ■

48 □　49 ☆　50 ○　51 ○　52 ●　53 ○　54 □
55 ☆　56 ☆　57 ○　58 ○　59 ●

内容を欲張っているので，全体的に難しく感じると思います．円や放物線，軌跡や文字定数を含む領域の最大・最小など，定型問題は解けるようにしてください．反射，曲線に接する円，反転で知らないものがあれば解答をよく読んで，解法をしっかりマスターしてください．他の分野の基礎にもなるので公式の確認も大事です．

■ 第6章　微分・積分 ■

**60** ○　**61** ○　**62** ●　**63** ☆　**64** ☆　**65** ○　**66** ☆
**67** ○　**68** ○　**69** ☆　**70** ○　**71** ○　**72** □　**73** ○

ほとんどが 2 次関数か 3 次関数なので，グラフの性質は解答で確認してください( 4 次関数も大事です)．**62** は，3 次関数のグラフを 8 つの長方形の枠を使って考えると，見通しがよくなります．接線の本数や，絶対値のついた定積分，面積計算の公式などの頻出のテーマは，応用が利くように理解しましょう．

■ 第7章　ベクトル，空間座標 ■

**74** ○　**75** ○　**76** ○　**77** □　**78** □　**79** ○　**80** □
**81** ○　**82** ○　**83** ○　**84** ○　**85** ○　**86** ☆　**87** ☆
**88** ●　**89** ☆

問題は，位置ベクトルを求めて，次に内積計算から長さ，なす角，面積・体積などの量を求めるという流れです．ポイントは，位置ベクトルが求められるかです．五心の位置ベクトルの求め方や，ベクトル方程式はよく理解してください．斜交座標は直交座標と比較すればわかり易いと思います．空間座標は差のつきやすい分野です．直線，平面，球面，円錐面の方程式は使えるようにしましょう．

■ 第8章　数　列 ■

**90** □　**91** ○　**92** ○　**93** ○　**94** ☆　**95** ●　**96** ☆
**97** ○　**98** ○　**99** ☆　**100** ○　**101** □　**102** ●

覚えることが多いシグマ計算や漸化式の解法は，解いて慣れていけばいいと思います．数列は，確率同様その場で定義される問題が多いので，具体化が大事です．**90**，**94** ～ **97** がこのタイプです．群数列は応用が多く，**95**，**96** がその例です．難しいですが，解けるようにしてください．また，$n$ に関する証明問題の第一手は数学的帰納法です．こちらもしっかりマスターしてください．

■ 第9章　確率・統計 ■

**103** ○　**104** ○　**105** ○　**106** ○　**107** ○　**108** ○　**109** ○
**110** ○

離散型，連続型確率変数の平均，分散の定義や公式をよく理解して覚えましょう．参考としてできるだけ証明をつけたのでよく読んでください．二項分布から正規分布で近似して，さらに標準化した標準正規分布表を用いるという問題が多く，定型的です．推定・検定も同様で，慣れれば得点源にしやすい分野です．

# 解答編

# 第1章 方程式・不等式，関数

## 1 最大・最小

**アプローチ**

不等式

$$f(t) \geqq 0 \ \left(\frac{1}{2} \leqq t \leqq 1\right)$$

が成り立つ条件は

$\dfrac{1}{2} \leqq t \leqq 1$ における $f(t)$ の最小値が 0 以上

になることです．つまり，最小値の問題です．最小値は，**軸で場合分け**します．

**解答**

$$\begin{aligned}&\cos 3\theta + a(\cos 2\theta + 1) + 5\cos\theta \\ &\quad = (4\cos^3\theta - 3\cos\theta) + 2a\cos^2\theta + 5\cos\theta \\ &\quad = 2\cos\theta(2\cos^2\theta + a\cos\theta + 1)\end{aligned}$$

◀ 3倍角の公式

$$\begin{aligned}&\cos 3\theta \\ &= \cos(2\theta + \theta) \\ &= \cos 2\theta\cos\theta - \sin 2\theta\sin\theta \\ &= \cos 2\theta\cos\theta - 2\sin\theta\cos\theta\sin\theta \\ &= (2\cos^2\theta - 1)\cos\theta - 2(1 - \cos^2\theta)\cos\theta \\ &= 4\cos^3\theta - 3\cos\theta\end{aligned}$$

が成り立つから

$$\cos 3\theta + a(\cos 2\theta + 1) + 5\cos\theta \geqq 0$$

$$2\cos\theta(2\cos^2\theta + a\cos\theta + 1) \geqq 0$$

$0 \leqq \theta \leqq \dfrac{\pi}{3}$ のとき，$\cos\theta > 0$ だから

$$2\cos^2\theta + a\cos\theta + 1 \geqq 0 \ \left(0 \leqq \theta \leqq \frac{\pi}{3}\right)$$

が成り立つことと同値である．

次に，$\cos\theta = t$ とおき

$$f(t) = 2t^2 + at + 1$$

とすると

$$f(t) = 2\left(t + \frac{a}{4}\right)^2 + 1 - \frac{a^2}{8}$$

ここで

$0 \leqq \theta \leqq \dfrac{\pi}{3}$ のとき，$\dfrac{1}{2} \leqq \cos\theta \leqq 1$

だから

$$f(t) \geqq 0 \ \left(\frac{1}{2} \leqq t \leqq 1\right)$$

が成り立つ $a$ の範囲を考えればよい．

(i) $-\dfrac{a}{4} \leqq \dfrac{1}{2}$ つまり $a \geqq -2$ のとき

$$f\left(\frac{1}{2}\right)=\frac{a}{2}+\frac{3}{2} \geqq 0 \qquad \therefore \quad a \geqq -3$$

$$\therefore \quad a \geqq -2$$

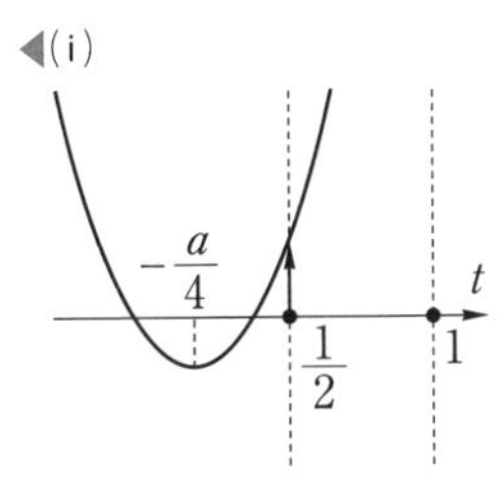


(ii) $\dfrac{1}{2} \leqq -\dfrac{a}{4} \leqq 1$ つまり $-4 \leqq a \leqq -2$ のとき

$$f\left(-\frac{a}{4}\right)=1-\frac{a^2}{8} \geqq 0$$

$$\therefore \quad -2\sqrt{2} \leqq a \leqq 2\sqrt{2}$$

$$\therefore \quad -2\sqrt{2} \leqq a \leqq -2$$

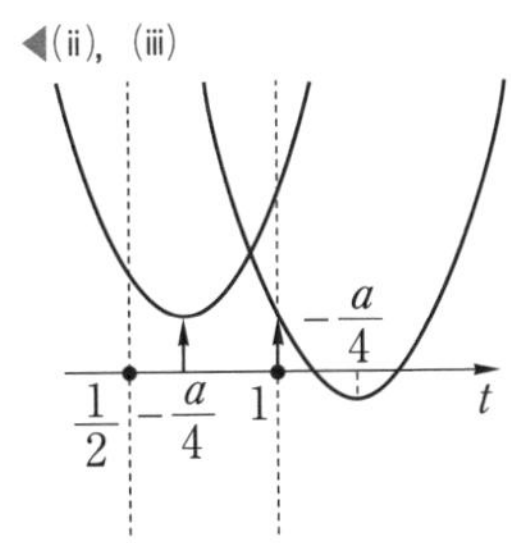


(iii) $-\dfrac{a}{4} \geqq 1$ つまり $a \leqq -4$ のとき

$$f(1)=a+3 \geqq 0 \qquad \therefore \quad a \geqq -3$$

これは $a \leqq -4$ に反するから適さない.

以上から, $\boldsymbol{a \geqq -2\sqrt{2}}$ である.

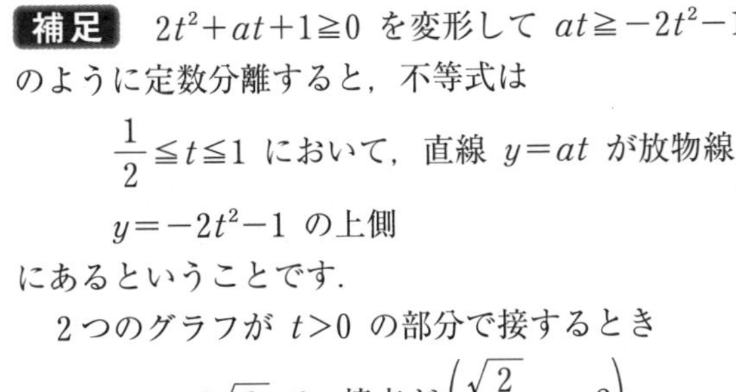

**補足** $2t^2+at+1 \geqq 0$ を変形して $at \geqq -2t^2-1$ のように定数分離すると, 不等式は

$\dfrac{1}{2} \leqq t \leqq 1$ において, 直線 $y=at$ が放物線

$y=-2t^2-1$ の上側

にあるということです.

2つのグラフが $t>0$ の部分で接するとき

$a=-2\sqrt{2}$ で, 接点が $\left(\dfrac{\sqrt{2}}{2},\ -2\right)$

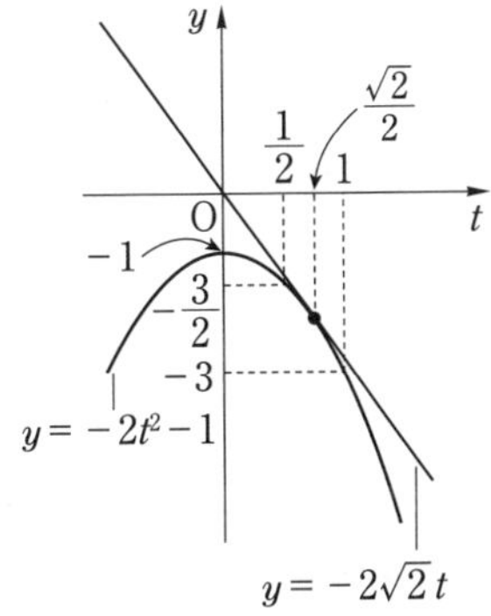


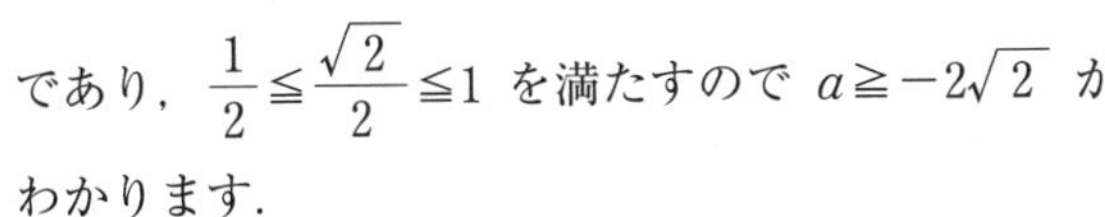

であり, $\dfrac{1}{2} \leqq \dfrac{\sqrt{2}}{2} \leqq 1$ を満たすので $a \geqq -2\sqrt{2}$ がわかります.

**メインポイント**

**2次関数の最大値・最小値は軸で場合分け**

# 2 絶対値とグラフ

**アプローチ**

$y=f(x)$ のグラフは

$$f(x)=\begin{cases}(x-a)(x-2+a) & (x\geqq 2-a)\\ -(x-a)(x-2+a) & (x\leqq 2-a)\end{cases}$$

となることから，$a$ と $2-a$ の大小を考えて次のようになります．

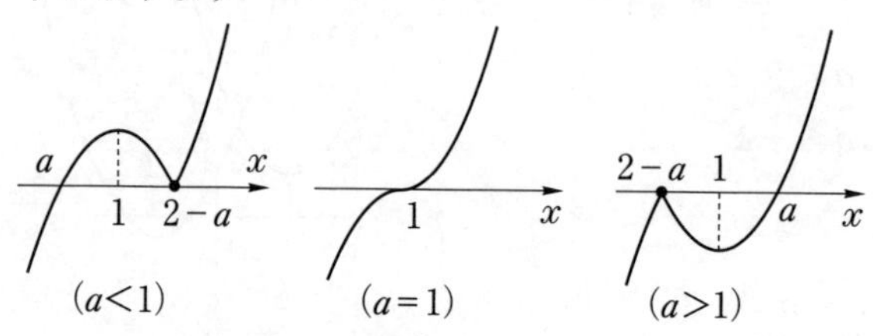


($a<1$)　($a=1$)　($a>1$)

◀ 2つの放物線が $(2-a,\ 0)$ でつながっています．

放物線の頂点の $x$ 座標が1であることから，$a\leqq 1$ のときは $0\leqq x\leqq 1$ で単調増加です．$a>1$ のときは，さらに0と $2-a$ の大小で場合分けが必要です．

**解答**

(i)　$a\leqq 1$ のとき

$$1\leqq 2-a$$

となるから，$0\leqq x\leqq 1$ において

$$\begin{aligned}f(x)&=(x-a)(2-a-x)\\&=-x^2+2x-a(2-a)\\&=-(x-1)^2+(a-1)^2\end{aligned}$$

である．よって，単調増加となり

最大値：$f(1)=(1-a)^2$,

最小値：$f(0)=a^2-2a$

◀ $a\leqq 1$ のグラフは，アプローチ参照．

(ii)　$a\geqq 2$ のとき

$$0\geqq 2-a$$

となるから，$0\leqq x\leqq 1$ において

$$\begin{aligned}f(x)&=(x-a)(x-2+a)\\&=(x-1)^2-(a-1)^2\end{aligned}$$

である．よって，単調減少となり

最大値：$f(0)=-a^2+2a$,

最小値：$f(1)=-(a-1)^2$

◀ $a\geqq 2$ のとき

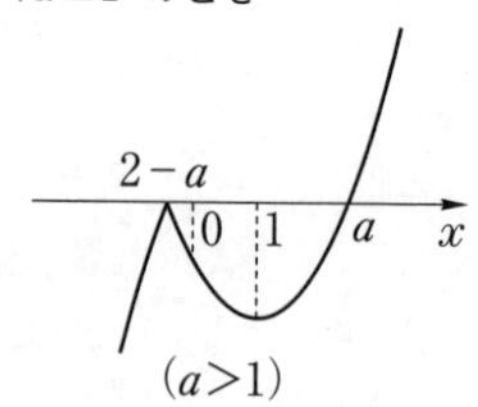


($a>1$)

(iii) $1 \leqq a \leqq 2$ のとき，グラフは右図のようになり

最大値：$f(2-a)=0$

最小値は

$f(0)=a^2-2a,\ f(1)=-(a-1)^2$

の大きくない方である．ここで

$$
\begin{aligned}
&f(0)-f(1)\\
&=a^2-2a+(a-1)^2\\
&=2a^2-4a+1
\end{aligned}
$$

であり，$1 \leqq a \leqq 2$ のとき

$$2a^2-4a+1=0 \iff a=\frac{2+\sqrt{2}}{2}$$

と合わせて，最小値は

$$
\begin{cases}
a^2-2a & \left(1 \leqq a \leqq \dfrac{2+\sqrt{2}}{2}\right)\\
-(a-1)^2 & \left(\dfrac{2+\sqrt{2}}{2} \leqq a \leqq 2\right)
\end{cases}
$$

以上から，

**最大値は**

$$
\begin{cases}
(1-a)^2 & (a \leqq 1)\\
0 & (1 \leqq a \leqq 2)\\
-a^2+2a & (a \geqq 2)
\end{cases}
$$

**最小値は**

$$
\begin{cases}
a^2-2a & \left(a \leqq \dfrac{2+\sqrt{2}}{2}\right)\\
-(a-1)^2 & \left(a \geqq \dfrac{2+\sqrt{2}}{2}\right)
\end{cases}
$$

◀$1 \leqq a \leqq 2$ のとき

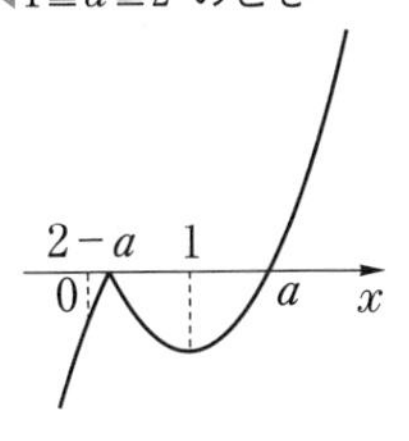


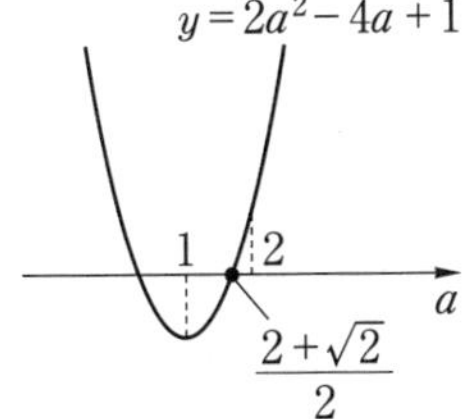


**メインポイント**

**絶対値のグラフでは，つなぎ目に着目**

## 3 解の配置

**アプローチ**

解の配置の問題は，境界で場合分けをします．

$0 \leqq x \leqq 2$ における異なる解の個数は

$f(0)f(2)<0$……ただ1つ

$f(0)f(2)=0$……1つか2つ(重解含む)

$f(0)f(2)>0$……解なしか，または2つ(重解含む)

となります．右の3つのグラフを参照してください．

◀$f(0)f(2)<0$

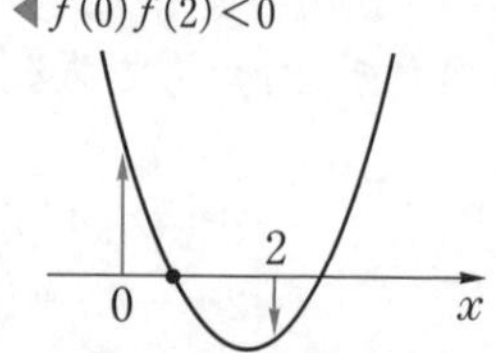


$f(0)f(2)=0$

(図は $f(0)=0$ の場合)

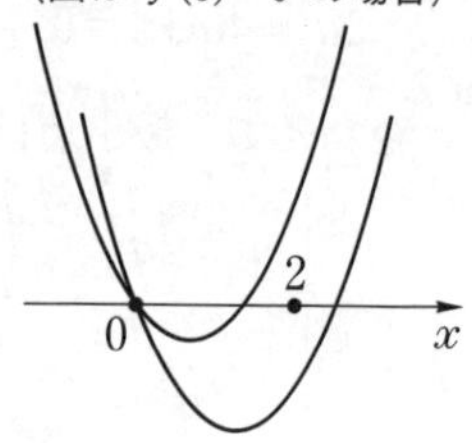


$f(0)f(2)>0$

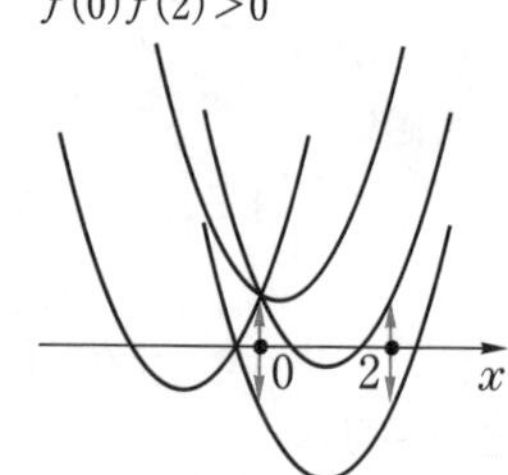


**解答**

(1) $f(x)=x^2+(a-1)x+a+2$

とおくとき，$f(x)=0$ が $0 \leqq x \leqq 2$ の範囲に実数解をただ1つもつのは

(i) $f(0)f(2)<0$

(ii) $f(0)=0$ かつ他の解が $0<x \leqq 2$ にない

$f(2)=0$ かつ他の解が $0 \leqq x<2$ にない

(iii) 重解が $0 \leqq x \leqq 2$ にある

のいずれかである．

(i) $f(0)f(2)<0 \iff (a+2)(3a+4)<0$

$$\therefore \quad -2<a<-\frac{4}{3}$$

(ii) $f(0)=0$ つまり $a=-2$ のとき

$f(x)=x^2-3x=0 \qquad \therefore \quad x=0,\ 3$

これは適する．

$f(2)=0$ つまり $a=-\dfrac{4}{3}$ のとき

$$f(x)=x^2-\frac{7}{3}x+\frac{2}{3}$$

$$=(x-2)\left(x-\frac{1}{3}\right)=0$$

◀$f(2)=0$ から，$f(x)$ は $x-2$ を因数にもつ．

$$\therefore \quad x=\frac{1}{3},\ 2$$

これは適さない．

(iii) (判別式 $D)=(a-1)^2-4(a+2)=0$ のとき

$a^2-6a-7=(a+1)(a-7)=0$

$\therefore \quad a=-1,\ 7$

ここで，重解は $x=\dfrac{1-a}{2}$ だから $0 \leqq x \leqq 2$ を満たすのは $a=-1$ のときである．

◀重解は軸，と覚えておけばよい．

以上合わせて

$$-2 \leqq a < -\frac{4}{3},\ a=-1$$

(2) $(*) \iff (x+1)a+x^2-x+2=0$

であり，$a$ についての方程式とみる．

$$g(a)=(x+1)a+x^2-x+2$$

◀$y=g(a)$ は $ay$ 平面で直線を描く．

とおくと，$g(a)=0$ が $-2 \leqq a \leqq -1$ に解をもつことが条件であるから

$$g(-2)g(-1) \leqq 0$$

$$(x^2-3x)(x-1)^2 \leqq 0$$

$$\therefore\ 0 \leqq x \leqq 3$$

**補足** 1 と同じように，定数分離するのもうまい方法です．

$$(*) \iff a(x+1)=-x^2+x-2$$

として，方程式の解を

直線 $y=a(x+1)$,

放物線 $y=-x^2+x-2$

の交点の $x$ 座標として考えます．この解法を**定数分離**といいます．直線 $y=a(x+1)$ が

定点 $(-1,\ 0)$ を通り，傾きが $a$

であることに注意すると，グラフから(1)，(2)の解の様子がわかります．

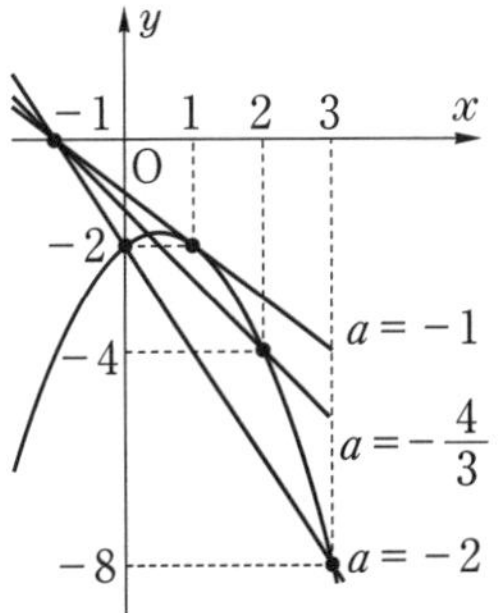


**メインポイント**

**解の配置は，境界での値の符号で分ける．定数分離もある**

## 4 通過領域と解の配置

**アプローチ**

直線 $y=(2t-1)x-2t^2+2t$ の通過領域は，平面上の点 $(x,\ y)$ に対して

$$2t^2-2(x+1)t+x+y=0$$

を満たす実数 $t$ が存在するかと考えます．例えば

$(2,\ -2)$ は，$2t^2-6t=0$　$\therefore$　$t=0,\ 3$

$(-1,\ 2)$ は，$2t^2+1=0$　$\therefore$　実数解なし

(1)では $0\leqq t\leqq 1$ に解をもてばよいので

$(2,\ -2)$ は通過し，$(-1,\ 2)$ は通過しない

となります．

◀$0\leqq t\leqq 1$ を $t=3$ は満たしませんが，$t=0$ は満たすので $(2,\ -2)$ を通過する直線は存在します．

**解答**

(1)　直線PQの方程式は

$$y=(2t-1)(x-t)+t=(2t-1)x-2t^2+2t$$
$$2t^2-2(x+1)t+x+y=0$$

これを $t$ についての方程式とみて，$0\leqq t\leqq 1$ に少なくとも1つ解をもつことが求める条件である．

$f(t)=2t^2-2(x+1)t+x+y$ とおくと

$$f(t)=2\left(t-\frac{x+1}{2}\right)^2+y-\frac{x^2+1}{2}$$

よって条件は，$f(t)=0$ の判別式を $D$ として

$$\begin{cases} f(0)f(1)\leqq 0 \text{ または} \\ f(0)>0,\ f(1)>0,\ D\geqq 0,\ 0<\dfrac{x+1}{2}<1 \end{cases}$$

$$\iff \begin{cases} (y+x)(y-x)\leqq 0 \text{ または} \\ y+x>0,\ y-x>0,\ y\leqq\dfrac{x^2+1}{2}, \\ -1<x<1 \end{cases}$$

よって，図1の色をつけた部分(境界を含む)になる．

◀前問と同じ解の配置の問題．境界で場合分けして
$f(0)f(1)<0$,
$f(0)f(1)=0$
のときは $0\leqq t\leqq 1$ に解をもつ．
$f(0)f(1)>0$ のときは，次の図を参照．

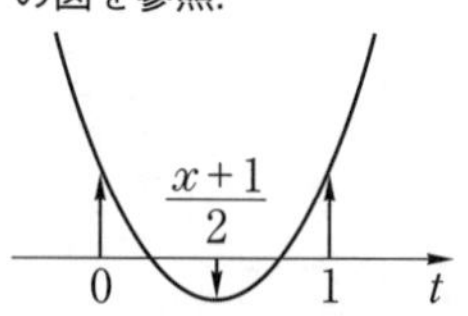


(2)　線分PQは

$$y=(2t-1)x-2t^2+2t\ \ (t-1\leqq x\leqq t)$$

よって，$0\leqq t\leqq 1$ と合わせて

$$\begin{cases} 2t^2-2(x+1)t+x+y=0 \\ 0\leqq t\leqq 1,\ x\leqq t\leqq x+1 \end{cases}$$

これらすべてを満たす $t$ が少なくとも1つ存在することが求める条件である．(1)と同様に $f(t)$ を定めて

(i) $0 \leqq x+1 \leqq 1$ つまり $-1 \leqq x \leqq 0$ のとき

$f(t)=0$ が $0 \leqq t \leqq x+1$ に少なくとも1つ存在すればよい．軸が $t=\dfrac{x+1}{2}$ だから

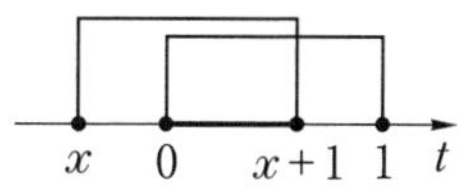


$f(0)=f(x+1)$ となり，条件は

$$f(0)=x+y \geqq 0 \text{ かつ，} y-\frac{x^2+1}{2} \leqq 0$$

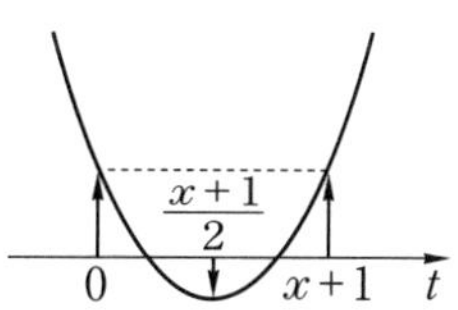


$$\iff y \geqq -x \text{ かつ，} y \leqq \frac{x^2+1}{2}$$

(ii) $0 \leqq x \leqq 1$ のとき

$f(t)=0$ が $x \leqq t \leqq 1$ に少なくとも1つ存在すればよい．軸が $t=\dfrac{x+1}{2}$ だから $f(x)=f(1)$ となり，条件は

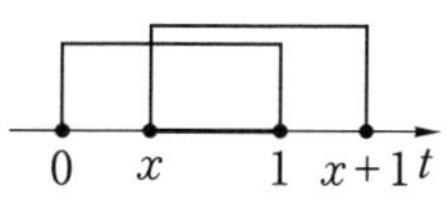


$$f(1)=-x+y \geqq 0 \text{ かつ，} y-\frac{x^2+1}{2} \leqq 0$$

$$\iff y \geqq x \text{ かつ，} y \leqq \frac{x^2+1}{2}$$

よって，領域は図2の色をつけた部分(境界を含む)になる．

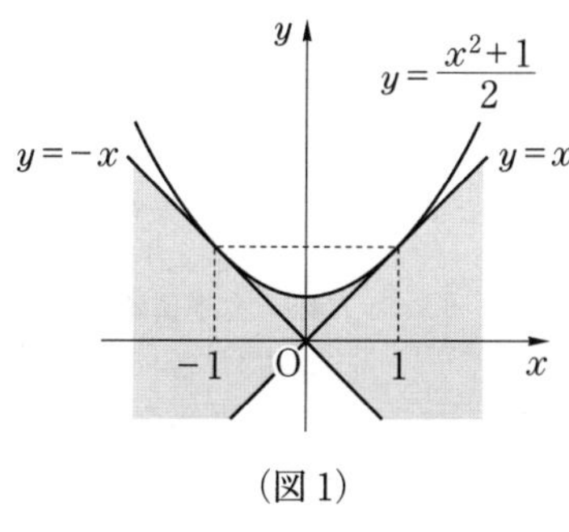


(図1)

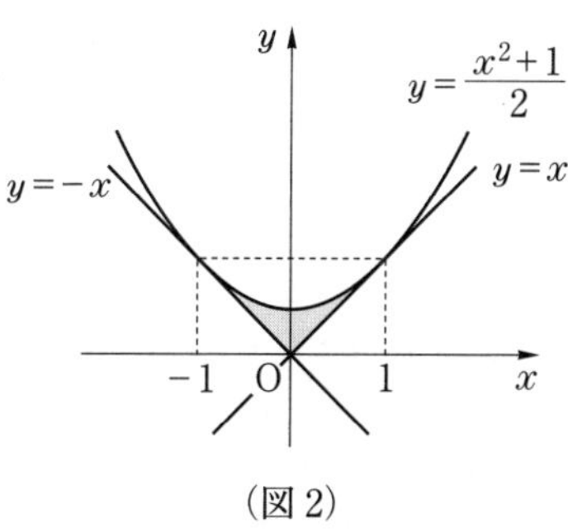


(図2)

**補足** 直線PQは，$y=\dfrac{x^2+1}{2}$ 上の $(2t-1,\ 2t^2-2t+1)$ における接線です．

**メインポイント**

**通過領域は，パラメータについての方程式とみる**

## 5 方程式の解の個数

**アプローチ**

$$|A|=|B| \iff A=B \text{ または } A=-B$$

として，絶対値をはずします．

◀本問の絶対値の中身はともに2次式なので，2乗するのは得策ではありません．

$a=b$ のときは，$x$ についての恒等式になるので本問では $a\neq b$ です．

方程式②に対しては

異なる実数解をもつ

重解をもつ

実数解をもたない

のすべてを考えて，抜けがないようにしましょう．

**解答**

$$|x^2+ax+b|=|x^2+bx+a|$$

$$\iff \begin{cases} x^2+ax+b=x^2+bx+a \text{ または} \\ x^2+ax+b=-(x^2+bx+a) \end{cases}$$

$$\iff \begin{cases} (a-b)(x-1)=0 & \cdots\cdots ① \\ \text{または} \\ 2x^2+(a+b)x+a+b=0 & \cdots\cdots ② \end{cases}$$

ここで，①は $a=b$ のとき任意の実数 $x$ が解となる．

(1) $n=1$ となるとき，①から $a\neq b$ が必要で解は $x=1$ である．

よって，$n=1$ となるには②が

実数解をもたないか，$x=1$ を重解にもつ

◀$x=1$ を重解にもつ，を忘れないように．

②が $x=1$ を重解にもつとすると

$$2x^2+(a+b)x+a+b=2(x-1)^2$$

◀$x=1$ を重解にもつとは $(x-1)^2=0$ ということ．

$$\therefore\quad a+b=-4 \text{ かつ，} a+b=2$$

となるがこれは成り立たない．

よって，②の判別式を $D$ とすると

$$a\neq b \text{ かつ } D<0$$

$$\iff a\neq b \text{ かつ } (a+b)^2-8(a+b)<0$$

$$\iff a\neq b \text{ かつ } 0<a+b<8$$

図は下の色をつけた部分.
ただし，境界と $b=a$ 上は含まない.

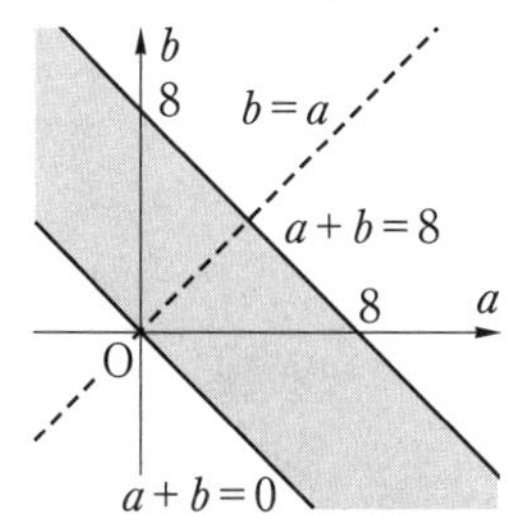


(2) $n=2$ となるとき，①から $a \neq b$ が必要で解は $x=1$ である.

よって，$n=2$ となるには②が

$x=1$ と1以外の解をもつか，または

$x=1$ 以外の重解をもつ

◀ $x=1$ 以外の重解をもつ，を忘れないように.

(i) ②が $x=1$ を解にもつとき

$2+2(a+b)=0 \qquad \therefore \quad a+b=-1$

このとき②は

$2x^2-x-1=(x-1)(2x+1)=0$

$\therefore \quad x=1,\ -\dfrac{1}{2}$

となり，1以外の解をもつから適する.

(ii) ②が $x=1$ 以外の重解をもつとき

◀ (1)から $x=1$ を重解にもつことはないから，$D=0$ が成り立てばよい.

$(a+b)^2-8(a+b)=0 \qquad \therefore \quad a+b=0,\ 8$

$a+b=0$ のとき②は

$2x^2=0 \qquad \therefore \quad x=0$ が重解

$a+b=8$ のとき②は

$2x^2+8x+8=0 \qquad \therefore \quad x=-2$ が重解

ともに $x=1$ 以外の重解をもつから適する.

(i)，(ii)より，$n=2$ となるときの実数解は

**$x=1,\ -\dfrac{1}{2}$，または $x=1,\ 0$，**

**または $x=1,\ -2$**

**メインポイント**

**異なる実数解，重解，実数解なしのすべてを考慮する**

# 6 高次方程式と共通解

**アプローチ**

多項式$F(x)$を$G(x)$で割った商を$Q(x)$，余りを$R(x)$とするとき

$$F(x)=G(x)Q(x)+R(x)$$

が成り立ちます．このとき，$G(x)=0$ と $R(x)=0$ の共通解を $x=\alpha$ とおくと

$$F(\alpha)=G(\alpha)Q(\alpha)+R(\alpha) \qquad \therefore \quad F(\alpha)=0$$

となり，(1)の結果と合わせて

$$x=\alpha \text{ が } F(x)=0 \text{ と} G(x)=0 \text{ の共通解}$$
$$\Longleftrightarrow x=\alpha \text{ が } G(x)=0 \text{ と } R(x)=0 \text{ の共通解}$$

としてそれぞれの多項式の次数を下げられます．多項式に関する**ユークリッドの互除法**(次ページ **補足** 参照)です．高次方程式の共通解では，これを繰り返していきます．

◀$R(x)$の次数は$G(x)$の次数より小さいので
$G(x)=R(x)Q_1(x)+R_1(x)$
$R(x)=R_1(x)Q_2(x)+R_2(x)$
……
と繰り返していけば，
$F(x)$と$G(x)$の共通解は
$G(x)$と$R(x)$の共通解
$R(x)$と$R_1(x)$の共通解
$R_1(x)$と$R_2(x)$の共通解
……
となります．

**解答**

(1) 条件から

$$F(x)=G(x)Q(x)+R(x) \quad \cdots\cdots(*)$$

と表せる．$F(x)=0$ と $G(x)=0$ の共通解を $x=\alpha$ とおくと

$$F(\alpha)=0,\ G(\alpha)=0$$

であり，$(*)$に代入して

$$F(\alpha)=G(\alpha)Q(\alpha)+R(\alpha) \qquad \therefore \quad R(\alpha)=0$$

よって，$x=\alpha$ は方程式 $R(x)=0$ の解である．

(2) $x^4-ax^3-2x^2+2(a-2)x+4a$

$$=R(x)(x-a-1)+(a^2+4a+5)x^2$$
$$-(a^3+6a^2+13a+10)x+2a^3+8a^2+10a$$

◀$G(x)=R(x)Q_1(x)+S(x)$

ここで

$$a^3+6a^2+13a+10=(a+2)(a^2+4a+5)$$
$$2a^3+8a^2+10a=2a(a^2+4a+5)$$

であるから

$$S(x)=(a^2+4a+5)\{x^2-(a+2)x+2a\}$$
$$=\boldsymbol{(a^2+4a+5)(x-2)(x-a)}$$

(1)から $G(x)=0$ と $R(x)=0$ の共通解は $S(x)=0$ の解でもあるから

$$a^2+4a+5=(a+2)^2+1>0$$

と合わせて，共通解となり得るのは

$$x=2,\ a$$

のみである．さらに

$$G(2)=0,\ G(a)=0$$

と合わせて，共通解は

$\boldsymbol{a=2}$ **のとき** $\boldsymbol{x=2,}$

$\boldsymbol{a \neq 2}$ **のとき** $\boldsymbol{x=2,\ a}$

である．

◀十分条件として，$x=2,\ a$ が $G(x)=0,\ R(x)=0$ の解かどうかを調べている．

**注意!** $T(x)=x^2-(a+2)x+2a$ とおくとき

$$R(x)=x^3+x^2-(a^2+3a+6)x+2a(a+3)$$
$$=T(x)(x+a+3)$$

が成り立つから

$$G(x)=R(x)(x-a-1)+S(x)$$
$$R(x)=T(x)(x+a+3)$$
$$=\frac{S(x)}{a^2+4a+5}(x+a+3)$$

◀$S(x)=0$ の解と $T(x)=0$ の解は同じ．

よって，**アプローチ** から

$G(x)=0$ と $R(x)=0$ の共通解

$\Longleftrightarrow R(x)=0$ と $S(x)=0$ の共通解

$\Longleftrightarrow R(x)=0$ と $T(x)=0$ の共通解

したがって，$T(x)=0$ の解が求める共通解になります．

◀$R(x)$ は $T(x)$ で割り切れる．したがって，共通解は $T(x)=0$ の解そのものとなる．

**補足** (ユークリッドの互除法)

2つの数の最大公約数を簡単に求める方法です．次の定理を使います．

**【定理】** 自然数 $a,\ b\ (a>b)$ に対して，$a$ を $b$ で割ったときの余りを $r$ とすると

$a$ と $b$ の最大公約数は $b$ と $r$ の最大公約数に等しい．

例えば 1870，425 の最大公約数は

$$1870=425\cdot4+170,\quad 425=170\cdot2+85$$

となるから，170，85 の最大公約数に等しいので 85 になる．

**メインポイント**

**高次方程式の共通解問題は，ユークリッドの互除法の利用**

# 7 $y=f(x)$, $x=f(y)$ の連立方程式

**アプローチ**

$y=f(x)$, $x=f(y)$ の交点の問題です.

$$y=ax(1-x) \quad \cdots\cdots ①,$$
$$x=ay(1-y) \quad \cdots\cdots ②$$

とおくとき, ①−② から

$$(x-y)\{a(x+y)-(a+1)\}=0$$

となります. よって, $a \neq 0$ より

$y=x$ と①,

$x+y=1+\dfrac{1}{a}$ と①

の交点を調べます. (2)は後者が異なる 2 点で交わる条件です. 解答は, 誘導にしたがって進めます.

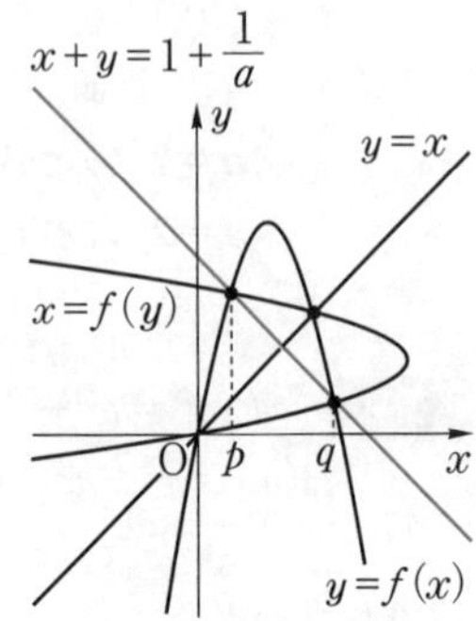


**解答**

(1) $f(f(x))-x$

$$=af(x)\{1-f(x)\}-x$$
$$=af(x)[1-x-\{f(x)-x\}]-x$$
$$=-af(x)\{f(x)-x\}+af(x)(1-x)-x$$
$$=-af(x)\{f(x)-x\}+a\{f(x)-x\}(1-x)+ax(1-x)-x$$
$$=\{f(x)-x\}\{-af(x)+a(1-x)+1\}$$

よって, $f(f(x))-x$ は, $f(x)-x$ で割り切れる.

◀$f(p)=p$ のとき $f(f(p))=f(p)=p$ が成り立つから $f(x)=x$ の解はすべて $f(f(x))=x$ の解.

**別解** 直接割ると次のようになります.

$$f(x)-x=-ax^2+(a-1)x$$

となるから

$f(f(x))-x$

$$=af(x)\{1-f(x)\}-x$$
$$=a(-ax^2+ax)(ax^2-ax+1)-x$$
$$=-a^3x^4+2a^3x^3-(a^2+a^3)x^2+(a^2-1)x$$
$$=\{-ax^2+(a-1)x\}\times\{a^2x^2-(a^2+a)x+a+1\}$$

(2) $f(p)=q$, $f(q)=p$ のとき

$$f(q)=f(f(p))=p$$

◀(1)の利用.

であり，(1)から

$$f(f(p))-p=0$$
$$\iff \{f(p)-p\}\{-af(p)+a(1-p)+1\}=0$$

よって，$p \neq q$ つまり $f(p)-p \neq 0$ とから

$$\begin{cases} -af(p)+a(1-p)+1=0 \\ f(p)-p \neq 0 \end{cases}$$
$$\iff \begin{cases} -a \cdot ap(1-p)+a(1-p)+1=0 \\ -ap+a(1-p)+1 \neq 0 \end{cases}$$
$$\iff \begin{cases} a^2p^2-(a^2+a)p+a+1=0 \\ p \neq \dfrac{a+1}{2a} \ (a \neq 0 \text{ より}) \end{cases} \quad \cdots\cdots(*)$$

同様にして，$(*)$において$p$を$q$に変えた式が成り立つ．$a \neq 0$ のとき

$$a^2x^2-(a^2+a)x+a+1=0 \quad \cdots\cdots ①$$

◀$(*)$の左辺を平方完成すると

$$a^2\left(x-\frac{a+1}{2a}\right)^2+\frac{(a+1)(3-a)}{4}$$

とおくと，$x=\dfrac{a+1}{2a}$ は①の重解だから，①が異なる実数解をもつことが求める条件である．①の判別式を$D$とおくと

$$D=(a^2+a)^2-4a^2(a+1)$$
$$=a^2(a+1)(a-3)>0$$

よって，$a \neq 0$ と合わせて

$$\boldsymbol{a<-1,\ a>3}$$

**補足** アプローチ に従うと，次のようになります．

$$f(p)=q,\ f(q)=p$$
$$\iff ap(1-p)=q,\ (p-q)\{a(p+q)-a-1\}=0$$

よって，$p \neq q$ のとき

$$ap(1-p)=q,\ a(p+q)=a+1,\ p \neq \frac{a+1}{2a}$$

$q$を消去して，$a \neq 0$ とから

$$ap(1-p)=1+\frac{1}{a}-p \qquad \therefore \quad ap^2-(a+1)p+1+\frac{1}{a}=0$$

となり，解答 と同じになります．

**メインポイント**

**$y=f(x)$，$x=f(y)$ の解は，まず辺々引いて因数分解**

# 8 対称式

**アプローチ**

$x$, $y$ に関する対称式は, **基本対称式 $\boldsymbol{x+y}$, $\boldsymbol{xy}$** で表せます. そこで

$$x+y=u,\ xy=v$$

とおくのが定石です. ここで一般に

$$u,\ v \text{ が実数} \Longrightarrow x,\ y \text{ が実数}$$

**は成り立たない**ことに注意しましょう.

◀ $x^3+y^3=1$, $x^2+xy+y^2=6$ はともに対称式です.

**解答**

[A] $x+y=u$, $xy=v$ とおくと

$x$, $y$ は $t^2-ut+v=0$ の解

であり, $x>0$, $y>0$ だから

$t^2-ut+v=0$ は $t>0$ に2解をもつ

よって, 条件は

$u>0$, $v>0$, $u^2-4v \geqq 0$ ……①

次に, $x^3+y^3=1$ のとき

$(x+y)^3-3xy(x+y)=1$

$\therefore\ \ u^3-3uv=1$ ……②

②より $v=\dfrac{u^3-1}{3u}$ であり, これを①に代入して

$$\frac{u^3-1}{3u}>0,\ u^2-\frac{4(u^3-1)}{3u} \geqq 0$$

さらに $u>0$ より

$1<u^3 \leqq 4 \qquad \therefore\ \ 1<u \leqq \sqrt[3]{4}$

以上から, $\boldsymbol{1<x+y \leqq \sqrt[3]{4}}$ である.

◀ $f(t)=t^2-ut+v$ とおくと

$f(t)=\left(t-\dfrac{u}{2}\right)^2-\dfrac{u^2}{4}+v$

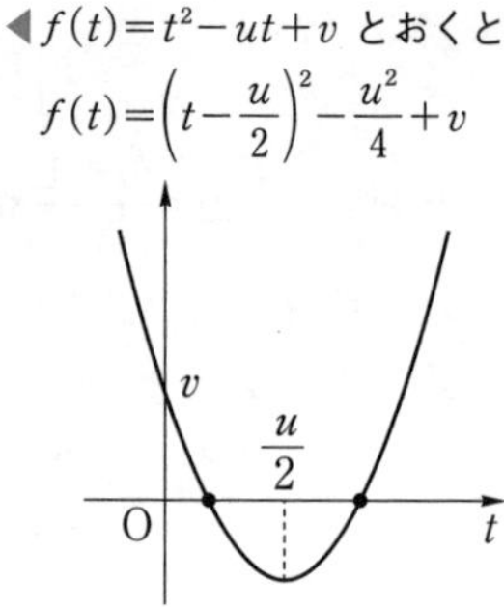


**参考** $x^3+y^3=1$ $(x>0,\ y>0)$ のグラフは右図のようになり, $x+y$ の最大値は

$$x=y,\ x^3+y^3=1 \Longleftrightarrow x=y=\sqrt[3]{\frac{1}{2}}$$

のときにとります.

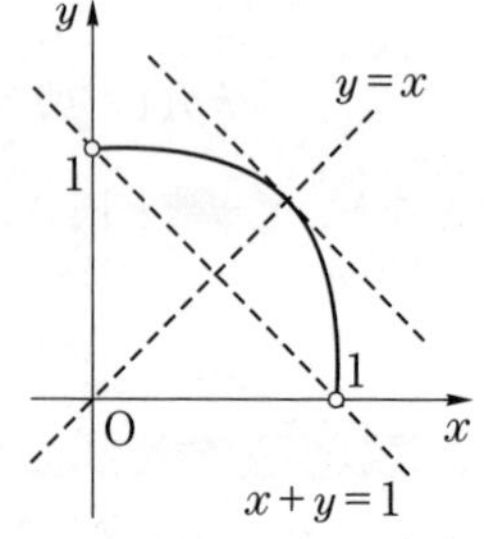


[B] $x+y=u$, $xy=v$ とおくと

$x$, $y$ は $t^2-ut+v=0$ の実数解

$\therefore\ \ u^2-4v \geqq 0$ ……③

次に，$x^2+xy+y^2=6$ から

$$(x+y)^2-xy=6$$

$$\therefore\quad u^2-v=6 \iff v=u^2-6$$

③に代入して

$$u^2-4(u^2-6)\geqq 0$$

$$\therefore\quad u^2\leqq 8 \iff -2\sqrt{2}\leqq u\leqq 2\sqrt{2}$$

以上から

$$v=u^2-6\ \ (-2\sqrt{2}\leqq u\leqq 2\sqrt{2})$$

である．このとき

$$\begin{aligned}&x^2y+xy^2-x^2-2xy-y^2+x+y\\&\qquad=xy(x+y)-(x+y)^2+x+y\\&\qquad=uv-u^2+u=u^3-u^2-5u\end{aligned}$$

ここで $f(u)=u^3-u^2-5u$ とおくと

$$\therefore\quad f'(u)=3u^2-2u-5=(u+1)(3u-5)$$

よって，増減表は次のとおり．

| $u$ | $-2\sqrt{2}$ | $\cdots$ | $-1$ | $\cdots$ | $\dfrac{5}{3}$ | $\cdots$ | $2\sqrt{2}$ |
|---|---|---|---|---|---|---|---|
| $f'(u)$ | | $+$ | $0$ | $-$ | $0$ | $+$ | |
| $f(u)$ | | $\nearrow$ | | $\searrow$ | | $\nearrow$ | |

ここで

$$f(-1)=3,\ f\left(\frac{5}{3}\right)=-\frac{175}{27},$$

$$f(2\sqrt{2})=6\sqrt{2}-8,$$

$$f(-2\sqrt{2})=-6\sqrt{2}-8$$

であり，さらに

$$f(-1)>f(2\sqrt{2}),\ \ f\left(\frac{5}{3}\right)>f(-2\sqrt{2})$$

$$\therefore\quad \boldsymbol{-8-6\sqrt{2}\leqq f(u)\leqq 3}$$

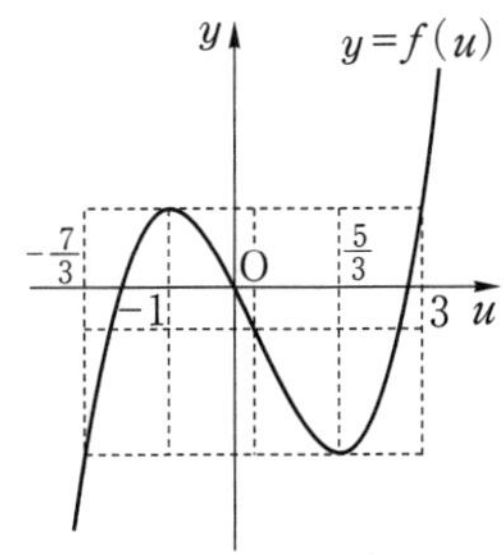


◀ $f(u)=f(-1)$
$\iff (u+1)^2(u-3)=0$
$f(u)=f\left(\dfrac{5}{3}\right)$
$\iff \left(u-\dfrac{5}{3}\right)^2\left(u+\dfrac{7}{3}\right)=0$
からグラフは上図のようになる（**61** 参照）．さらに
$-2\sqrt{2}<-\dfrac{7}{3},\ 2\sqrt{2}<3$
から
$f(-1)>f(2\sqrt{2})$,
$f\left(\dfrac{5}{3}\right)>f(-2\sqrt{2})$
がわかる．

**メインポイント**

**$x$，$y$ に関する対称式では，$x+y=u$，$xy=v$ とおく**
**$x$，$y$ の存在条件から，$u$，$v$ の条件を忘れずに！**

# 9 とり得る値の範囲

**アプローチ**

考え方は 4 と同じです．すなわち，$x$をとり得るかどうかは

$$\begin{cases} s^2+t^2=1,\ s\geqq 0,\ t\geqq 0 \\ x^4-2(s+t)x^2+(s-t)^2=0 \end{cases}$$

**を満たす実数$s$，$t$が存在するかどうかです．**

◀$x$のとり得る値の範囲は$s$，$t$の連立方程式の解の存在条件から求めます．

例えば $x=0$ は

$$s^2+t^2=1,\ s\geqq 0,\ t\geqq 0,\ (s-t)^2=0$$

これらすべてを満たす$s$，$t$として，$s=t=\dfrac{1}{\sqrt{2}}$ が存在するのでとり得ます．また，$s$，$t$に関する対称式なので前問と同じように

$$\boldsymbol{s+t=u,\ st=v}$$

とおきます．

**解答**

$s^2+t^2=1$ から

$$x^4-2(s+t)x^2+(s-t)^2=0$$
$$\iff x^4-2(s+t)x^2+1-2st=0$$

$s+t=u$，$st=v$ とおくと

$$x^4-2ux^2+1-2v=0 \quad \cdots\cdots①$$

ここで

$s$，$t$は $X^2-uX+v=0$ の2解

であり $s\geqq 0$，$t\geqq 0$ より

$$u\geqq 0,\ v\geqq 0,\ u^2-4v\geqq 0 \quad \cdots\cdots②$$

さらに，$s^2+t^2=1$ から

$$(s+t)^2-2st=u^2-2v=1$$

$v=\dfrac{u^2-1}{2}$ を①，②に代入して，それぞれ

$$x^4-2ux^2+1-(u^2-1)=0$$
$$\iff u^2+2x^2u-x^4-2=0$$

$$\begin{cases} u\geqq 0,\ u^2-1\geqq 0, \\ u^2-2(u^2-1)=2-u^2\geqq 0 \end{cases}$$
$$\iff 1\leqq u\leqq \sqrt{2}$$

◀$s=\cos\theta$，$t=\sin\theta$ $\left(0\leqq\theta\leqq\dfrac{\pi}{2}\right)$ とおくこともできる．このときも

$\sin\theta+\cos\theta=u$

とおいて

$u=\sqrt{2}\sin\left(\theta+\dfrac{\pi}{4}\right)$

とから，$0\leqq\theta\leqq\dfrac{\pi}{2}$ のとき

$\sin\theta\cos\theta=\dfrac{u^2-1}{2}$

$1\leqq u\leqq\sqrt{2}$

となる．

$f(u)=u^2+2x^2u-x^4-2$ とおくと，求める条件は

$f(u)=0$ が $1\leqq u\leqq\sqrt{2}$ に少なくとも解を1つもつことである．

ここで

軸：$u=-x^2\leqq 0$

だから，$1\leqq u\leqq\sqrt{2}$ において単調増加で

$$f(1)=2x^2-x^4-1$$
$$=-(x^2-1)^2\leqq 0,$$
$$f(\sqrt{2})=2\sqrt{2}x^2-x^4\geqq 0$$

が成り立てばよい．

$$\therefore\quad x^2(2\sqrt{2}-x^2)\geqq 0$$
$$\iff 0\leqq x^2\leqq 2\sqrt{2}$$
$$\therefore\quad \boldsymbol{-\sqrt[4]{8}\leqq x\leqq\sqrt[4]{8}}$$

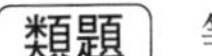
類題　等式

$$x^2+(i-2)x+2ab+\left(\frac{b}{2}-2a\right)i=0$$

を満たす実数 $a$，$b$ が存在するような，実数 $x$ の範囲を求めよ．ただし，$i$ は虚数単位とする．

**解答**

与式から

$$x^2-2x+2ab+\left(x+\frac{b}{2}-2a\right)i=0$$

ここで，$a$，$b$，$x$ は実数だから

$$x^2-2x+2ab=0,\quad x+\frac{b}{2}-2a=0$$

これを $a$，$b$ の連立方程式とみて，実数解をもてばよい．第2式から $b=4a-2x$ となり，第1式に代入して

$$x^2-2x+2a(4a-2x)=0$$
$$\therefore\quad 8a^2-4xa+x^2-2x=0$$
$$\therefore\quad \frac{D}{4}=4x^2-8(x^2-2x)=16x-4x^2\geqq 0$$
$$\therefore\quad \boldsymbol{0\leqq x\leqq 4}$$

**メインポイント**

**$x$ のとり得る値の範囲は，$x$ 以外の文字の方程式とみる**

# 10 3次方程式の一般解

**アプローチ**

$$a=\sqrt[3]{\sqrt{\frac{65}{64}}+1}-\sqrt[3]{\sqrt{\frac{65}{64}}-1}$$

複雑な式ですが，これは

$$4x^3+3x-8=0$$

の実数解で『カルダノの解法』から得られるものです．◀覚える必要はありません．

3次方程式の一般解の求め方で，等式

$$(\boldsymbol{u}+\boldsymbol{v})^3-3\boldsymbol{uv}(\boldsymbol{u}+\boldsymbol{v})=\boldsymbol{u}^3+\boldsymbol{v}^3$$

を利用します．**補足**につけた解法の流れをよく理解してください．

---

**解答**

(1) $\alpha=\sqrt[3]{\sqrt{\frac{65}{64}}+1}$，$\beta=\sqrt[3]{\sqrt{\frac{65}{64}}-1}$

とおくと

◀まず $\sqrt[3]{\ }$，$\sqrt{\ }$ を消すことを考える．

$$\alpha^3-\beta^3=\left(\sqrt{\frac{65}{64}}+1\right)-\left(\sqrt{\frac{65}{64}}-1\right)$$
$$=2$$

$$\alpha\beta=\sqrt[3]{\left(\sqrt{\frac{65}{64}}+1\right)\left(\sqrt{\frac{65}{64}}-1\right)}$$
$$=\sqrt[3]{\frac{65}{64}-1}=\frac{1}{4}$$

ここで

$$(\alpha-\beta)^3=\alpha^3-3\alpha^2\beta+3\alpha\beta^2-\beta^3$$
$$\iff \alpha^3-\beta^3=(\alpha-\beta)^3+3\alpha\beta(\alpha-\beta)$$

◀$(\alpha-\beta)^3$ を展開して公式をつくればよい．

が成り立つから，$a=\alpha-\beta$ のとき

$$2=a^3+\frac{3}{4}a \qquad \therefore\ \ 4a^3+3a-8=0$$

よって，$a$ は3次方程式 $4x^3+3x-8=0$ の解である．

(2) (1)から

$$4a^3+3a-8=0 \iff a(4a^2+3)=8$$

よって，$a$ が整数ならば

8の約数 ±1，±2，±4，±8 のいずれか

ところが，どの数も解にならないから $a$ は整数で

◀どの値でも $4a^2+3$ は1以外の奇数になる．

ない.

**参考** 例えば，$a=\sqrt[3]{5\sqrt{2}+7}-\sqrt[3]{5\sqrt{2}-7}$ に対して，(1)と同じように3次方程式を求めると

$$x^3+3x-14=0$$
$$\iff (x-2)(x^2+2x+7)=0$$

より，実数解は2となり

$$\sqrt[3]{5\sqrt{2}+7}-\sqrt[3]{5\sqrt{2}-7}=2$$

となります．この場合は，$a$ は整数になります．

**補足** $x^3+\dfrac{3}{4}x-2=0$ の実数解を求めるのに

$$(u+v)^3-3uv(u+v)=u^3+v^3$$

を利用します．2式を比較して

$$x=u+v,\ -3uv=\frac{3}{4},\ u^3+v^3=2$$

となる実数 $u$，$v$ を求めます．このとき

$$u^3+v^3=2,\ u^3v^3=-\frac{1}{64}$$

から，$u^3$，$v^3$ は $t^2-2t-\dfrac{1}{64}=0$ の2解です．とくに $u\leqq v$ として

$$(u^3,\ v^3)=\left(1-\sqrt{\frac{65}{64}},\ 1+\sqrt{\frac{65}{64}}\right)\ \cdots\cdots(*)$$

よって，実数解は

$$x=u+v$$
$$=\sqrt[3]{1+\sqrt{\frac{65}{64}}}+\sqrt[3]{1-\sqrt{\frac{65}{64}}}$$
$$=\sqrt[3]{\sqrt{\frac{65}{64}}+1}-\sqrt[3]{\sqrt{\frac{65}{64}}-1}$$

◀ $\omega$ を $x^2+x+1=0$ の解の1つとすると，他の解は $\omega^2$ となり

$$u^3=p^3 \iff \left(\frac{u}{p}\right)^3=1$$
$$\therefore\ u=p,\ p\omega,\ p\omega^2$$

が成り立つ．よって(*)から虚数解は

$$\omega\sqrt[3]{1+\sqrt{\frac{65}{64}}}+\omega^2\sqrt[3]{1-\sqrt{\frac{65}{64}}}$$
$$\omega^2\sqrt[3]{1+\sqrt{\frac{65}{64}}}+\omega\sqrt[3]{1-\sqrt{\frac{65}{64}}}$$

カルダノの解法も上と**同様の流れ**で求められます．

**メインポイント**

**3次方程式の解法として，カルダノの解法がある**

# 11 多変数の扱い

**アプローチ**

多変数関数の問題では

**1つの変数の関数とみるため，他の変数を固定する**

つまり，変数を1つずつ動かしていきます．

本問では$\gamma$を固定すると，$\beta$は$\alpha$の関数になるので

$$\cos\alpha+\cos\beta+\cos\gamma$$

は$\alpha$の関数です．$\alpha$を動かし最小値を$\gamma$で表すのですが，実は定数になってしまいます．

◀ $\alpha$を動かし，最小値を$\gamma$で表し，次に$\gamma$を動かすのが多変数の考え方です．

**解答**

$\gamma$ $(0\leqq\gamma\leqq\pi)$ を固定すると

$$\alpha+\beta=\pi-\gamma,\ \alpha\geqq 0,\ \beta\geqq 0$$

このとき

$$\begin{aligned}&\cos\alpha+\cos\beta\\&=2\cos\frac{\alpha+\beta}{2}\cos\frac{\alpha-\beta}{2}\\&=2\cos\frac{\pi-\gamma}{2}\cos\frac{\alpha-\beta}{2}\\&=2\sin\frac{\gamma}{2}\cos\frac{\alpha-\beta}{2}\end{aligned}$$

◀ 和・積の公式
$\cos(\alpha+\beta)+\cos(\alpha-\beta)$
$=2\cos\alpha\cos\beta$
が成り立つ．ここで
$\alpha+\beta=x,\ \alpha-\beta=y$
とおくと
$\alpha=\frac{x+y}{2},\ \beta=\frac{x-y}{2}$
これを代入して
$\cos x+\cos y$
$=2\cos\frac{x+y}{2}\cos\frac{x-y}{2}$

ここで，$0\leqq\alpha\leqq\pi-\gamma$，$0\leqq\beta\leqq\pi-\gamma$ だから

$$\left|\frac{\alpha-\beta}{2}\right|\leqq\frac{\pi-\gamma}{2}\leqq\frac{\pi}{2}$$

$$\therefore\quad \cos\frac{\alpha-\beta}{2}\geqq\cos\frac{\pi-\gamma}{2}=\sin\frac{\gamma}{2}$$

◀ $\cos x$ は偶関数で $0\leqq x\leqq\frac{\pi}{2}$ において減少関数．

以上から

$$\begin{aligned}&\cos\alpha+\cos\beta+\cos\gamma\\&\geqq 2\sin^2\frac{\gamma}{2}+\cos\gamma\\&=2\sin^2\frac{\gamma}{2}+\left(1-2\sin^2\frac{\gamma}{2}\right)\\&=1\end{aligned}$$

となり，$\cos\alpha+\cos\beta+\cos\gamma\geqq 1$ が示された．

別解

$\alpha+\beta+\gamma=\pi$ つまり $\gamma=\pi-(\alpha+\beta)$
が成り立つから

$$\begin{aligned}
&\cos\alpha+\cos\beta+\cos\gamma-1\\
&\quad=\cos\alpha+\cos\beta-\cos(\alpha+\beta)-1\\
&\quad=2\cos\frac{\alpha+\beta}{2}\cos\frac{\alpha-\beta}{2}-2\cos^2\frac{\alpha+\beta}{2}\\
&\quad=2\cos\frac{\alpha+\beta}{2}\left(\cos\frac{\alpha-\beta}{2}-\cos\frac{\alpha+\beta}{2}\right)\\
&\quad=4\cos\frac{\alpha+\beta}{2}\sin\frac{\alpha}{2}\sin\frac{\beta}{2}\\
&\quad=4\cos\frac{\pi-\gamma}{2}\sin\frac{\alpha}{2}\sin\frac{\beta}{2}\\
&\quad=4\sin\frac{\gamma}{2}\sin\frac{\alpha}{2}\sin\frac{\beta}{2}
\end{aligned}$$

◀ $\cos x-\cos y$
$=-2\sin\frac{x+y}{2}\sin\frac{x-y}{2}$

ここで，$0\leqq\alpha\leqq\pi$，$0\leqq\beta\leqq\pi$，$0\leqq\gamma\leqq\pi$ だから

$$4\sin\frac{\gamma}{2}\sin\frac{\alpha}{2}\sin\frac{\beta}{2}\geqq 0$$

$$\therefore\quad \cos\alpha+\cos\beta+\cos\gamma\geqq 1$$

**メインポイント**

**多変数の問題では，1つの変数の関数とみるため，他の変数を固定する**

# 12 不等式の証明

**アプローチ**

(2)は背理法です.

(3)も背理法です. $x$, $y$, $z$ が

$$x>0,\ y<0,\ z<0 \text{ かつ } x+y+z>0$$

を満たすということは

◀ 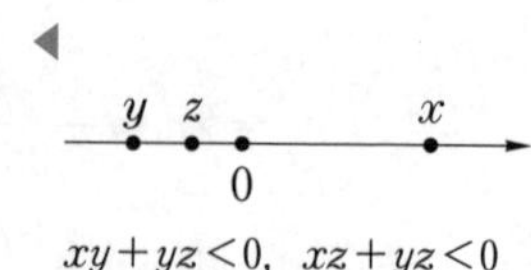


$xy+yz<0$, $xz+yz<0$ ということです.

$x$ の絶対値が $y$, $z$ の絶対値より大きい

であり,

$xy<0$, $yz>0$, $xz<0$ かつ

$xy$, $xz$ の絶対値が $yz$ の絶対値より大きい

ということです. よって, $xy+yz+zx<0$ となります.

---

**解答**

(1) $A=x+y+z=0$ のとき

$$B=xy+yz+zx$$
$$=\frac{1}{2}\{(x+y+z)^2-(x^2+y^2+z^2)\}$$
$$=-\frac{1}{2}(x^2+y^2+z^2)\leqq 0$$

◀ $(x+y+z)^2$
$=x^2+y^2+z^2$
$+2(xy+yz+zx)$

ここで, $x$, $y$, $z$ は0でないから $B<0$ である.

**別解** $A=0$ のとき, $z=-x-y$ だから

$$B=xy-(x+y)^2$$
$$=-x^2-xy-y^2$$
$$=-\left(x+\frac{y}{2}\right)^2-\frac{3}{4}y^2\leqq 0$$

$x$, $y$, $z$ は0でないから $B<0$ となります.

(2) 『$A<0$ または $B\leqq 0$』の否定は

『$A\geqq 0$ かつ $B>0$』

$$\iff \begin{cases} A>0 \text{ かつ } B>0 \\ \text{または} \\ A=0 \text{ かつ } B>0 \end{cases}$$

である.

(i) $A>0$, $B>0$ とする.

ここで, $x$, $y$, $z$ の1つだけが正だから

$$C=xyz>0 \qquad \therefore\ A>0,\ B>0,\ C>0$$

命題 (q) の成立を仮定しているから $x$, $y$, $z$ はすべて正となり，$x$, $y$, $z$ の 1 つだけが正に矛盾する．

(ii) $A=0$, $B>0$ とする．

これは命題 (p) に矛盾する．

よって背理法により，(q) が成り立つことを仮定するとき命題 (r) が成り立つ．

◀背理法
$p \Longrightarrow q$ の否定は
$p$ かつ $\overline{q}$ ($q$ でない)
となる．
すなわち，$p$ かつ $\overline{q}$ を仮定して矛盾を導く証明法．

(3) $C=xyz>0$ と $x$, $y$, $z$ は 0 でないことから

$x$, $y$, $z$ はすべて正，または

$x$, $y$, $z$ の 1 つだけが正

のいずれかである．

$x$, $y$, $z$ の 1 つだけが正とする．ここで，対称性から

$$x>0,\ y<0,\ z<0$$

としてもよい．このとき

$$A=x+y+z>0 \qquad \therefore\ x>-(y+z)>0$$

つまり，$x>|y+z|$ だから

$$\begin{aligned} B&=x(y+z)+yz \\ &<-(y+z)^2+yz \\ &=-(y^2+yz+z^2)<0 \end{aligned}$$

これは $B>0$ に反する．よって，$x$, $y$, $z$ はすべて正である．

◀ほかにも
$B=y(x+y+z)-y^2+xz<0$
と式変形して
$y(x+y+z)<0$, $xz<0$
より，$B<0$ としてもよい．

**参考** 解と係数の関係から $x$, $y$, $z$ は，方程式

$$t^3-At^2+Bt-C=0$$

の 0 でない実数解になります．左辺を $f(t)$ とおくと

$$A>0,\ B>0,\ C>0$$

のとき，$t<0$ ならば $f(t)<0$ となり $f(t)=0$ は負の解をもちません．さらに，$x$, $y$, $z$ は 0 でないから $x$, $y$, $z$ はすべて正です．

**メインポイント**

**背理法の利用，また条件式から大小の感覚をつかむ**

# 第2章 確　率

## 13 カードを取り出す…戻さない

**アプローチ**

　くじ引きは，引く順番によらず誰もが当たる確率は同じです．

　本問はカードを引く順番が指定されていませんが，くじ引きと同様に A，B，C のカードを引く確率はそれぞれ引く順番によりません．

　そこで，男性 6 人，女性 6 人の順に引くと設定しましょう．

何番目の人もAのカードを引くような順列は，A 以外の順列を考えて

$${}_{11}C_3 \cdot {}_8C_4 \text{ 通り}$$

◀あるから，確率は

$$\frac{{}_{11}C_3 \cdot {}_8C_4}{{}_{12}C_4 \cdot {}_8C_4} = \frac{4}{12} = \frac{1}{3}$$

B，C も同様です．

**解答**

　男性 6 人，女性 6 人がこの順に引くとし，全体をカード 12 枚の順列と考える．このとき，全体は

$$\frac{12!}{4!4!4!}$$

$$= \frac{12 \cdot 11 \cdot 10 \cdot 9 \cdot 8 \cdot 7 \cdot 6 \cdot 5}{4 \cdot 3 \cdot 2 \cdot 4 \cdot 3 \cdot 2}$$

$$= 11 \cdot 10 \cdot 9 \cdot 7 \cdot 5 \text{（通り）}$$

◀全体は

$${}_{12}C_4 \cdot {}_8C_4 \cdot {}_4C_4$$

で，これは A，B，C を 12 か所のどこに置くかを考えている．

◀後で約分するから，計算しなくてよい．

(ア)　男性 6 人が順に引くことにより，はじめの 6 枚の中にAが 4 枚あればよい．

　残り B，C の順列も考えて

$${}_6C_4 \cdot {}_8C_4 = \frac{6 \cdot 5}{2} \cdot \frac{8 \cdot 7 \cdot 6 \cdot 5}{4 \cdot 3 \cdot 2}$$

$$= 3 \cdot 5 \cdot 7 \cdot 2 \cdot 5 \text{（通り）}$$

$$\therefore \quad \frac{3 \cdot 5 \cdot 7 \cdot 2 \cdot 5}{11 \cdot 10 \cdot 9 \cdot 7 \cdot 5} = \mathbf{\frac{1}{33}}$$

(イ)　(i)　カードの種類が 2 種類のとき

　2 種類のカードを A，B，C のどれにするかで

$${}_3C_2 = 3 \text{（通り）}$$

　この 2 種類のうちどちらのカードを男性にするかで 2 通り．さらに，カードの順列が

$${}_6C_4 \cdot {}_6C_4 \text{ 通り}$$

あるから

$$\therefore \quad \frac{3 \cdot 2 \cdot {}_6C_4 \cdot {}_6C_4}{11 \cdot 10 \cdot 9 \cdot 7 \cdot 5}$$

$$= \frac{3 \cdot 2 \cdot 3 \cdot 5 \cdot 3 \cdot 5}{11 \cdot 10 \cdot 9 \cdot 7 \cdot 5} = \frac{3}{77}$$

(ii) カードの種類が1種類のとき

A, B, Cのどのカードかで3通り．このカード4枚を引くのが男性か女性かで2通り．

特に，男性がAのカードを4枚引くとすると，男性の残り2枚はBとCであればよい．このとき，カードの順列は

◀女性はBとCを3枚ずつ引くしかない．

$${}_6C_4 \cdot 2 \cdot {}_6C_3 \text{ 通り}$$

$$\therefore \quad \frac{3 \cdot 2 \cdot {}_6C_4 \cdot 2 \cdot {}_6C_3}{11 \cdot 10 \cdot 9 \cdot 7 \cdot 5}$$

$$= \frac{3 \cdot 2 \cdot 3 \cdot 5 \cdot 2 \cdot 5 \cdot 4}{11 \cdot 10 \cdot 9 \cdot 7 \cdot 5} = \frac{8}{77}$$

(i), (ii)を合わせて

$$\frac{8}{77} + \frac{3}{77} = \boldsymbol{\frac{1}{7}}$$

**補足**　例えば，Aを当たりくじとみなせば本問の(1)は

当たりくじを引いたのが男性だけになる確率を求めよ

ということになります．

さらに，男性が2人，女性が2人当たる確率は，Aのカードを2枚ずつそれぞれどの男性と女性が引くかを考えて

$$\frac{{}_6C_2 \cdot {}_6C_2}{{}_{12}C_4} = \frac{3 \cdot 5 \cdot 3 \cdot 5}{11 \cdot 5 \cdot 9} = \frac{5}{11}$$

となります．

**メインポイント**

**『箱(袋)から取り出し，戻さない』は，すべて並べる順列を考える**

# 14 数え上げ

**アプローチ**

(2)は3つの数字をどう入れかえても4の倍数にならないという意味です．下2桁で4の倍数になるのは，次の通りです．

(12)，(16)，(24)，(32)，(36)，
(44)，(52)，(56)，(64)

したがって，この数字のペアが入らない3つの数字の組を数えればよいわけです．基準を決めて

**もれなく，重複なく**

数えましょう．また，今回は余事象の方が数えるのが大変なのでこのまま考えます．

◀ $abc_{(10)}$
$=a\cdot 10^2+b\cdot 10+c$
において，$10^2=4\cdot 25$ より下2桁の $b\cdot 10+c$ で4の倍数かどうかわかります．

**解答**

(1) 下2桁が4の倍数になればよく，その数は

(12)，(16)，(24)，(32)，(36)，
(44)，(52)，(56)，(64)

の9通り．

$$\therefore \quad \frac{6\cdot 9}{6^3}=\mathbf{\frac{1}{4}}$$

(2) $(ABC)$，$(ACB)$，$(BAC)$，
$(BCA)$，$(CAB)$，$(CBA)$

のいずれもが4の倍数にならないのは，3つの数に

(1，2)，(1，6)，(2，4)，(3，2)，(3，6)，
(4，4)，(5，2)，(5，6)，(6，4)

を含まなければよい．

◀ 3つの数をどう並べかえても4の倍数にならないということです．

(i) すべての目が奇数のとき，すべて適する．

$\therefore \quad 3^3=27$ (通り)

(ii) 2つの目が奇数，他の1つの目が偶数のとき，2，6は含めないから偶数が4であればよい．

$\therefore \quad {}_3C_1\cdot 3^2=27$ (通り)

(iii) 2つの目が偶数，他の1つの目が奇数のとき，2，6は含めず，さらに(4，4)も含めないから適さない．

(iv) すべての目が偶数のとき，4は含めないから3つとも2か6であればよい．

◀ もれがないように，3つの数を偶数か奇数かで分けました．

$\therefore \quad 2^3=8$（通り）

よって，求める確率は

$$\therefore \quad \frac{27+27+8}{6^3}=\frac{62}{6^3}=\mathbf{\frac{31}{108}}$$

**別解**

直接書き出す方法もあります．

3 つの数を

$$(a,\ b,\ c)\quad (a \leqq b \leqq c)$$

として書き出すと

◀$a \leqq b \leqq c$ として書き出し，順列は後で考えます．

(1, 1, 1), (1, 1, 3), (1, 1, 4), (1, 1, 5),
(1, 3, 3), (1, 3, 4), (1, 3, 5), (1, 4, 5),
(1, 5, 5), (2, 2, 2), (2, 2, 6), (2, 6, 6),
(3, 3, 3), (3, 3, 4), (3, 3, 5), (3, 4, 5),
(3, 5, 5), (4, 5, 5), (5, 5, 5), (6, 6, 6)

次に，順列を考えて

$$\frac{1 \cdot 5+3 \cdot 11+3! \cdot 4}{6^3}=\frac{31}{108}$$

**参考**　この数え方はいろいろ使えます．例えば

サイコロを 4 回振るとき，目の和が 10 となる確率

は，4 つの目を

$$(a,\ b,\ c,\ d)\quad (a \leqq b \leqq c \leqq d)$$

として書き出すと

(1, 1, 2, 6), (1, 1, 3, 5), (1, 1, 4, 4), (1, 2, 2, 5), (1, 2, 3, 4),
(1, 3, 3, 3), (2, 2, 2, 4), (2, 2, 3, 3)

$$\therefore \quad \frac{\frac{4!}{2!} \cdot 3+\frac{4!}{2!2!} \cdot 2+4!+4 \cdot 2}{6^4}=\frac{80}{6^4}=\frac{5}{81}$$

**メインポイント**

**数え上げは，もれなく，重複なく．余事象も考える**

# 15 重複順列と確率

**アプローチ**

$n$ 人の子どもを3つの部屋A，B，Cに分ける部屋割りは，どの子どもも部屋の選び方が3通りあるから

$3^n$ 通り

になります．さらに，空き部屋がないのは，余事象が

空き部屋2つ：3通り，

空き部屋1つ：${}_3C_2(2^n-2)$ 通り

となることから

$3^n-3\cdot2^n+3$ 通り

です．これは有名ですが，本問はこの応用です．

◀空き部屋1つは，空き部屋を固定すると部屋の選び方は2通りになります．

**解答**

カードの入れ方は，全体で $5^n$ 通り．

(1) 余事象は，$X=0$ または $Y=0$ つまり

『$n$ 枚とも赤い箱または $n$ 枚とも青い箱』

$n$ 枚とも赤い箱にある確率が $\left(\frac{2}{5}\right)^n$，

$n$ 枚とも青い箱にある確率が $\left(\frac{3}{5}\right)^n$

だから，求める確率は

$$\mathbf{1-\frac{2^n+3^n}{5^n}}$$

(2) $X>Y$ となるのは

$(X,\ Y)=(1,\ 0),\ (2,\ 0),\ (2,\ 1)$

のいずれかである．

(i) $(X,\ Y)=(1,\ 0),\ (2,\ 0)$ となるには，$n$ 枚とも赤い箱であればよい．

$$\therefore\quad \frac{2^n}{5^n}$$

(ii) $(X,\ Y)=(2,\ 1)$ となるには，青い箱の決め方が

${}_3C_1=3$ (通り)

で，この3つの箱のそれぞれに少なくとも1枚のカードを入れる入れ方は

$3^n-3-{}_3C_2(2^n-2)=3^n-3\cdot2^n+3$ (通り)

◀**アプローチ**と同じです．

よって確率は

$$\frac{3(3^n-3\cdot2^n+3)}{5^n}$$

よって(i), (ii)を合わせて

$$\frac{2^n}{5^n}+\frac{3(3^n-3\cdot2^n+3)}{5^n}=\boldsymbol{\frac{3^{n+1}-2^{n+3}+9}{5^n}}$$

**参考** $n$人でじゃんけんをするとき，引き分けになる確率も同じように考えられます．勝負がつくのは，$n$人の出した手がグー，チョキ，パーのうちちょうど2種類のときで，これは **アプローチ** の空き部屋1つの場合です．

◀$n$人がグー，チョキ，パーの3つの部屋に入ると思えばよい．

よって，引き分けになる確率は

$$1-\frac{{}_3C_2(2^n-2)}{3^n}=1-\frac{2^n-2}{3^{n-1}}$$

**類題**

正四面体ABCDを考える．点Pは時刻0では頂点Aに位置し，1秒ごとにある頂点から他の頂点のいずれかに，等しい確率で動くとする．このとき，時刻0から時刻$n$までの間に，4頂点A，B，C，Dのすべてに点Pが現れる確率を求めよ．ただし，$n$は1以上の整数とする．

（京都大）

**解答**

余事象は

(i)　Aと他の1点だけに点Pが現れる

(ii)　Aと他のちょうど2点だけに点Pが現れる

のいずれか．(i), (ii)の確率はそれぞれ

$$3\left(\frac{1}{3}\right)^n,\quad {}_3C_2\left\{\left(\frac{2}{3}\right)^n-2\left(\frac{1}{3}\right)^n\right\}$$

$$\therefore\quad 1-3\left(\frac{1}{3}\right)^n-3\left\{\left(\frac{2}{3}\right)^n-2\left(\frac{1}{3}\right)^n\right\}$$

$$=1-3\left(\frac{2}{3}\right)^n+3\left(\frac{1}{3}\right)^n$$

◀$n=1$ のときも正しい．

**メインポイント**

**重複順列の応用……『部屋割り・じゃんけんの引き分け』**

# 16 重複組合せ

**アプローチ**

異なる $n$ 種類の中から重複を許して $r$ 個取る取り方の総数を ${}_n\mathrm{H}_r$ と表します．このとき

$${}_n\mathbf{H}_r={}_{n+r-1}\mathbf{C}_r$$

が成り立ちます．

◀ $r$ 個の○を $n-1$ 本の仕切り｜で $n$ 種類に分ける
○○｜○｜○…○｜○○○
と考えて○と｜の順列が ${}_{n+r-1}\mathrm{C}_r$ です．

［Ⅰ］［Ⅱ］がその例です．使い方に慣れましょう．

［Ⅰ］ 箱に玉を入れるときに箱と玉を**区別するかしないか**の問題です．箱を区別し玉を区別しないのが重複組合せの例です．

［Ⅱ］ サイコロを3回振って出る目を順に $a$，$b$，$c$ とおくとき

$a<b<c$ の順列の総数が ${}_6\mathrm{C}_3$

$a\leqq b\leqq c$ の順列の総数が ${}_6\mathrm{H}_3$

となります．

---

**解答**

［A］(1) 赤玉10個を入れる箱を，異なる4個の箱から重複を許して選ぶと考えて

$${}_4\mathrm{H}_{10}={}_{13}\mathrm{C}_{10}$$
$$=\frac{13\cdot12\cdot11}{3\cdot2}=\mathbf{286}\ \textbf{(通り)}$$

**注意!** ○と仕切り｜で考えます．箱に番号1，2，3，4をつけると

①①①｜②｜③③③③｜④④

のように，○10個と3本の仕切り｜の順列を考えて，

$${}_{13}\mathrm{C}_{10}=\frac{13\cdot12\cdot11}{3\cdot2\cdot1}$$
$$=13\cdot2\cdot11=286$$

なお，空の箱がない場合は，あらかじめ1個ずつ箱に入れ，残り6個の重複組合せと考えればよいです．

$${}_4\mathrm{H}_6={}_9\mathrm{C}_6$$
$$=\frac{9\cdot8\cdot7}{3\cdot2}=84\ \text{(通り)}$$

(2) 赤玉 6 個と白玉 4 個をそれぞれ別々に 4 つの箱に入れると考えて

◀赤玉と白玉の 10 個を並べてはいけません.

$${}_4H_6 \cdot {}_4H_4 = {}_9C_6 \cdot {}_7C_4$$
$$= \frac{9 \cdot 8 \cdot 7}{3 \cdot 2} \cdot \frac{7 \cdot 6 \cdot 5}{3 \cdot 2} = \mathbf{2940}\ \textbf{(通り)}$$

[B](1) 0 から 9 までの 10 個の数字から 4 つ選んで大きい順に並べればよい. このとき, $d_4$ が 0 にはならないから 4 桁になる.

◀大きい順に並べるから 0 でない数が 1 つでもあれば 4 桁になる.

$$\therefore\quad {}_{10}C_4 = \frac{10 \cdot 9 \cdot 8 \cdot 7}{4 \cdot 3 \cdot 2} = \mathbf{210}\ \textbf{(個)}$$

(2) 0 から 9 までの 10 個の数字から重複を許して 4 つ選んで小さくない順に並べればよい. ただし, 0 を 4 つ選んだときのみ 4 桁にならないから除く.

$$\therefore\quad {}_{10}H_4 - 1 = {}_{13}C_4 - 1$$
$$= \frac{13 \cdot 12 \cdot 11 \cdot 10}{4 \cdot 3 \cdot 2} - 1 = \mathbf{714}\ \textbf{(個)}$$

**補足** [A](1) 赤玉を区別し, 箱を区別しない場合を考えてみます.

まず, 箱を区別すると赤玉の入れ方は $4^{10}$ 通りあります. このうち, 箱を区別しないと重複は次のようになります.

空き箱 3 つのとき, 4 回重複

空き箱 2 つのとき, $\frac{4!}{2!} = 12$ 回重複

その他のとき, $4! = 24$ 回重複

箱を区別するとき, 空き箱が 2 つとなるのが ${}_4C_2(2^{10}-2)$ 通りだから

$$\frac{4^{10} - 4 - {}_4C_2(2^{10}-2)}{4!} + 1 + \frac{{}_4C_2(2^{10}-2)}{12}$$
$$= \frac{2^{17}+1}{3} + 2^8 = 43947\ \text{(通り)}$$

**メインポイント**

**重複組合せは, 基本的な使う形を覚える**

# 17 トーナメント

**アプローチ**

解法はいろいろ考えられます．

図のように1回戦の場所をすべて区別して，全事象の総数を8チームの順列 $8!$ とすると，(1)は

$a$，$a'$ の場所：$4\cdot 2$,

残りのチームの順列：$6!$

よって，$\dfrac{4\cdot 2\cdot 6!}{8!}=\dfrac{1}{7}$ となります．

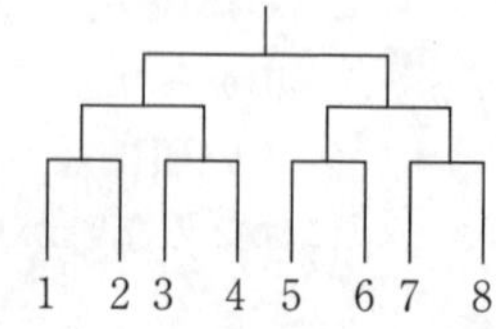


解答 では，8チームの場所を順に決めていくという条件付き確率の積の法則を用いています．

**解答**

A，B，C，D県の2チームをそれぞれ

$a$，$a'$，$b$，$b'$，$c$，$c'$，$d$，$d'$

とおく．

(1)　$a$ を図のどこにおいても，残りの7か所のうち $a'$ の場所が1通りに決まる．

$\therefore\quad 1\cdot\dfrac{1}{7}=\mathbf{\dfrac{1}{7}}$

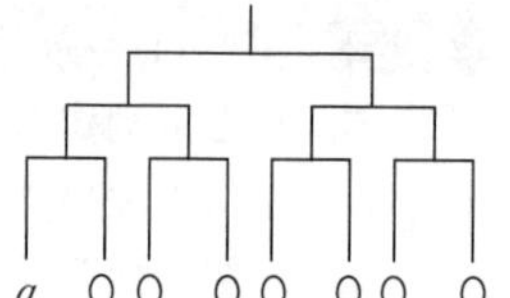


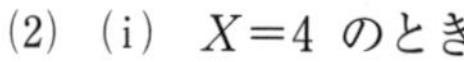

(2)　(i)　$X=4$ のとき

$a$，$a'$ が対戦する確率は(1)から $\dfrac{1}{7}$ である．

次に，$b$ を残り6か所のどこにおいても，残りの5か所のうち $b'$ の場所が1通りに決まる．

$c$，$d$ についても同様だから

$$P(X=4)=\frac{1}{7}\cdot 1\cdot\frac{1}{5}\cdot 1\cdot\frac{1}{3}$$

$$=\mathbf{\frac{1}{105}}$$

(ii)　$X=3$ となることはないから

$P(X=3)=\mathbf{0}$

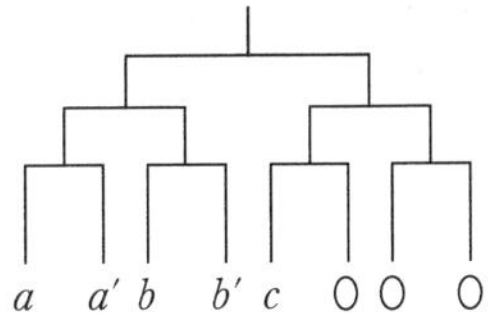


(iii)　$X=2$ のとき

2 県の決め方が ${}_4C_2=6$ 通り．例えば同県勢の対決が A，B とすると，$c$ を残り 4 か所のどこにおいても $c$ の相手は $d$ または $d'$ だから

$$P(X=2)=6\cdot\frac{1}{7}\cdot\frac{1}{5}\cdot\frac{2}{3}$$

$$=\mathbf{\frac{4}{35}}$$

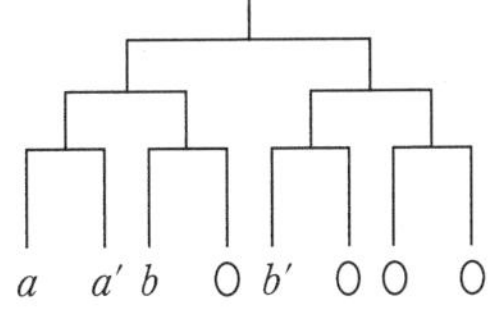


(iv)　$X=1$ のとき

1 県の決め方が 4 通り．例えば，同県勢の対決が A とすると，$b$ の相手は $b'$ 以外の 4 通り．さらに $b$ の相手を $c$ とすると，$b'$ の相手は $d$ または $d'$ のいずれかになる．

$$P(X=1)=4\cdot\frac{1}{7}\cdot\frac{4}{5}\cdot\frac{2}{3}$$

$$=\mathbf{\frac{32}{105}}$$

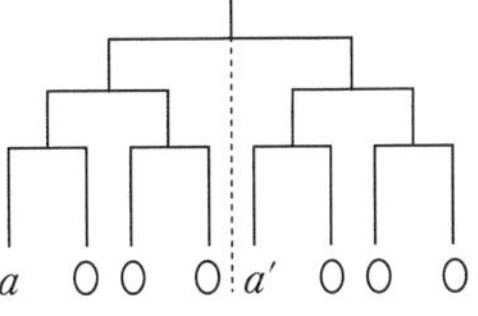


(3)　トーナメントをまん中で，2 つのブロックに分けて，同県勢が同じブロックに入らなければよい．まず，$a$ を図のどこにおいても，残りの 7 か所のうち $a'$ の場所は 4 通りある．次に，$b$ を残り 6 か所のどこにおいても $b'$ の場所は 3 通りある．

$c$，$c'$，$d$，$d'$ についても同様に決めれば

$$1\cdot\frac{4}{7}\cdot1\cdot\frac{3}{5}\cdot1\cdot\frac{2}{3}\cdot1=\mathbf{\frac{8}{35}}$$

**参考**　全体を 8! とすると

$$P(X=1)=\frac{2^3\times4!\cdot2^4\times4}{8!}=\frac{32}{105}$$

$$P(X=2)=\frac{2\times4!\cdot2^4\times{}_4C_2}{8!}=\frac{12}{105}=\frac{4}{35}$$

となります．

◀ $X=1$ のとき，対戦相手の決め方は，$b$，$b'$ の相手が C，D のどちらの県でどちらのチームかで $2^3$ 通りである．

**メインポイント**

**トーナメントは，基本的には順列．1 チームずつ順番に決めてもよい**

# 18 樹形図の利用

**アプローチ**

点の移動，得失点（本問はカードの枚数の増減）などは**樹形図をかくこと**によってわかりやすくなります．

ここで，数字の組は上が白，下が黒のカードの枚数を表しています．また，

『初めて 4 枚とも同じ色のカードになる』

が問題なので $\begin{pmatrix}4\\0\end{pmatrix}$，$\begin{pmatrix}0\\4\end{pmatrix}$ の後は考えていません．

◀わかりやすい樹形図を工夫しましょう．

樹形図において $\begin{pmatrix}2\\2\end{pmatrix}$ となる確率は

◀この樹形図は $n$ 回後がわかる場合ですが，わからなければ漸化式へとつながります．

2 回目が $\dfrac{3}{4}$，4 回目が $\left(\dfrac{3}{4}\right)^2$，6 回目が $\left(\dfrac{3}{4}\right)^3$，…

であることがわかります．

$\begin{pmatrix}白\\黒\end{pmatrix}=\begin{pmatrix}2\\2\end{pmatrix}$ から確率 $\frac{1}{2}$ で $\begin{pmatrix}3\\1\end{pmatrix}$，$\frac{1}{2}$ で $\begin{pmatrix}1\\3\end{pmatrix}$．$\begin{pmatrix}3\\1\end{pmatrix}$ から $\frac{1}{4}$ で $\begin{pmatrix}4\\0\end{pmatrix}$，$\frac{3}{4}$ で $\begin{pmatrix}2\\2\end{pmatrix}$．$\begin{pmatrix}1\\3\end{pmatrix}$ から $\frac{3}{4}$ で $\begin{pmatrix}2\\2\end{pmatrix}$，$\frac{1}{4}$ で $\begin{pmatrix}0\\4\end{pmatrix}$．$\begin{pmatrix}2\\2\end{pmatrix}$ から再び $\begin{pmatrix}3\\1\end{pmatrix}$，$\begin{pmatrix}1\\3\end{pmatrix}$ へ，以下同様に $\begin{pmatrix}4\\0\end{pmatrix}$，$\begin{pmatrix}2\\2\end{pmatrix}$，$\begin{pmatrix}0\\4\end{pmatrix}$ へ …

**解答**

手持ちのカードが白 $a$ 枚，黒 $b$ 枚のとき $\begin{pmatrix}a\\b\end{pmatrix}$ と表すと樹形図は上のとおり．

(1) 上の樹形図から $\begin{pmatrix}2\\2\end{pmatrix}$ から 2 回後にまた $\begin{pmatrix}2\\2\end{pmatrix}$ となる確率は

$$\frac{1}{2}\cdot\frac{3}{4}+\frac{1}{2}\cdot\frac{3}{4}=\frac{3}{4}$$

さらに，$\begin{pmatrix}2\\2\end{pmatrix}$ から 2 回後に $\begin{pmatrix}4\\0\end{pmatrix}$ または $\begin{pmatrix}0\\4\end{pmatrix}$ となる確率は

$$\frac{1}{2}\cdot\frac{1}{4}\cdot2=\frac{1}{4}$$

となり，4 回後に初めて 4 枚とも同じ色のカードに

なる確率は

$$\frac{3}{4}\cdot\frac{1}{4}=\frac{\mathbf{3}}{\mathbf{16}}$$

(2) 樹形図から，$n$ が奇数のとき $\begin{pmatrix}3\\1\end{pmatrix}$ または $\begin{pmatrix}1\\3\end{pmatrix}$ だから，4 枚とも同じ色のカードになることはない．

$n$ が偶数のとき $\begin{pmatrix}2\\2\end{pmatrix}$ から 2 回後にまた $\begin{pmatrix}2\\2\end{pmatrix}$ を $\dfrac{n-2}{2}$ 回繰り返し，その後 $\begin{pmatrix}2\\2\end{pmatrix}$ から 2 回後に $\begin{pmatrix}4\\0\end{pmatrix}$ または $\begin{pmatrix}0\\4\end{pmatrix}$ となればよい．

よって，(1)と合わせて，確率は

$$\left(\frac{3}{4}\right)^{\frac{n-2}{2}}\cdot\frac{1}{4}\ \textbf{（$n$ が偶数），0（$n$ が奇数）}$$

である．

**補足**　**（樹形図から漸化式へ）**

$n$ 回後に $\begin{pmatrix}2\\2\end{pmatrix}$ である確率を $a_n$，$\begin{pmatrix}3\\1\end{pmatrix}$ または $\begin{pmatrix}1\\3\end{pmatrix}$ である確率を $b_n$，$\begin{pmatrix}4\\0\end{pmatrix}$ または $\begin{pmatrix}0\\4\end{pmatrix}$ である確率を $c_n$ とおくと，樹形図から

$$a_{n+1}=\frac{3}{4}b_n,\quad b_{n+1}=a_n,\quad c_{n+1}=\frac{1}{4}b_n$$

$$\therefore\quad a_{n+2}=\frac{3}{4}b_{n+1}=\frac{3}{4}a_n$$

よって，$a_0=1$，$a_1=0$ と合わせて

$$a_{2m-1}=\frac{3}{4}a_{2m-3}=\cdots=\left(\frac{3}{4}\right)^{m-1}a_1=0$$

$$a_{2m}=\frac{3}{4}a_{2m-2}=\cdots=\left(\frac{3}{4}\right)^{m}a_0=\left(\frac{3}{4}\right)^{m}$$

として解くこともできます．

**メインポイント**

**樹形図で解く，または樹形図から漸化式で解く**

# 19 点の移動

**アプローチ**

碁盤の目で点の移動は，確率では頻出のテーマです．

『ちょうど6回目に，B地点以外の地点から
進んでB地点に止まり』

とあるので，5回までにB地点にあったり，図のE地点から6回目に1の目が出て2マス進んだりしてはいけません．逆に，B地点から右端に達するには1の目でも2の目でも構いません．

◀問題の意味を正しく読み取りましょう．

あとはていねいに場合分けしていきましょう．

**解答**

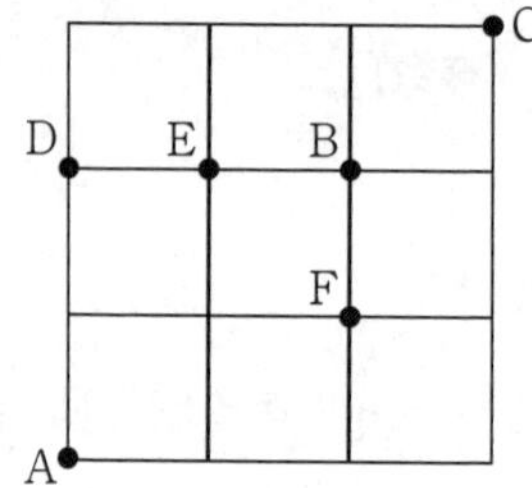


図のようにD，E，Fを定める．ちょうど6回目に，B地点以外の地点から進んでB地点に達するのは

(i) 5回までにDに達して，6回目に1の目が出る

(ii) 5回までにEに達して，6回目に2の目が出る

(iii) 5回までにFに達して，6回目に3の目が出る

ときである．

◀『5回までに』です．間違わないように．

(i)のとき，5回までにDに達するには

3の目が2回，4，5，6の目が3回

出ればよいから，確率は

$$\frac{5!}{2!3!}\left(\frac{1}{6}\right)^2\left(\frac{3}{6}\right)^3\cdot\frac{1}{6}$$

$$=\frac{5}{6^3\cdot 2^2}=\frac{5}{864}$$

◀あとで，通分・約分するので $6^3\cdot 2^2$ のままでも構いません．

(ii)のとき，5回までにEに達するには

2の目が1回，3の目が2回，
4，5，6の目が2回

出ればよいから，確率は

$$\frac{5!}{2!2!}\frac{1}{6}\left(\frac{1}{6}\right)^2\left(\frac{3}{6}\right)^2\cdot\frac{1}{6}$$

$$=\frac{5}{6^3\cdot2^2}=\frac{5}{864}$$

(iii)のとき，5回までにFに達するには

1の目が1回，3の目が1回，
4，5，6の目が3回
または，2の目が2回，3の目が1回，
4，5，6の目が2回

◀ 2マスの移動があるかないかで分ける．

のいずれかが出ればよいから，確率は

$$\frac{5!}{3!}\frac{1}{6}\frac{1}{6}\left(\frac{3}{6}\right)^3\cdot\frac{1}{6}+\frac{5!}{2!2!}\frac{1}{6}\left(\frac{1}{6}\right)^2\left(\frac{3}{6}\right)^2\cdot\frac{1}{6}$$

$$=\frac{5}{6^3\cdot2}+\frac{5}{6^3\cdot2^2}=\frac{15}{864}$$

(i)，(ii)，(iii) 合わせて

$$\frac{5}{864}+\frac{5}{864}+\frac{15}{864}=\frac{25}{864}$$

次に，BからCに達するには

1か2の目が少なくとも1回出て，
かつ，3の目が少なくとも1回出る

◀『少なくとも1回』とあれば，余事象を考えます．

ことである．余事象は

1も2も1回も出ないか
または，3の目が1回も出ない

だから，残り $n-6$ 回でBからCに達する確率は

$$1-\left\{\left(\frac{4}{6}\right)^{n-6}+\left(\frac{5}{6}\right)^{n-6}-\left(\frac{3}{6}\right)^{n-6}\right\}$$

以上から求める確率は

$$\boldsymbol{\frac{25}{864}\cdot\left\{1-\left(\frac{2}{3}\right)^{n-6}-\left(\frac{5}{6}\right)^{n-6}+\left(\frac{1}{2}\right)^{n-6}\right\}}$$

**メインポイント**

**2マスの移動があるかないかで場合分け ＆ 余事象の利用**

## 20 4人に2枚ずつ配る

**アプローチ**

4人に2枚ずつカードを配るとき，全体は

(i) 2枚ずつ取り出す

$_8C_2 \cdot {}_6C_2 \cdot {}_4C_2$ 通り

(ii) 8枚を並べ左から順に2枚ずつ配る

$\dfrac{8!}{2! \cdot 2! \cdot 2! \cdot 2!}$ 通り

が考えられます．

◀8枚から2枚取るとき，赤と白のカードを1枚ずつ取る確率は赤2枚，白2枚を区別するから $\dfrac{2 \cdot 2}{{}_8C_2}$ となります．

(i)では8枚のカードを**すべて区別していること**，(ii)では**同じ仕切りの2枚の順列は区別していない**ことに注意しましょう．

◀赤赤｜白黄｜青青｜白黄
赤赤｜黄白｜青青｜白黄
は同じということです．

**解答**

(1) ワンペアになるカード2枚の組は4通り．

$\therefore$ ワンペア：$\dfrac{4}{{}_8C_2} = \mathbf{\dfrac{1}{7}}$

ノーペア：$1 - \dfrac{1}{7} = \mathbf{\dfrac{6}{7}}$

(2) ワンペアの人数を $X$ とおく．

(i) $X=4$ となるのは，何色のワンペアかで

$$P(X=4) = \frac{4!}{{}_8C_2 \cdot {}_6C_2 \cdot {}_4C_2}$$

$$= \frac{4 \cdot 3 \cdot 2}{4 \cdot 7 \cdot 3 \cdot 5 \cdot 2 \cdot 3} = \mathbf{\frac{1}{105}}$$

(ii) $X=2$ となるのは，どの2人かで ${}_4C_2$ 通り，何色のワンペアかで $4 \cdot 3$ 通り．

残りの2人はノーペアだから

$$P(X=2) = \frac{{}_4C_2 \cdot 4 \cdot 3 \cdot 2 \cdot 2}{{}_8C_2 \cdot {}_6C_2 \cdot {}_4C_2}$$

$$= \frac{6 \cdot 4 \cdot 3 \cdot 2 \cdot 2}{4 \cdot 7 \cdot 3 \cdot 5 \cdot 2 \cdot 3} = \mathbf{\frac{4}{35}}$$

◀赤，赤，白，白で2人がノーペアとは
(赤，白)，(赤，白)
2つの赤，2つの白は区別していることに注意する．

(iii) $X=1$ となるのは，誰が何色のワンペアかで ${}_4C_1 \cdot 4$ 通り．残りの3人は，初めの1人は色の決め方が ${}_3C_2$ 通り，取り方が $2 \cdot 2$ 通り．次の1人は色の決め方が2通り，取り方が2通りである．

◀赤，赤，白，白，青，青で3人がノーペアとは
(赤，白)，(赤，青)，
(白，青)

$$P(X=1)=\frac{{}_4C_1\cdot 4\cdot {}_3C_2\cdot 2\cdot 2\cdot 2\cdot 2}{{}_8C_2\cdot {}_6C_2\cdot {}_4C_2}$$

$$=\frac{4\cdot 4\cdot 3\cdot 2\cdot 2\cdot 2\cdot 2}{4\cdot 7\cdot 3\cdot 5\cdot 2\cdot 3}=\mathbf{\frac{32}{105}}$$

$$\therefore\quad P(X=0)=1-\left(\frac{1}{105}+\frac{4}{35}+\frac{32}{105}\right)$$

$$=1-\frac{45}{105}=\mathbf{\frac{4}{7}}$$

◀ $P(X=3)=0$ です.

(3) 色の決め方が 4·3 通り，取り方が 2·2 通り.

$$\frac{4\cdot 3\cdot 2\cdot 2}{{}_8C_4}=\frac{4\cdot 3\cdot 2\cdot 2}{2\cdot 7\cdot 5}=\mathbf{\frac{24}{35}}$$

◀ 4 枚でワンペアが 1 組となるのは，例えば
(赤，赤)，(青，白)

**参考** 赤，赤，白，白，青，青，黄，黄の 8 枚の順列を全体として，左から順に 2 枚ずつ配ると考えます.

◀同色は区別しないという考え方です.

例えば，$X=2$ のときは

赤赤 | 白黄 | 青青 | 白黄

のようになればよいです．全体は

$$\frac{8!}{2!\cdot 2!\cdot 2!\cdot 2!}=7\cdot 6\cdot 5\cdot 4\cdot 3\text{ (通り)}$$

ペアになる色の決め方が ${}_4C_2$ 通り，これを誰に配るかが $\frac{4!}{2!}=4\cdot 3$ 通り，さらに残り 4 枚の順列が 2·2 通りだから

$$\frac{{}_4C_2\cdot(4\cdot 3)\cdot(2\cdot 2)}{7\cdot 6\cdot 5\cdot 4\cdot 3}=\frac{4}{35}$$

なお，(2)は **17** のトーナメント(2)と同様に考えることもできます.

**メインポイント**

**${}_nC_r$ では $n$ 個を区別していることに注意する**

# 21 $P(X=k)=P(X\leqq k)-P(X\leqq k-1)$

## アプローチ

(1)は(2)の誘導で，$2\leqq k\leqq n$ のとき

$$P(X=k)=P(X\leqq k)-P(X\leqq k-1)$$

から $P(X=k)$ を求めます．

3個の数字の最大値を$X$，または最小値を$X$とするのがよくある問題で，このときはそれぞれ

$$P(X\leqq k)=\left(\frac{k}{n}\right)^3$$

$$P(X\geqq k)=\left(\frac{n+1-k}{n}\right)^3$$

とカンタンですが，本問は少し複雑です．

◀サイコロを$n$回振るとき，出る目の最大値を$X$とおくと

$$P(X=3)=P(X\leqq 3)-P(X\leqq 2)=\left(\frac{3}{6}\right)^n-\left(\frac{2}{6}\right)^n$$

のように使います．

## 解答

(1) $X\leqq k$ となるのは，

(i) $k\leqq n-1$ のとき

$k$以下の番号を3回取るか，

または，$k$以下の番号を2回，$k$より大きい番号を1回取るか

のいずれかだから

◀$k=n$ は分けて考えることに注意．

$$P(X\leqq k)=\left(\frac{k}{n}\right)^3+{}_3\mathrm{C}_1\cdot\left(\frac{k}{n}\right)^2\cdot\frac{n-k}{n}=\frac{3nk^2-2k^3}{n^3}$$

(ii) $k=n$ のとき

$$P(X\leqq n)=1$$

以上，合わせて

$$\boldsymbol{P(X\leqq k)=\frac{3nk^2-2k^3}{n^3}}$$

である．

◀$k\leqq n-1$ で導いた式は $k=n$ の式を含む．

(2) (1) より，$2\leqq k$ のとき

◀$k=1$ は分けて考えることに注意．

$$\begin{aligned}P(X=k)&=P(X\leqq k)-P(X\leqq k-1)\\&=\frac{3nk^2-2k^3}{n^3}-\frac{3n(k-1)^2-2(k-1)^3}{n^3}\\&=\frac{-6k^2+6(n+1)k-3n-2}{n^3}\end{aligned}$$

さらに

$$P(X=1)=P(X\leqq 1)=\frac{3n-2}{n^3}$$

であるから

$$\boldsymbol{P(X=k)=\frac{-6k^2+6(n+1)k-3n-2}{n^3}}$$

◀ $2\leqq k$ で導いた式は $k=1$ の式を含む.

(3) (2)より

$$P(X=k)$$
$$=\frac{1}{n^3}\left\{-6\left(k-\frac{n+1}{2}\right)^2+\frac{3}{2}(n+1)^2-3n-2\right\}$$

よって，$P(X=k)$ が最大となる $k$ の値は

**$n$ が奇数のとき，$k=\dfrac{n+1}{2}$**

**$n$ が偶数のとき，$k=\dfrac{n}{2}$，$\dfrac{n}{2}+1$**

◀ $k$ は整数だから，$n$ を偶数，奇数で分けて考える.

**参考** (1)を使わないで，直接求めることもできます.

$X=k$ となる確率は，3 個の番号が

(i) 3 つとも異なるとき

$$3!\cdot\frac{k-1}{n}\cdot\frac{1}{n}\cdot\frac{n-k}{n}$$

◀ $k$ と，$k$ より小さい番号と大きい番号を 1 つずつとる.

(ii) 2 つが一致し，1 つが異なるとき

$$3\cdot\left(\frac{1}{n}\right)^2\cdot\frac{n-1}{n}$$

◀ $k$ が 2 枚と，$k$ 以外の番号を 1 つとる.

(iii) 3 つとも同じとき

$$\left(\frac{1}{n}\right)^3$$

となるから

$$P(X=k)=\frac{6(k-1)(n-k)+3(n-1)+1}{n^3}$$

**メインポイント**

**$P(X=k)$ を**

$$\boldsymbol{P(X\leqq k)-P(X\leqq k-1)}$$

**から求める方法もある**

# 22 確率の最大・最小

## アプローチ

$p_n>0$ とするとき

**$\{p_n\}$ が増加する**

$$\iff p_n \leqq p_{n+1} \iff \frac{p_{n+1}}{p_n} \geqq 1$$

**$\{p_n\}$ が減少する**

$$\iff p_n \geqq p_{n+1} \iff \frac{p_{n+1}}{p_n} \leqq 1$$

が成り立ちます.

◀ 1と $\frac{p_{n+1}}{p_n}$ の大小が知りたいので
$$\frac{p_{n+1}}{p_n}=1+○$$
と変形して, ○の符号を調べます.

確率 $p_n$ の $n$ に関する増減は $p_{n+1}-p_n$ の符号を調べればよいのですが, 共通の因数が多いときは

**$\frac{p_{n+1}}{p_n}$ と1の大小を比較**

することで, 共通部分が約分されてスッキリします.

## 解答

(1)　1回の操作で, Qを選び赤玉をつぼに入れる確率とQを選び白玉をつぼに入れる確率はそれぞれ

$$pq,\quad p(1-q)$$

である.

よって, つぼの中に赤玉が $k$ 個, 白玉が $n-k$ 個ある確率は

$$\boldsymbol{{}_n\mathrm{C}_k(pq)^k\{p(1-q)\}^{n-k}}$$
$$\boldsymbol{={}_n\mathrm{C}_k p^n q^k(1-q)^{n-k}}$$

◀ 何回目が赤玉かが ${}_n\mathrm{C}_k$ 通りある.

(2)　1回の操作で赤玉を取り出すのは, 確率 $p$ でコインQを選び確率 $q$ で表を出すか, 確率 $1-p$ でコインRを選び確率 $r$ で表を出すときで, その確率は

$$pq+(1-p)r$$

よって, つぼの中が赤玉だけになる確率は

$$\boldsymbol{\{pq+(1-p)r\}^n}$$

(3)　(2)から1回の操作で赤玉を取り出す確率は

$$pq+(1-p)r$$
$$=\frac{1}{2}\cdot\frac{1}{2}+\frac{1}{2}\cdot\frac{1}{5}=\frac{7}{20}$$

よって, 赤玉が $k$ 個である確率を $p_k$ とおくと

$$p_k={}_{2004}C_k\left(\frac{7}{20}\right)^k\left(\frac{13}{20}\right)^{2004-k}$$

$$\therefore\quad \frac{p_{k+1}}{p_k}={}_{2004}C_{k+1}\left(\frac{7}{20}\right)^{k+1}\left(\frac{13}{20}\right)^{2003-k}\cdot\frac{1}{{}_{2004}C_k\left(\frac{7}{20}\right)^k\left(\frac{13}{20}\right)^{2004-k}}$$

$$=\frac{7}{20}\cdot\frac{20}{13}\cdot\frac{2004!}{(k+1)!(2003-k)!}\cdot\frac{k!(2004-k)!}{2004!}$$

$$=\frac{7}{13}\cdot\frac{2004-k}{k+1}$$

$$=1+\frac{5(2803-4k)}{13(k+1)}$$

◀ $\dfrac{p_{n+1}}{p_n}$ を計算することで，共通因数が消えてスッキリする．

ここで，$2803=4\cdot700+3$ だから

$$\therefore\quad \begin{cases} p_k<p_{k+1} & (0\leqq k\leqq 700), \\ p_k>p_{k+1} & (701\leqq k\leqq 2003) \end{cases}$$

$$\therefore\quad p_0<p_1<\cdots<p_{700}<p_{701}>p_{702}>\cdots>p_{2004}$$

よって，**701 個**入っていることが最も起こりやすい．

**メインポイント**

**$\{p_n\}$ の増減は，$p_{n+1}-p_n$ の他に $\dfrac{p_{n+1}}{p_n}$ と 1 の大小を調べる方法もある**

# 23 条件付き確率

**アプローチ**

ひきだしA，Bを合わせてちょうど3枚の金メダルが入っている事象を$C$，ひきだしAのメダルの色が2種類である事象を$D$とします．(3)は**事象$C$が起こったという条件の下で事象$D$が起こる条件付き確率**です．

U
C
D

この確率（$P_C(D)$とおく）は

$$P_C(D)=\frac{P(C\cap D)}{P(C)}$$

で得られます．本問は場合分けが多く大変ですが，ていねいに調べましょう．

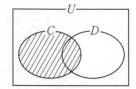

**解答**

(1)　2種類の決め方が${}_3C_2$通り．3枚ともその2種類のいずれかの色とするとき，すべて同じ色の場合を除いて

$${}_3C_2\cdot\left\{\left(\frac{2}{3}\right)^3-2\left(\frac{1}{3}\right)^3\right\}$$

$$=3\cdot\frac{2}{9}=\boldsymbol{\frac{2}{3}}$$

◀2種類が金，銀とすると金か銀の色である確率は$\frac{2}{3}$である．

(2)　(i)　Aのメダルが1種類のとき

金ならばBは銀が少なくとも1枚，

銀ならばBは金が少なくとも1枚，

銅ならばBは1種類

◀Aのメダルの種類で場合分け．

$$\therefore\quad\left(\frac{1}{3}\right)^3\cdot\left\{1-\left(\frac{1}{2}\right)^2\right\}\cdot2+\left(\frac{1}{3}\right)^3\cdot\frac{1}{2}$$

$$=\frac{4}{54}=\frac{2}{27}$$

(ii)　Aのメダルが2種類のとき

金と銅ならばBは金だけ，

銀と銅ならばBは銀だけ，

金と銀ならばBはどちらでもよい

(1)の結果を利用して

$$\therefore\quad\frac{2}{9}\cdot\left(\frac{1}{2}\right)^2\cdot2+\frac{2}{9}\cdot1=\frac{1}{3}$$

◀$\left(\frac{2}{3}\right)^3-2\left(\frac{1}{3}\right)^3=\frac{2}{9}$

$$\therefore\quad\frac{2}{27}+\frac{1}{3}=\boldsymbol{\frac{11}{27}}$$

(3)　A，Bを合わせてちょうど3枚の金メダルになるのは

(i)　Aが金3枚のとき，Bは銀2枚

(ii)　Aが金2枚，銀または銅が1枚のとき，Bは金1枚，銀1枚

(iii)　Aが金1枚，銀または銅が合わせて2枚のとき，Bは金2枚

のいずれかだから

◀Aの金メダルの枚数で場合分け．

$$\left(\frac{1}{3}\right)^3\cdot\left(\frac{1}{2}\right)^2+{}_3C_2\cdot\left(\frac{1}{3}\right)^2\cdot\frac{2}{3}\cdot\left(\frac{1}{2}\right)^2\cdot 2$$

$$+{}_3C_1\cdot\frac{1}{3}\cdot\left(\frac{2}{3}\right)^2\cdot\left(\frac{1}{2}\right)^2$$

$$=\frac{1}{3^3\cdot 2^2}+\frac{1}{3^2}+\frac{1}{3^2}$$

$$=\frac{25}{3^3\cdot 2^2}$$

このうち，Aのメダルの色が2種類となるのは

(ii)または，(iii)のうち

Aが金1枚で，銀が2枚または銅が2枚，

Bは金2枚

のときだから

$$\frac{1}{3^2}+{}_3C_1\cdot\frac{1}{3}\cdot\left(\frac{1}{3}\right)^2\cdot 2\cdot\frac{1}{4}=\frac{18}{3^3\cdot 2^2}$$

よって，求める確率は

$$\frac{\frac{18}{3^3\cdot 2^2}}{\frac{25}{3^3\cdot 2^2}}=\mathbf{\frac{18}{25}}$$

◀アプローチ の $\frac{P(C\cap D)}{P(C)}$

**メインポイント**

**条件付き確率 $P_C(D)$ は，$P_C(D)=\frac{P(C\cap D)}{P(C)}$ で求める**

# 24 場合の数と漸化式

アプローチ

[A] 15 段なので直接数えるのが普通ですが，漸化式をつくるという解法も有力です．

(i) $n$ 段昇る昇り方を $a_n$ 通りとおく

(ii) $n$ 段昇る昇り方のうち，最後 1 段のものを $p_n$ 通り，最後 2 段のものを $q_n$ 通りとおく

◀(ii)を誘導する問題もあるので，両方を理解しておきましょう．

樹形図を考えていくと(ii)を考えたくなりますが，(i)の方がわかりやすいでしょう．

[B] ちょうど $n$ 回で終了する場合の数を $g_n$ とおき，(i)と同じように考えます．

解答

[A] $n$ 段昇る昇り方を $a_n$ 通りとする．この $a_n$ 通りのうち

(i) はじめに 1 段昇る場合

次は 1 段でも 2 段でもよいから残り $n-1$ 段の昇り方は $a_{n-1}$ 通り．

(ii) はじめに 2 段昇る場合

◀ 2 段を続けることはできない．

次は必ず 1 段昇り，その後は 1 段でも 2 段でもよいから，残り $n-3$ 段の昇り方は $a_{n-3}$ 通り．

$$\therefore\quad a_n=a_{n-1}+a_{n-3}$$

よって，$a_1=1$，$a_2=2$，$a_3=3$ と合わせて，順に調べると

$$a_4=4,\ a_5=6,\ a_6=9,\ a_7=13,$$
$$a_8=19,\ a_9=28,\ a_{10}=41,\ a_{11}=60,$$
$$a_{12}=88,\ a_{13}=129,\ a_{14}=189,\ a_{15}=277$$

となり，15 段の昇り方は **277 通り**ある．

**注意!** はじめが 1 段か 2 段かで分けましたが，最後が 1 段か 2 段かで分けることもできます．

$n$ 段昇る昇り方 $a_n$ 通りのうち，最後が 1 段昇りになる場合の数を $p_n$ 通り，2 段昇りになる場合の数を $q_n$ 通りとおく．

このとき

$$\begin{cases} p_2=1,\ q_2=1,\ p_3=2,\ q_3=1 \\ p_{n+1}=p_n+q_n,\ q_{n+1}=p_{n-1} \end{cases}$$

◀最後が2段で終わるとき，その前は必ず1段だから $p_{n-1}$ 通りになる．

順に代入すると，$p_{15}=189$，$q_{15}=88$ となるから

$$a_{15}=p_{15}+q_{15}=189+88=277$$

**参考**　15段なので，漸化式を使わず直接数えると次のようになります．

2段昇るのは連続できないから，その回数は0回から5回までである．2段昇る回数を $k$ $(0\leqq k\leqq 5)$ 回とすると，1段昇るのは $15-2k$ 回となる．1段昇るのを1，2段昇るのを2で表すと

1を $15-2k$ 個と2を $k$ 個の $15-k$ 個の順列のうち，2が連続しない

◀2段と2段の間には，少なくとも1つ1段が入る．

順列を求めればよい．まず1を $15-2k$ 個並べ，その間と両端の $16-2k$ か所のいずれかに2をおくと考えて

◀『隣り合わない』場合の数の考え方．

$${}_{16-2k}\mathrm{C}_k \text{ 通り}$$

$$\begin{aligned} \therefore\quad & {}_{16}\mathrm{C}_0+{}_{14}\mathrm{C}_1+{}_{12}\mathrm{C}_2+{}_{10}\mathrm{C}_3+{}_{8}\mathrm{C}_4+{}_{6}\mathrm{C}_5 \\ &=1+14+66+120+70+6 \\ &=277\text{(通り)} \end{aligned}$$

［B］　表を○，裏を×で表す．

ちょうど $n$ 回で終了する場合の数を $g_n$ とおく．

また，$g_n$ のうち

初めが×となるのが $g_{n-1}$ 通り．

初めが○×となるのが $g_{n-2}$ 通り．

初めが○○×となるのが $g_{n-3}$ 通り．

$$g_n=g_{n-1}+g_{n-2}+g_{n-3}$$

ここで，$g_3=1$，$g_4=1$，$g_5=2$ だから

$$g_6=4,\ g_7=7,\ g_8=13,\ g_9=24,\ g_{10}=44$$

$$\therefore\quad f_{10}=\sum_{n=3}^{10} g_n=\mathbf{96}$$

**メインポイント**

**漸化式のつくり方 …… はじめで分ける，最後で分ける**

# 25 確率と漸化式

## アプローチ

本問は出題の形式から，確率の漸化式とわかり前問より解きやすくなっています．(3)の漸化式

$$b_n=\frac{5}{6}b_{n-1}+\frac{1}{9\cdot 2^{n-1}}$$

の解法では，両辺に $2^n$ をかけて

$$2^n b_n=\frac{5}{3}\cdot 2^{n-1}b_{n-1}+\frac{2}{9}$$

さらに，$p_n=2^n b_n$ とおいて

$$p_n=\frac{5}{3}p_{n-1}+\frac{2}{9}$$

として解くこともできます．

◀$\left(\frac{5}{6}\right)^n$ で割って階差数列をつくる方法もありますが，解答の等比型に変形するのが速いです．

## 解答

(1)　2013 を 1，2，3，4，5，6 で割った余りは順に

$$0,\ 1,\ 0,\ 1,\ 3,\ 3$$

◀$2013=4\cdot 503+1=6\cdot 335+3$

となり，0，1，3 がどれも 2 つある．

$$\therefore\quad a_1=\frac{1}{3},\ b_1=\frac{1}{3},\ c_1=\frac{1}{3}$$

(2)　(i)　0 はどのサイコロの目でも割り切れるから，余りは 0

(ii)　1 は，サイコロの目 1 で割ると余りは 0，その他の目で割れば余りは 1

(iii)　3 は，サイコロの目 1，3 で割ると余りは 0，2 で割ると余りは 1，4，5，6 で割ると余りは 3

となる．

よって漸化式は

$$a_n=1\cdot a_{n-1}+\frac{1}{6}b_{n-1}+\frac{1}{3}c_{n-1}$$

$$b_n=\frac{5}{6}b_{n-1}+\frac{1}{6}c_{n-1}$$

$$c_n=\frac{1}{2}c_{n-1}$$

(3)　$c_1=\dfrac{1}{3}$，$c_n=\dfrac{1}{2}c_{n-1}$ から

$$c_n=\frac{1}{2^{n-1}}\cdot\frac{1}{3}=\mathbf{\frac{1}{3\cdot 2^{n-1}}}$$

これと(1)，(2)から

$$b_1=\frac{1}{3},\quad b_n=\frac{5}{6}b_{n-1}+\frac{1}{9\cdot 2^{n-1}}$$

ここで，$b_n+\dfrac{A}{2^n}=\dfrac{5}{6}\left(b_{n-1}+\dfrac{A}{2^{n-1}}\right)$ が成り立つ　◀等比型に変形する．

とすると

$$b_n=\frac{5}{6}b_{n-1}+\frac{A}{3\cdot 2^{n-1}}\qquad\therefore\quad A=\frac{1}{3}$$

$$\therefore\quad b_n+\frac{1}{3\cdot 2^n}=\frac{5}{6}\left(b_{n-1}+\frac{1}{3\cdot 2^{n-1}}\right)$$

$b_1+\dfrac{1}{6}=\dfrac{1}{2}$ と合わせて

$$\therefore\quad b_n+\frac{1}{3\cdot 2^n}=\frac{1}{2}\left(\frac{5}{6}\right)^{n-1}$$

$$\therefore\quad b_n=\mathbf{\frac{1}{2}\left(\frac{5}{6}\right)^{n-1}-\frac{1}{3\cdot 2^n}}$$

さらに，$a_n+b_n+c_n=1$ だから　◀余りは 0，1，3 のいずれかだから $a_n+b_n+c_n=1$ になる．

$$\begin{aligned}a_n&=1-b_n-c_n\\&=\mathbf{1-\frac{1}{3\cdot 2^n}-\frac{1}{2}\left(\frac{5}{6}\right)^{n-1}}\end{aligned}$$

**メインポイント**

**漸化式：$a_{n+1}=pa_n+f(n)$ ($f(n)$ は 1 次式または指数)**
**の解法は覚えておくこと**

# 第3章 整数問題

## 26 約数の絞り込み

**アプローチ**

**(文字式 2 式の積)＝(具体的な数)**

という形の整数問題は頻出です．また，式変形の目標にもします．ただ，右辺の約数が多いとすべて調べるのが大変です．

◀調べ上げた方が試験向きという場合もあります．

**2 式の符号が定まらないか,**
**2 式の大小が定まらないか**

をまず考えます．どちらか1つでもわかれば，ほぼ半分に減らせます．さらに絞るには，式の特徴をつかむことです．解答ではいろいろ工夫してみます．

**解答**

［A］ $x^2+84=n^2$ ($n$ は自然数)

とおけて

$$x^2+84=n^2$$

$$\iff (n-x)(n+x)=84=2^2\cdot3\cdot7$$

ここで，$x$ は正の整数だから

$$0<n-x<n+x$$

さらに $(n-x)+(n+x)=2n$ から，$n-x$ と $n+x$ の和は偶数になる．よって，$n-x$ と $n+x$ は偶奇をともにする．

◀和が偶数ならば
ともに偶数
または
ともに奇数

$$\therefore\ (n-x,\ n+x)=(2,\ 42),\ (6,\ 14)$$

$$\therefore\ \boldsymbol{x=20,\ 4}$$

**注意!** 『偶奇をともにする，異にする』という絞り方は覚えておきましょう．

［B］ $m^3+1^3=n^3+10^3$ ……(＊)

$$\iff (m-n)(m^2+mn+n^2)$$
$$=10^3-1=999=3^3\cdot37$$

まず，$m^2+mn+n^2>0$ だから $m-n>0$ である．

◀ $m$, $n$ が整数(負の整数があっても) $\left(m+\dfrac{n}{2}\right)^2+\dfrac{3}{4}n^2\geqq0$ から，$m-n$, $m^2+mn+n^2$ がともに負になる場合はない．

また，$m$，$n$ は 2 以上の整数だから

$$(m-n)^2=m^2-2mn+n^2$$
$$<m^2+mn+n^2$$

$\therefore\ (m-n)^2<m^2+mn+n^2$

$\therefore\ (m-n,\ m^2+mn+n^2)$

$=(1,\ 999),\ (3,\ 333),\ (9,\ 111)$

◀ (27, 37) が減らせる.

さらに，(＊)と $m,\ n\geqq 2$ から

$m\geqq 11\quad \therefore\ m^2+mn+n^2>111$

$\therefore\ (m-n,\ m^2+mn+n^2)$

$=(1,\ 999),\ (3,\ 333)$

◀ (9, 111) が減らせる.

(i) $(m-n,\ m^2+mn+n^2)=(1,\ 999)$ のとき，

$m=n+1$ から

$m^2+mn+n^2=(n+1)^2+(n+1)n+n^2$

$=3n^2+3n+1=999$

$\therefore\ 3(n^2+n)=998$

右辺は 3 の倍数でないから不適.

◀絞り込みをしない場合 (27, 37) は(i)と同様に 3 の倍数でないことで不適を示せる. (9, 111) は $m=n+9$ を代入して

$n^2+9n-10=0$

よって $n=1$ となるが $n\geqq 2$ から不適.

(ii) $(m-n,\ m^2+mn+n^2)=(3,\ 333)$ のとき，

$m=n+3$ から

$m^2+mn+n^2=(n+3)^2+(n+3)n+n^2$

$=3n^2+9n+9=333$

$\therefore\ n^2+3n-108=(n+12)(n-9)=0$

$\therefore\ m=\mathbf{12},\ n=\mathbf{9}$

**注意!** さらに

$m^3-n^3=(m-n)^3+3mn(m-n)=999$

という変形に気づけば，$m-n$ が 3 の倍数になり (3, 333) だけに絞れます.

◀ $(m-n)^3$
$=m^3-3m^2n+3mn^2-n^3$
から導かれる.

**メインポイント**

**絞り込みは，符号・大小，さらに式の特徴をつかむ**

# 27 分数式＝整数

**アプローチ**

$N=\dfrac{4n}{n^2-2n-1}$ とおくと，分母の次数が高いので

ほとんどの $n$ で $N$ の絶対値が 1 より小さくなります．

$N$ が整数ならば

**$N\leqq -1$，$N=0$，$N\geqq 1$　で範囲は絞られる**

ということです．

◀ 0 以外の整数は，絶対値が 1 以上です．

$\dfrac{n^2+7}{3n-1}$ は，まず分子の次数を下げて

$$\textbf{(}n\textbf{ の 1 次式)}+\dfrac{\textbf{定数}}{3n-1}$$

の形にして考えます．

◀ $f(x)$ を $g(x)$ で割ったとき，商を $q(x)$，余りを $r(x)$ とすると
$$\frac{f(n)}{g(n)}=q(n)+\frac{r(n)}{g(n)}$$
と，式変形できます．

**解答**

［A］　$n$ と $\dfrac{4n}{n^2-2n-1}$ が正の整数だから

$$n^2-2n-1>0 \text{ つまり } n(n-2)\geqq 2$$

よって，$n\geqq 3$ であり，このとき，$\dfrac{4n}{n^2-2n-1}$

が正の整数だから

$$\frac{4n}{n^2-2n-1}\geqq 1$$

$$\iff n^2-2n-1\leqq 4n \qquad \therefore\quad n(n-6)\leqq 1$$

$$\therefore\quad n=3,\ 4,\ 5,\ 6$$

が必要条件である．この $n$ を順に代入すると

$$\frac{4n}{n^2-2n-1}=6,\ \frac{16}{7},\ \frac{10}{7},\ \frac{24}{23}$$

となるから，$n=\mathbf{3}$ である．

◀ 2 次不等式を解いて
$$3\leqq n\leqq 3+\sqrt{10}$$
としてもよいが，整数問題では
（文字式の積）≦（具体的な数）
と式変形して調べればよい．

［B］　$\dfrac{n^2+7}{3n-1}$ が整数のとき，$\dfrac{9n^2+63}{3n-1}$ も整数であり

$$\frac{9n^2+63}{3n-1}=3n+1+\frac{64}{3n-1}$$

$n$ が正の整数より，$3n-1$ は 64 の正の約数であり，3 で割って 2 余る整数だから

◀ $n^2+7$
$$=(3n-1)\left(\frac{n}{3}+\frac{1}{9}\right)+\frac{64}{9}$$
この両辺を 9 倍しています．

$$3n-1=2,\ 8,\ 32 \qquad \therefore \quad n=\mathbf{1,\ 3,\ 11}$$

◀9倍しているから必要条件．十分性の確認をすること．

このとき，$\dfrac{n^2+7}{3n-1}$ はそれぞれ 4，2，4 となり

適する．

**類題**

等式 $m^3-m^2n+(2n+3)m-3n+6=0$ を満たす自然数 $m$，$n$ の組の総数は $\boxed{\phantom{000}}$ である．

（東京理科大）

**解答**

与式から

$$(m^2-2m+3)n=m^3+3m+6$$

$m^2-2m+3=(m-1)^2+2>0$ だから

$$n=\frac{m^3+3m+6}{m^2-2m+3}=m+2+\frac{4m}{m^2-2m+3}$$

◀まず，分子の次数を下げる．

$m$，$n$ は自然数だから

$$\frac{4m}{m^2-2m+3}\geqq 1 \iff m(m-6)\leqq -3$$

よって，$m=1,\ 2,\ 3,\ 4,\ 5$ を代入して調べると

$$(m,\ n)=(1,\ 5),\ (3,\ 7)$$

となり，2 組である．

第3章

**メインポイント**

**分数式 $N$ が整数ならば $N\leqq -1$，$N=0$，$N\geqq 1$ で範囲を絞る**

# 28 1次不定方程式

**アプローチ**

1次不定方程式は，特殊解を求めることで解決します．$x$，$y$ の係数が大きい場合は**ユークリッドの互除法**（6 の **補足** 参照）を使いましょう．

次に，特殊解を $x_0$，$y_0$ とすると

$$65x_0+31y_0=1 \qquad \therefore \quad 65mx_0+31my_0=m$$

が成り立ちます．つまり，任意の整数$m$に対して

$$m=65x+31y$$

を満たす整数 $x$，$y$ が存在するということです．ただし，(3)では $x$，$y$ は正の整数です．例えば，$m$の最小値は

$$65\cdot1+31\cdot1=96$$

なので，$m=1,\ 2,\ \cdots,\ 95$ に対する正の整数 $x$，$y$ は存在しません．$m\geqq2016$ ならば，正の整数 $x$，$y$ が存在することを示せというのが問題の主旨です．

◀例えば
$$11x+7y=5$$
のような場合，直線の方程式とみると傾きが $-\dfrac{11}{7}$ なので，$x$ に 0，±1，±2，±3 など連続する 7 個で調べれば
$$x=3,\ y=-4$$
のように必ず特殊解が得られます．

---

**解答**

(1) $65=31\cdot2+3,\ 31=3\cdot10+1$

◀ユークリッドの互除法．

が成り立つから

$$31=(65-31\cdot2)\cdot10+1$$
$$\iff 65\cdot(-10)+31\cdot21=1$$

したがって，$65x+31y=1$

$$\iff 65(x+10)+31(y-21)=0$$

このとき，整数$k$を用いて

$$x+10=31k,\ y-21=-65k$$

と表せる．よって，求める整数解は

$$\boldsymbol{x=31k-10,\ y=-65k+21}\ \textbf{（}\boldsymbol{k}\textbf{は任意の整数）}$$

である．

**注意!** 合同式を使う方法もあります．

$65x+31y=1$ に対して，31 を法とすると

$$3x\equiv1\equiv-30 \qquad \therefore \quad x\equiv-10 \pmod{31}$$

よって，$x=31k-10$ が得られます．

◀$ac\equiv bc \pmod{p}$ のとき，$c$ と $p$ が互いに素ならば
$$a\equiv b \pmod{p}$$
である．

(2)　$2016=65\cdot31+1$ と(1)から

$65x+31y=2016$

$\Longleftrightarrow 65x+31y=65\cdot31+65\cdot(-10)+31\cdot21$

$\Longleftrightarrow 65(x-21)+31(y-21)=0$

よって，整数$k$を用いて

$x=31k+21,\ y=-65k+21$

と表せる．ここで，$x$，$y$は正の整数だから

$31k+21>0,\ -65k+21>0$

$\therefore\ -\dfrac{21}{31}<k<\dfrac{21}{65}$　　$\therefore\ k=0$

$\therefore$ $\boldsymbol{(x,\ y)=(21,\ 21)}$

◀$65\cdot(-10)+31\cdot21=1$ から $65\cdot(-10\cdot2016)+31\cdot21\cdot2016=1\cdot2016$ としてもよいのですが，数字が大きいのでまず2016を小さくしておきます．

(3)　$65\cdot(-10)+31\cdot21=1$ から

$65\cdot(-10m)+31\cdot21m=m$

したがって，$65x+31y=m$

$\Longleftrightarrow 65(x+10m)+31(y-21m)=0$

このとき，整数$k$を用いて

$x+10m=31k,\ y-21m=-65k$

$\therefore\ x=31k-10m,\ y=-65k+21m$

と表せる．$x$，$y$は正の整数だから

$31k-10m>0,\ -65k+21m>0$

$\therefore\ \dfrac{10m}{31}<k<\dfrac{21m}{65}$　……(＊)

ここで，$m>2016$ だから

$\dfrac{21m}{65}-\dfrac{10m}{31}=\dfrac{m}{2015}>\dfrac{2016}{2015}>1$

が成り立ち，(＊)を満たす整数$k$が存在する．

よって，$m=65x+31y$ を満たす正の整数$x$，$y$が存在する．

◀(＊)を満たす区間の幅が1より大きければ少なくとも1つの整数$k$が存在する．

**補足**　$a$，$b$を自然数とするとき

$ax+by=1$ が整数解をもつ $\Longleftrightarrow$ $a$と$b$は互いに素

が成り立ちます．

**メインポイント**

**不定方程式 $ax+by=c$ は，まず $ax+by=1$ の特殊解から求める**



第3章

# 29 方程式の整数解 (1)

**アプローチ**

整数係数の方程式

$$a_0x^n+a_1x^{n-1}+\cdots+a_{n-1}x+a_n=0\ (a_0\neq 0)$$

が整数解 $x=\alpha$ をもてば

$$\alpha(-a_0\alpha^{n-1}-\cdots-a_{n-1})=a_n$$

が成り立つので，**$\alpha$ は $a_n$ の約数**になります．本問では $a_n$ が素数だから，場合分けが少なくなっています．

また，2解が整数とあるので解と係数の関係を用いても速いでしょう．

◀ 有理数解 $x=\dfrac{q}{p}$ ($p$, $q$ は互いに素) なら
$p$ は $a_0$ の約数，
$q$ は $a_n$ の約数
になることも覚えておきましょう．

**解答**

条件から $a$, $p$, $q$ は正の整数だから，方程式

$$ax^2-px+q=0 \quad \cdots\cdots(*)$$

が整数解をもてばともに正である．また，$(*)$は

$$x(p-ax)=q$$

となり，整数解は素数 $q$ の約数である．よって，$(*)$の整数解を $\alpha$ とおくと

$$\alpha=1 \text{ または } q$$

である．

(i) $\alpha=1$ のとき，$(*)$に $x=1$ を代入して

$$a-p+q=0 \text{ つまり } a=p-q$$

$$\therefore\ (p-q)x^2-px+q$$
$$=(x-1)\{(p-q)x-q\}=0$$

$a>0$ より $p>q$ だから，2解は $x=1$, $\dfrac{q}{p-q}$ となる．ここで，$p-q$ と $q$ は互いに素だから $\dfrac{q}{p-q}$ が整数となる条件は $p-q=1$ である．隣り合う素数は2，3のみだから

$$\therefore\ p=3,\ q=2,\ a=1$$

◀ $q$ と $p-q$ が1以外の公約数 $\beta$ をもつとすると
$q=p'\beta$, $p-q=q'\beta$
とおけて，このとき
$p=(p'+q')\beta$
となり，$p$, $q$ が互いに素であることに反する．

(ii) $\alpha=q$ のとき，$(*)$に $x=q$ を代入して

$$aq^2-pq+q=0 \text{ つまり } p=aq+1$$

$$\therefore\ ax^2-(aq+1)x+q=(x-q)(ax-1)=0$$

よって，2解は $x=q$, $\dfrac{1}{a}$ となる．$a$ は正の整

数だから $a=1$ となり，$x=1$ を解にもつから(i)と同じになる．以上から

$$\therefore\ (a,\ p,\ q)=(1,\ 3,\ 2)$$

**参考** 2つの整数解を $\alpha$，$\beta$ とおくと，解と係数の関係から

$$\alpha+\beta=\frac{p}{a},\ \alpha\beta=\frac{q}{a}$$

$a$ は正の整数，$p$，$q$ が素数だから，$a\neq1$ とすると

$$a=p=q \qquad \therefore\ \alpha+\beta=\alpha\beta=1$$

となるが，これを満たす整数 $\alpha$，$\beta$ は存在しない．

$$\therefore\ a=1,\ \alpha+\beta=p,\ \alpha\beta=q$$

このとき，$\alpha$，$\beta$ は正の整数で $\alpha\leqq\beta$ とおくと

$$\alpha=1,\ \beta=q \qquad \therefore\ p=q+1$$

隣り合う素数は2，3しかないから

$$(a,\ p,\ q)=(1,\ 3,\ 2)$$

である．

◀ $\alpha$，$\beta$ が正の整数であることから $\alpha+\beta\geqq2$ となり
$a(\alpha+\beta)=p$
と合わせて $a=1$ を示してもよい．

**補足** **アプローチ の有理数解についての証明**

$x=\dfrac{q}{p}$ ($p$，$q$ は互いに素)が解とすると

$$a_0\left(\frac{q}{p}\right)^n+a_1\left(\frac{q}{p}\right)^{n-1}+\cdots\cdots+a_{n-1}\left(\frac{q}{p}\right)+a_n=0$$

$$\Longleftrightarrow a_0q^n+a_1pq^{n-1}+\cdots\cdots+a_{n-1}p^{n-1}q+a_np^n=0$$

これから

$$a_0 \text{ は } p \text{ の倍数，} a_n \text{ は } q \text{ の倍数}$$

$$\Longleftrightarrow p \text{ は } a_0 \text{ の約数，} q \text{ は } a_n \text{ の約数}$$

となり示された．

◀ $p$ が最高次の係数の約数
$q$ は定数項の約数
となる．この結果は覚えておこう．

**メインポイント**

**整数解は定数項の約数を，**
**有理数(既約)解の分母は最高次の係数の，分子は定数項の約数を調べる**

# 30 方程式の整数解 (2)

## アプローチ

(2)が難問です．ポイントは，$a>b$ です．

$$x^2+ax+b=0$$

の 2 解を $\alpha$，$\beta$ とおくと，解と係数の関係と $a$，$b$ が正の整数であることから，$\alpha$，$\beta$ が負の整数とわかり

$$(\alpha+1)(\beta+1)\geqq 0$$

となります．一方，$a>b$ から

$$-(\alpha+\beta)>\alpha\beta \iff (\alpha+1)(\beta+1)<1$$

が成り立ち，$(\alpha+1)(\beta+1)=0$ つまり解の 1 つが $-1$ になります．また

$$f(x)=x^2+ax+b$$

とおくとき，$a>b$ から $a\geqq b+1$ より

$$f(-1)=1-a+b=1-(a-b)\leqq 0$$

が成り立ちます．このことに気づけば速いです．

◀解と係数の関係より $a=-(\alpha+\beta)$，$b=\alpha\beta$

◀解の配置として，解を絞り込みます．

## 解答

$$x^2+ax+b=0 \quad \cdots\cdots ①$$
$$y^2+by+a=0 \quad \cdots\cdots ②$$

とおく．ここで，①の 2 解を $\alpha$，$\beta$ $(\alpha\leqq\beta)$ とおく．

解と係数の関係から

$$\alpha+\beta=-a$$

となり，$a$ が整数だから解の一方が整数ならば他方も整数である．同様にして，①，②の 2 解はともに整数である．

(1)　$a=b$ のとき，①，②は一致するから①が整数解をもつことと同値である．解と係数の関係から

$$\alpha+\beta=-a,\ \alpha\beta=a$$
$$\therefore\quad \alpha\beta=-(\alpha+\beta)$$
$$\iff\quad (\alpha+1)(\beta+1)=1$$

$a>0$ から，$\alpha<0$，$\beta<0$ となるから

$$\alpha+1=\beta+1=-1 \qquad \therefore\quad \alpha=\beta=-2$$
$$\therefore\quad a=\alpha\beta=\mathbf{4}$$

◀$-a=x-1+\dfrac{1}{x+1}$ と変形して，$x+1=\pm 1$ を調べてもよい．

(2)　解と係数の関係から

$$\alpha+\beta=-a,\ \alpha\beta=b$$

ここで，$a>0$，$b>0$ から $\alpha$，$\beta$ はともに負になる．

さらに，$a$，$b$ は整数なので

$$a>b \iff a \geqq b+1$$
$$\iff -(\alpha+\beta) \geqq \alpha\beta+1$$
$$\iff (\alpha+1)(\beta+1) \leqq 0$$

$\alpha+1 \leqq 0$，$\beta+1 \leqq 0$ から，$(\alpha+1)(\beta+1) \geqq 0$ となることと合わせて

$$(\alpha+1)(\beta+1)=0$$

◀$x=-1$を見つけるまでが難しい．

よって，解の1つは $-1$ である．

$$\therefore \quad 1-a+b=0 \text{ つまり } b=a-1$$

②に代入して

$$y^2+(a-1)y+a=0$$

この2解を，$\gamma$，$\delta$ とおくと，解と係数の関係から

$$\gamma+\delta=1-a,\ \gamma\delta=a$$
$$\therefore \quad \gamma\delta+\gamma+\delta=1 \iff (\gamma+1)(\delta+1)=2$$

$\gamma \leqq \delta$ とすると，$\gamma+1 \leqq \delta+1 \leqq 0$ だから

$$(\gamma+1,\ \delta+1)=(-2,\ -1)$$
$$\therefore \quad (\gamma,\ \delta)=(-3,\ -2)$$

$\gamma\delta=a$ に代入して，$\boldsymbol{(a,\ b)=(6,\ 5)}$ である．

**注意!** $f(x)=x^2+ax+b$ とおくと，

$$f(0)=b>0,$$
$$f(-1)=1-(a-b) \leqq 0$$

◀ここでも $a>b$ がポイントで，$f(-1) \leqq 0$ に結びつけるのが難しい．

よって，解の1つは $-1 \leqq x < 0$ となり整数解だから $x=-1$ です．

**メインポイント**

**2次方程式の整数解では，『解と係数の関係・判別式が平方数』が基本**

# 31 合同式の利用

**アプローチ**

合同式に慣れましょう．計算をラクにできます．

**【定義】** $a$，$b$ を $p$ で割った余りが等しいことを

$$\boldsymbol{a \equiv b \pmod{p}}$$

で表し，$p$ を**法**とする**合同式**といいます．また，次の定理が成り立ちます．

$a \equiv b \pmod{p}$，$c \equiv d \pmod{p}$ のとき

(1)　$a \pm c \equiv b \pm d$　　(2)　$ac \equiv bd$

(3)　$a^n \equiv b^n$　（$n$ は自然数）

◀(3)の証明は
$a^n - b^n$
$=(a-b)(a^{n-1}+a^{n-2}b+\cdots+b^{n-1})$
から成り立ちます．

例えば，$18^{2006}$ の1の位の数は

$$2^4 \equiv 6,\ 6^n \equiv 6 \pmod{10}$$

が成り立つから

$$18^{2006} \equiv (-2)^{2006} \equiv (2^4)^{501} \cdot 2^2$$
$$\equiv 6 \cdot 2^2 \equiv 4 \pmod{10}$$

10を法とするとき，与式の数に10を何回足したり引いたりしてもよいということです．

---

**解答**

$$3^{3n-2}+5^{3n-1}=3 \cdot 27^{n-1}+25 \cdot 125^{n-1}$$

$$27=7 \cdot 4-1,\ 125=7 \cdot 18-1$$

◀7を足したり引いたりして，なるべく小さい数にしていく．

が成り立つから

$$3^{3n-2}+5^{3n-1} \equiv 3 \cdot (-1)^{n-1}+4 \cdot (-1)^{n-1}$$
$$\equiv 7 \cdot (-1)^{n-1} \equiv 0 \pmod{7}$$

**参考**　数学的帰納法で示してもよいです．

$3^{3n-2}+5^{3n-1}$ が7の倍数　……(＊)

とおきます．$n=1$ のとき

◀$n$ についての証明なので，数学的帰納法が一般的でしょう．

$$3^1+5^2=28=7 \cdot 4$$

から成立．$n$ が(＊)を満たすとすると

$a_n=3^{3n-2}+5^{3n-1}$，$a_n$ は7の倍数

とおけて

$$3^{3n+1}+5^{3n+2}$$
$$=27 \cdot 3^{3n-2}+125 \cdot 5^{3n-1}$$
$$=27 \cdot 3^{3n-2}+125 \cdot \{a_n-3^{3n-2}\}$$
$$=125a_n-98 \cdot 3^{3n-2}$$

ここで $98=7\cdot14$ だから，$n+1$ でも(＊)は正しい．

**類題**

整数からなる数列 $\{a_n\}$ を漸化式

$$a_1=1,\ a_2=3,\ a_{n+2}=3a_{n+1}-7a_n\ (n=1,\ 2,\ \cdots)$$

によって定める．

(1) $a_n$ が偶数となることと，$n$ が 3 の倍数となることは同値であることを示せ．

(2) $a_n$ が 10 の倍数となるための条件を(1)と同様の形式で求めよ．

(東京大)

**解答**

(1) 2 を法として

$a_1\equiv1,\ a_2\equiv1,$

$a_{n+2}\equiv a_{n+1}+a_n\ (n=1,\ 2,\ \cdots)$

◀このままでは数が大きくなるので，合同式で数を小さくする．
$3\equiv1,\ -7\equiv1\ (\mathrm{mod}\ 2)$

が成り立つから

$$\begin{aligned}a_{n+3}&\equiv a_{n+2}+a_{n+1}\\&\equiv2a_{n+1}+a_n\equiv a_n\end{aligned}$$

$a_1\equiv1,\ a_2\equiv1,\ a_3\equiv0$ と合わせて，$a_n$ を 2 で割った余りは (1, 1, 0) を繰り返す．

$\therefore\ a_n\equiv0\ (\mathrm{mod}\ 2)\Longleftrightarrow n\equiv0\ (\mathrm{mod}\ 3)$

(2) 5 を法として

$a_1\equiv1,\ a_2\equiv3,$

$a_{n+2}\equiv3a_{n+1}+3a_n\ (n=1,\ 2,\ \cdots)$

◀$-7\equiv3\ (\mathrm{mod}\ 5)$

が成り立つから

$$\begin{aligned}a_{n+4}&\equiv3a_{n+3}+3a_{n+2}\\&\equiv9(a_{n+2}+a_{n+1})+9(a_{n+1}+a_n)\\&\equiv-a_{n+2}-2a_{n+1}-a_n\\&\equiv-5a_{n+1}-4a_n\equiv a_n\end{aligned}$$

◀$9\equiv-1,\ 18\equiv-2\ (\mathrm{mod}\ 5)$

◀$-5\equiv0,\ -4\equiv1\ (\mathrm{mod}\ 5)$

$a_1\equiv1,\ a_2\equiv3,\ a_3\equiv2,\ a_4\equiv0$ と合わせて，$a_n$ を 5 で割った余りは (1, 3, 2, 0) を繰り返す．よって，$a_n\equiv0$ となる $n$ は 4 の倍数になる．

$a_n$ が 10 の倍数となるのは $a_n$ が偶数かつ 5 の倍数となることだから，(1)と合わせて

$$a_n\equiv0\ (\mathrm{mod}\ 10)\Longleftrightarrow n\equiv0\ (\mathrm{mod}\ 12)$$

したがって，求める条件は「$n$ が 12 の倍数」．

**メインポイント**

**合同式を使うことで，計算がラクになる**

第3章

# 32 範囲を絞る

## アプローチ

対称式なので，$\boldsymbol{x \leqq y \leqq z}$ として範囲を絞るのが定石です．例えば

$$x+y+z=xyz, \ 1 \leqq x \leqq y \leqq z$$

ならば，$x \leqq y \leqq z$ から

$$xyz=x+y+z \leqq 3z \qquad \therefore \quad xy \leqq 3$$

$(x, \ y)=(1, \ 1), \ (1, \ 2), \ (1, \ 3)$ を調べて

$$(x, \ y, \ z)=(1, \ 2, \ 3)$$

が得られます．

◀感覚的には，右辺の方が大きいということです．
$2 \leqq x \leqq y \leqq z$
とすると
$xyz-(x+y+z)$
$=(x-1)(yz-1)$
$+(y-1)(z-1)-2>0$
から，$x=1$ が示せます．

## 解答

(1) 対称性から，$x \leqq y \leqq z$ として考える．

このとき

$$xyz=x+y+z+8 \leqq 3z+8$$

$$\therefore \quad (xy-3)z \leqq 8 \quad \cdots\cdots(*)$$

ここで，$x \geqq 3$ とすると，$x \leqq y \leqq z$ から

$$xy-3 \geqq 3 \cdot 3-3=6$$

となり$(*)$から $z=1$ となる．これは $x \leqq z$ に反するから，$x$のとり得る値は 1 または 2 である．

◀ここも，$x$はあまり大きくなれないという感覚です．

$x=1$ のとき

$$yz=y+z+9 \Longleftrightarrow (y-1)(z-1)=10$$

$$\therefore \quad (x, \ y, \ z)=(1, \ 2, \ 11), \ (1, \ 3, \ 6)$$

$x=2$ のとき

$$2yz=y+z+10 \Longleftrightarrow (2y-1)(2z-1)=21$$

$$\therefore \quad (x, \ y, \ z)=(2, \ 2, \ 4)$$

◀$2 \leqq y \leqq z$ のとき
$3 \leqq 2y-1 \leqq 2z-1$
となり
$(2y-1, \ 2z-1)=(3, \ 7)$
しかありません．

以上から，$xyz$ の最大値は **22**，最小値は **16**

また，$xyz=22$ のとき $x$，$y$，$z$ のうちで最も大きいのは **11** である．

(2) (1)から

$(1, \ 2, \ 11), \ (1, \ 3, \ 6)$ はそれぞれ $3!=6$ 個

$(2, \ 2, \ 4)$ は 3 個

よって，①を満たす自然数の組は **15** 個である．

**類題**

$x$, $y$, $z$, $p$ は自然数で

$$xy+yz+zx=pxyz,\quad x \leqq y \leqq z \quad \cdots\cdots ①$$

を満たしている．次の問いに答えよ．

(1) $p \leqq 3$ を示せ．

(2) ①を満たす自然数の組 $(p,\ x,\ y,\ z)$ をすべて求めよ． (旭川医科大)

**解答**

(1) $1 \leqq x \leqq y \leqq z$ から

$$pxyz=xy+yz+zx \leqq yz+yz+yz=3yz$$

$$\therefore \quad px \leqq 3 \quad \cdots\cdots (*) \qquad \therefore \quad p \leqq 3$$

◀右辺を数字にする工夫です．

◀$xy+yz+zx=pxyz$ $\Longleftrightarrow \dfrac{1}{x}+\dfrac{1}{y}+\dfrac{1}{z}=p$ とすると，頻出の形です．$1 \leqq x \leqq y \leqq z$ より $\therefore \quad p \leqq \dfrac{3}{x} \leqq 3$ と示せます．

(2) $(*)$から

$(p,\ x)=(1,\ 1),\ (1,\ 2),\ (1,\ 3),\ (2,\ 1),\ (3,\ 1)$

のいずれかである．

◀絞れたら，あとは調べるだけです．

(i) $(p,\ x)=(1,\ 1)$ のとき

$$① \Longleftrightarrow y+z=0,\ 1 \leqq y \leqq z$$

となり，これを満たす $y$, $z$ は存在しない．

(ii) $(p,\ x)=(1,\ 2)$ のとき

$$① \Longleftrightarrow 2(y+z)=yz,\ 2 \leqq y \leqq z$$

$$\therefore \quad (y-2)(z-2)=4$$

$$\therefore \quad (y,\ z)=(3,\ 6),\ (4,\ 4)$$

(iii) $(p,\ x)=(1,\ 3)$ のとき

$$① \Longleftrightarrow 3(y+z)=2yz,\ 3 \leqq y \leqq z$$

$$\therefore \quad (2y-3)(2z-3)=9 \qquad \therefore \quad (y,\ z)=(3,\ 3)$$

(iv) $(p,\ x)=(2,\ 1)$ のとき

$$① \Longleftrightarrow y+z=yz,\ 1 \leqq y \leqq z$$

$$\therefore \quad (y-1)(z-1)=1 \qquad \therefore \quad (y,\ z)=(2,\ 2)$$

(v) $(p,\ x)=(3,\ 1)$ のとき

$$① \Longleftrightarrow y+z=2yz,\ 1 \leqq y \leqq z$$

$$\therefore \quad (2y-1)(2z-1)=1 \qquad \therefore \quad (y,\ z)=(1,\ 1)$$

以上から

$(p,\ x,\ y,\ z)=(1,\ 2,\ 3,\ 6),\ (1,\ 2,\ 4,\ 4),$
$(1,\ 3,\ 3,\ 3),\ (2,\ 1,\ 2,\ 2),\ (3,\ 1,\ 1,\ 1)$

**メインポイント**

**$x$, $y$, $z$ の対称式は，$x \leqq y \leqq z$ として範囲を絞る**

# 33 素数，互いに素

## アプローチ

(1)はいろいろな解法が考えられます．

$n=2m$（$m$ は自然数）とおいて

$$2^n-1=4^m-1$$
$$=(4-1)(4^{m-1}+4^{m-2}+\cdots+1)$$

と因数分解してもよいし，２項定理の利用もあります．

◀２項定理から
$2^n-1=(3-1)^n-1$
$=3^n-{}_nC_1 3^{n-1}+\cdots$
$+{}_nC_1 3(-1)^{n-1}+(-1)^n-1$
$n$ は偶数だから，３の倍数であることがわかります．

解答では合同式を使いました．

(2)の，互いに素の証明は

**１以外の公約数をもつと仮定して，矛盾を導く**

と，背理法を用いるのが定石です．

(3)では，$p$，$q$ が素数で $pq^2$ の約数が少ないので

**(文字式の積)＝$pq^2$**

と，与式の左辺の因数分解を考えます．

◀$p$ を素数とするとき
$AB=p$
と，左辺が因数分解できれば $A$，$B$ の一方が１で他方が $p$ と決まります．

また，(1)，(2)が(3)の誘導になっているので，どう使うかを考えましょう．

## 解答

(1)　$n$ は正の偶数だから

$$2^n-1\equiv(-1)^n-1$$
$$\equiv1-1\equiv0 \pmod 3$$

(2)　$2^n+1$ と $2^n-1$ が１以外の正の公約数 $\alpha$ をもつとすると

$$2^n+1=a\alpha,\ 2^n-1=b\alpha\quad(a,\ b \text{ は自然数})$$

と表せる．このとき

$$a\alpha-b\alpha=(a-b)\alpha=2$$

が成り立つから，$\alpha=2$ となる．

◀$\alpha$ は１以外で，２の約数だから $\alpha=2$ です．

一方，$2^n+1$，$2^n-1$ が奇数だから $\alpha$ も奇数であり，矛盾する．

以上から，$2^n+1$ と $2^n-1$ は互いに素である．

(3)　$2^{p-1}-1=pq^2$　……(＊)とおく．

$p=2$ とすると

◀(1)を利用するための場合分け．
素数は，２以外はすべて奇数です．

$$2-1=2\cdot q^2$$

となり，これを満たす素数 $q$ はない．よって，$p$ は３以上の素数である．よって，$p$ は奇数となり

$$p-1=2m\ (m \text{ は自然数})$$

と表せる．このとき

$$2^{p-1}-1=2^{2m}-1$$
$$=(2^m-1)(2^m+1)=p\cdot q^2 \quad \cdots\cdots(**)$$

ここで，(1)から $2^{p-1}-1$ は3の倍数だから

$$p=3 \text{ または } q=3$$

である．

(i) $p=3$ のとき

$$(*) \iff 2^2-1=3\cdot q^2 \qquad \therefore \quad q=1$$

$q$ は素数だから，不適．

(ii) $q=3$ のとき

$$(**) \iff (2^m-1)(2^m+1)=9(2m+1)$$

ここで，(2)から $2^m-1,\ 2^m+1$ は互いに素で

$$2^m-1<2^m+1$$

かつ，$2m+1$ が素数だから

$$(2^m-1,\ 2^m+1)$$
$$=(1,\ 9(2m+1)),\ (9,\ 2m+1),$$
$$(2m+1,\ 9)$$

これらを順に調べると，適するのは $m=3$ である．

よって，$\boldsymbol{p=7,\ q=3}$ である．

◀ $2^m-1,\ 2^m+1$ は互いに素なので，$(3,\ 3(2m+1))$ のように9を $3\cdot3$ のように2つに分ける場合はありません．

第3章

**補足** **『偶数の素数は2だけである』**または**『2以外の素数はすべて奇数である』**は当たり前ですが，これを利用する問題が意外と多く出題されています．

**(例)** 素数 $p,\ q$ に対して，$\dfrac{pq}{p-q}$ が正の整数となるとする．

もし $p,\ q$ がともに3以上の素数とすると，$p,\ q$ は奇数だから

$$pq \text{ は奇数，} p-q \text{ は偶数}$$

となり，$\dfrac{pq}{p-q}$ は整数にならない．よって，$q=2$ である．

**(例)** 素数 $p,\ q$ に対して，$p^q=q^p+7$ が成り立つとする．

もし $p,\ q$ がともに3以上の素数とすると，$p,\ q$ は奇数だから

$$p^q \text{ は奇数，} q^p+7 \text{ は偶数}$$

となる．よって，$p=2$ または $q=2$ である．

**メインポイント**

**素数の問題では，$AB=p$ ($p$ は素数)への式変形**

# 34 ピタゴラス数

**アプローチ**

$$a^2+b^2=c^2 \ (a,\ b,\ c\ は自然数)\ \cdots\cdots①$$

を満たす自然数の組 $(a,\ b,\ c)$ を**ピタゴラス数**といいます．ピタゴラス数を扱う問題では，次のような予備知識があった方がよいと思います．

①を満たす $a$，$b$ に対して，

- **$a$，$b$ の少なくとも一方が偶数**
- **$a$，$b$ の少なくとも一方が 3 の倍数**
- **$a$，$b$ の少なくとも一方が 4 の倍数**

などは押さえておきましょう．

◀平方数を 3 で割った余りは 0 または 1 です．$a$，$b$ がともに 3 の倍数でないとすると，$a^2+b^2$ の余りは 2 となり，$c^2$ を 3 で割った余りと一致しません．

**解答**

(1)　条件から

$$p^2=q^2+r^2 \ (p,\ q,\ r\ は自然数)$$

条件(a)から，$q$，$r$ がともに偶数になることはない．

次に，$n$ を自然数とするとき

$$(2n)^2=4n^2,$$
$$(2n-1)^2=4n(n-1)+1$$

となるから，平方数を 4 で割った余りは 0 または 1 である．よって，$q$，$r$ がともに奇数とすると

◀背理法です．

$p^2$ を 4 で割った余りは 0 または 1

$q^2+r^2$ を 4 で割った余りは 2

となり，$p^2=q^2+r^2$ に矛盾する．

以上から，$q$，$r$ のどちらかは偶数である．

(2)　(1)から，とくに $q$ を偶数，$r$ を奇数として考える．

ここで，$q=2$ とすると

◀偶数の素数は 2 だけです．

$$p^2=4+r^2\ つまり\ (p-r)(p+r)=4$$

(b)から $p+r=130$ だから

$$65(p-r)=2$$

となり，これを満たす自然数 $p$，$r$ は存在しない．

よって，$p$，$r$ が素数である．

$$\therefore\quad (p-q)(p+q)=r^2$$

◀$(p-r)(p+r)=q^2$ と変形しても $q$ が素数でないので約数がわからない．

$0<p-q<p+q$ かつ，$r$ が素数だから

$$\therefore\quad p-q=1,\ p+q=r^2$$

(b)を第2式に代入して

$$132-r=r^2 \quad \text{つまり} \quad r^2+r-132=0$$

$$\therefore \quad (r-11)(r+12)=0$$

$r$ は素数だから，$r=11$ である．

$$\therefore \quad p-q=1,\ p+q=121$$

$$\therefore \quad p=61,\ q=60,\ r=11$$

よって，$p$，$q$，$r$ の組は

$$(\boldsymbol{p},\ \boldsymbol{q},\ \boldsymbol{r})=(\mathbf{61},\ \mathbf{60},\ \mathbf{11}),\ (\mathbf{61},\ \mathbf{11},\ \mathbf{60})$$

◀ $q$ が奇数，$r$ が偶数の場合も同様に考える．

第3章

**補足** $a^2+b^2=c^2$ （$a$，$b$ は互いに素）を満たすピタゴラス数に対して

$$a=m^2-n^2,\ b=2mn,\ c=m^2+n^2 \quad \cdots\cdots(*)$$

と表されることは有名です．ここで，$m$，$n$ （$m>n$）は互いに素な自然数で，一方が偶数，他方が奇数です．

**証明** まず解答に示したように，$a$，$b$ の一方が偶数，他方が奇数である．

そこで，$a$，$c$ を奇数，$b$ を偶数として考える．

$$a^2+b^2=c^2 \iff b^2=c^2-a^2=(c+a)(c-a)$$

$c+a$，$c-a$ はともに偶数なので

$$c+a=2p,\ c-a=2q$$

とおける．$a$，$c$ に関して解くと

$$c=p+q,\ a=p-q$$

ここで，$a$，$c$ が1以外の公約数 $\alpha$ をもつとすると，$b^2=c^2-a^2$ から $b$ も公約数 $\alpha$ をもつことになり，$a$，$b$ は互いに素であることに矛盾する．よって，$a$，$c$ は互いに素である．同様にして，$p$，$q$ も互いに素であることも示せる．

よって

$$b^2=(c+a)(c-a)=4pq \ (p,\ q \text{ は互いに素})$$

と表せるから，$p$，$q$ は平方数になり

$$p=m^2,\ q=n^2 \ (m>n \text{ で } m,\ n \text{ は互いに素})$$

$$\therefore \quad a=m^2-n^2,\ c=m^2+n^2$$

ここで，$a$，$c$ は奇数だから $m$，$n$ は偶奇を異にする．さらに

$$b^2=(m^2+n^2)^2-(m^2-n^2)^2=4m^2n^2 \qquad \therefore \quad b=2mn$$

以上で，$(*)$ と表されることが示された．

**注意!** 証明の流れだけは理解しておきましょう．

**メインポイント**

**ピタゴラス数の基本的な性質やその証明は，覚えよう**

# 35 ペル方程式

## アプローチ

平方数でない自然数$n$に対して $x^2-ny^2=1$ ($x$, $y$ は整数) を**ペル方程式**といいます.

(3)は(2)が誘導になっているので, 何とかなりそうですが(2)が問題です.

$x$, $y$が正の整数であることが示せれば, $x+y\sqrt{2}$ は$x$, $y$に関して増加関数なので, 条件

$$1<x+y\sqrt{2} \leqq 3+2\sqrt{2}$$

から$x$, $y$が絞れそうです.

◀問題では$x$, $y$の符号がわかりません. まず, $x>0$, $y>0$ が目標です.

## 解答

(1) $(a+b\sqrt{2})(x+y\sqrt{2})=(ax+2by)+(ay+bx)\sqrt{2}$

から, 条件式は

$$(ax+2by)+(ay+bx)\sqrt{2}=u+v\sqrt{2}$$

ここで, $x$, $y$, $a$, $b$, $u$, $v$ はすべて整数で, $\sqrt{2}$ は無理数だから

$$\boldsymbol{u=ax+2by,\ v=ay+bx}$$

次に, $x^2-2y^2=1$, $a^2-2b^2=1$ を満たすとき

$$\begin{aligned}u^2-2v^2&=(ax+2by)^2-2(ay+bx)^2\\&=(x^2-2y^2)a^2-2(x^2-2y^2)b^2\\&=(x^2-2y^2)(a^2-2b^2)=\mathbf{1}\end{aligned}$$

◀集合
$\{x+y\sqrt{2} \mid x,\ y \text{は整数},\ x^2-2y^2=1\}$
は積について閉じているということです.

(2) $x^2-2y^2=(x+y\sqrt{2})(x-y\sqrt{2})=1$ ……(＊)

が成り立つから, $x+y\sqrt{2}>1$ と合わせて

$$x+y\sqrt{2}>1,\ x-y\sqrt{2}>0$$

よって

$$x\leqq 0,\ y\leqq 0 \text{ と } x\leqq 0,\ y\geqq 0$$

は, 明らかに成り立たない.

また, $x>0$, $y\leqq 0$ のとき, $y=-y'$ とおけて, $x\geqq 1$, $y'\geqq 0$ だから

$$x-y\sqrt{2}=x+y'\sqrt{2}\geqq 1$$

よって, (＊)から $x+y\sqrt{2}\leqq 1$ となり $x+y\sqrt{2}>1$ に反する. 以上から, $x>0$, $y>0$ が示された.

次に, $x\geqq 5$ のとき

$$x+y\sqrt{2}\geqq 5+y\sqrt{2}\geqq 5+\sqrt{2}$$

であり, さらに $5+\sqrt{2}>3+2\sqrt{2}$ である.

よって, $x=1$, 2, 3, 4 を調べればよい. (＊)に順に代入して

$$2y^2=0,\ 2y^2=3,\ 2y^2=8,\ 2y^2=15$$

となるから，$y>0$ と合わせて $x=3,\ y=2$ である．

**注意!** 次のような，うまい式変形もあります．

$(*)$から，$x-y\sqrt{2}=\dfrac{1}{x+y\sqrt{2}}$ だから

$$\frac{1}{3+2\sqrt{2}}\leqq x-y\sqrt{2}<1 \iff 3-2\sqrt{2}\leqq x-y\sqrt{2}<1$$

よって，$1<x+y\sqrt{2}\leqq 3+2\sqrt{2}$ とから

$$4-2\sqrt{2}<2x<4+2\sqrt{2}$$

$$\iff 2-\sqrt{2}<x<2+\sqrt{2}$$

◀$3-2\sqrt{2}\leqq x-y\sqrt{2}<1$，$1<x+y\sqrt{2}\leqq 3+2\sqrt{2}$ の2式を辺々加えています．

これで，$x=1,\ 2,\ 3$ と絞れます．

(3) 両辺に $\dfrac{1}{(3+2\sqrt{2})^{n-1}}=(3-2\sqrt{2})^{n-1}$ をかけて

$$1<(3-2\sqrt{2})^{n-1}(x+y\sqrt{2})\leqq 3+2\sqrt{2}$$

ここで

$$(3-2\sqrt{2})^{n-1}(x+y\sqrt{2})=X+Y\sqrt{2} \quad \cdots\cdots(**)$$

となる整数 $X,\ Y$ が存在することを示す．

$n=1$ のとき，$X=x,\ Y=y$ とすれば成立．

$n=k$ が$(**)$を満たすとすると

$$\begin{aligned}(3-2\sqrt{2})^{k}(x+y\sqrt{2}) &=(3-2\sqrt{2})(X+Y\sqrt{2})\\ &=(3X-4Y)+(3Y-2X)\sqrt{2}\end{aligned}$$

となり，$3X-4Y,\ 3Y-2X$ は整数だから $k+1$ でも成り立つ．数学的帰納法によりすべての自然数 $n$ で$(**)$は成り立つことが示された．

$$\therefore\quad 1<X+Y\sqrt{2}\leqq 3+2\sqrt{2}$$

となり，(2)から $X=3,\ Y=2$ である．

$$\therefore\quad (3-2\sqrt{2})^{n-1}(x+y\sqrt{2})=3+2\sqrt{2}$$

$$\iff x+y\sqrt{2}=(3+2\sqrt{2})^{n}$$

◀ペル方程式 $x^2-2y^2=1$ の解のうち $x,\ y$ が正の整数のものを考える．$(3+2\sqrt{2})^n$ は増加数列より $(3+2\sqrt{2})^{n-1}<x+y\sqrt{2}\leqq(3+2\sqrt{2})^n$ となる自然数 $n$ が存在する．(3)の結果から，解はすべて $x+y\sqrt{2}=(3+2\sqrt{2})^n$ と表されることがわかる．

◀$X+Y\sqrt{2}=3+2\sqrt{2}$ となることがわかった．

**メインポイント**

**ペル方程式の整数解について，その証明の流れを理解する**

# 第4章 幾何図形

## 36 円に内接する四角形と三角形の内心

**アプローチ**

与えられた図形のどこに着目するかです．

**1**．内接円の半径から AI が求められることに着目

**2**．対角線 AD，BC で方べきの定理に着目

この 2 つの方針で解答していきます．

**解答 1**

余弦定理から

$$BC^2=4^2+3^2-2\cdot4\cdot3\cdot\cos60°=13$$

$$\therefore\quad BC=\sqrt{13}$$

△ABC の内接円の半径を $r$ とおく．面積を考えて

$$\frac{1}{2}\cdot3\cdot4\cdot\sin60°=\frac{r}{2}(3+4+\sqrt{13})\qquad\therefore\quad r=\frac{6\sqrt{3}}{7+\sqrt{13}}$$

$$\therefore\quad AI=2r=\frac{12\sqrt{3}}{7+\sqrt{13}}=\frac{7\sqrt{3}-\sqrt{39}}{3}$$

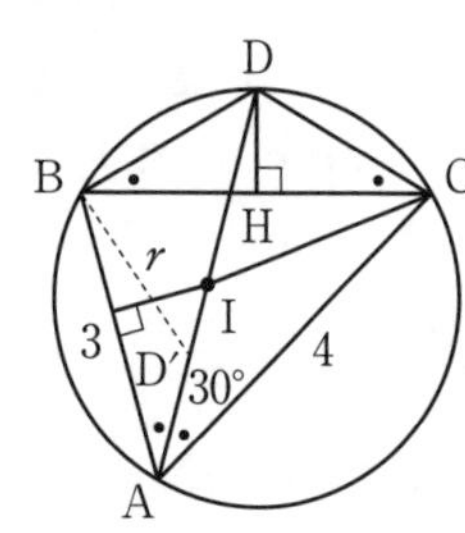


次に，D から辺 BC に垂線 DH を下ろすと

$$DB=DC,\ \angle DBH=30°$$

$$\therefore\quad BD=BH\cdot\frac{2}{\sqrt{3}}=\frac{\sqrt{13}}{2}\cdot\frac{2}{\sqrt{3}}=\frac{\sqrt{39}}{3}$$

よって，$AD=x$ とおくと余弦定理から

$$\frac{39}{9}=9+x^2-2\cdot3x\cdot\cos30°$$

$$x^2-3\sqrt{3}\,x+\frac{14}{3}=0$$

$$\therefore\quad x=\frac{7\sqrt{3}}{3},\ \frac{2\sqrt{3}}{3}$$

◀この条件では △ABD は定まらず，上の図のような △ABD′ もあり得る．

AD はこのうちの大きい方だから

$$AD=\frac{7\sqrt{3}}{3}$$

$$\therefore\quad DI=AD-AI=\frac{\sqrt{39}}{3}$$

◀トレミーの定理（**37** 参照）から
$AD\cdot BC$
$=AB\cdot CD+AC\cdot BD$
$\therefore\quad AD=\frac{7\sqrt{3}}{3}$

**解答** **2**

AD と BC の交点をPとおくと

$$\triangle ABC = \triangle ABP + \triangle ACP$$

$$\iff \frac{1}{2}\cdot 4\cdot 3\cdot \sin 60^\circ = \frac{1}{2}\cdot 3\cdot AP\cdot \sin 30^\circ + \frac{1}{2}\cdot 4\cdot AP\cdot \sin 30^\circ$$

$$\iff 6\sqrt{3} = \frac{7}{2}\cdot AP \qquad \therefore \quad AP = \frac{12}{7}\sqrt{3}$$

さらに，AI が ∠BAC の二等分線，CI が ∠ACP の二等分線だから

$$AI : IP = CA : CP$$

$$= 4 : \frac{4}{7}BC = 7 : \sqrt{13}$$

$$\therefore \quad IP = \frac{\sqrt{13}AP}{7+\sqrt{13}} = \frac{7\sqrt{13}-13}{36}\cdot\frac{12}{7}\sqrt{3}$$

$$= \frac{7\sqrt{39}-13\sqrt{3}}{21}$$

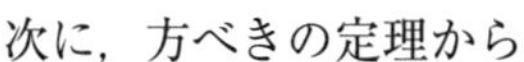

次に，方べきの定理から

$$PB\cdot PC = PA\cdot PD$$

$$\iff \frac{3\sqrt{13}}{7}\cdot\frac{4\sqrt{13}}{7} = \frac{12}{7}\sqrt{3}\cdot PD$$

$$\iff PD = \frac{13\sqrt{3}}{21}$$

$$\therefore \quad DI = PD + IP = \boldsymbol{\frac{\sqrt{39}}{3}}$$

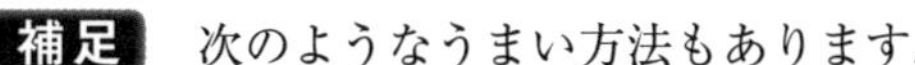

**補足** 次のようなうまい方法もあります．

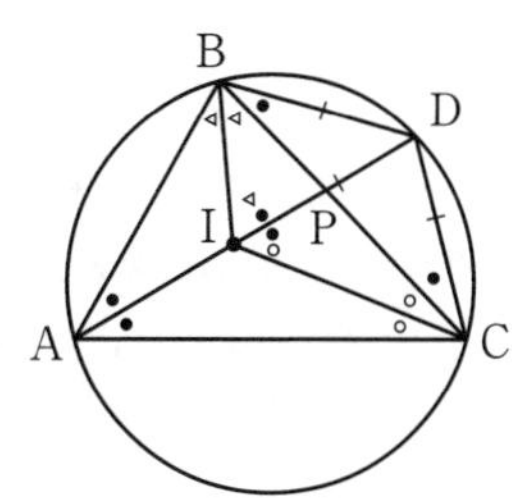


$\angle DIC = \angle IAC + \angle ICA = \angle DCP + \angle ICP$

$= \angle DCI$

同様に，$\angle DIB = \angle DBI$ も成り立つから

$$DB = DI = DC$$

$$DI = DB = \frac{\sqrt{39}}{3}$$

**メインポイント**

**角の二等分線の性質，方べきの定理の利用**

# 37 円に内接する四角形…トレミーの定理

**アプローチ**

まず，円周角の性質から四角形 ABCD は円に内接することに気づくと思います．(3)は

$$BC=ED$$

を示せばよいので，$\triangle ABC \equiv \triangle AED$ を目標にします．

なお，**トレミーの定理**を使うと(3)はカンタンです．

$$\mathbf{AB \cdot CD + BC \cdot DA = BD \cdot AC} \quad \cdots\cdots (*)$$

と $CD=DA=AC$ から，$AB+BC=BD$ です．

本問は，トレミーの定理の証明につながるのでその証明を **補足** につけました．

◀凸四角形とは，すべての内角が 180° 未満だから，下の図は考えません．

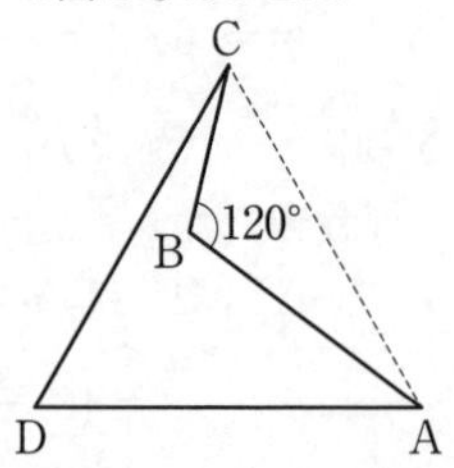


**解答**

$\triangle ACD$ が正三角形だから

$$\angle ADC + \angle ABC$$
$$= 60° + 120° = 180°$$

よって，四角形 ABCD は円に内接する．

(1) B が劣弧 $\overset{\frown}{AC}$ 上にあるから

$$AB < AC$$

また，$\triangle CDB$ において

$$\angle CBD = 60°,\ \angle DCB > 60°$$
$$\therefore \quad CD < BD$$
$$\therefore \quad AB < AC = CD < BD$$

よって，$AB < BD$ である．

◀劣弧 $\overset{\frown}{AC}$ とは，円周を 2 点 A，C で分けたとき半円より小さい方の弧をいう．

(2) $\triangle ACD$ が正三角形だから

$$\angle ABE = \angle ACD = 60°$$

一方，$\triangle ABE$ は $AB=BE$ の二等辺三角形だから，$\triangle ABE$ は正三角形である．

$$\therefore \quad \angle BAE = \mathbf{60°}$$

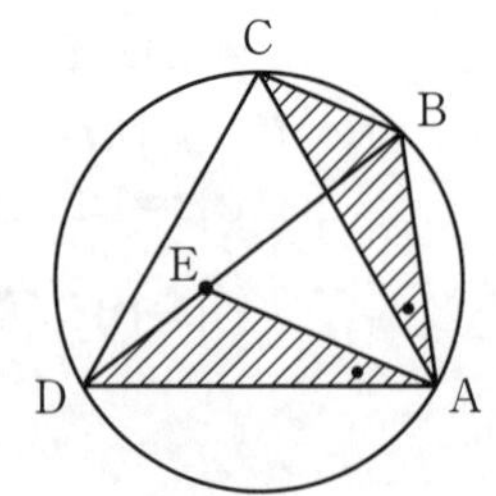


(3) $\triangle ABC \equiv \triangle AED$ を示す．

$\triangle ACD$ と $\triangle ABE$ は正三角形だから

$$AC=AD,\ AB=AE$$

また

$$\angle BAC + \angle CAE = 60°$$
$$\angle DAE + \angle CAE = 60°$$

$\therefore\quad \angle BAC = \angle DAE$

以上から，$\triangle ABC \equiv \triangle AED$ が示された．

$$\therefore\quad BC = ED$$

$$\therefore\quad BD = BE + ED = AB + BC$$

**補足**　**トレミーの定理(＊)の証明**

$$\triangle ABC \backsim \triangle AED,\quad \triangle ACD \backsim \triangle ABE$$

が成り立つから

$$AC : AD = BC : ED$$
$$\iff AC \cdot ED = AD \cdot BC \quad \cdots\cdots ①$$
$$AB : AC = BE : CD$$
$$\iff AC \cdot BE = AB \cdot CD \quad \cdots\cdots ②$$

①と②を辺々加えて

$$AC \cdot ED + AC \cdot BE = AD \cdot BC + AB \cdot CD$$

$$\therefore\quad AC \cdot BD = AD \cdot BC + AB \cdot CD$$

**一般の証明**

円に内接する四角形 ABCD の辺 BD 上に

$$\angle BAC = \angle DAE$$

となる点 E をとる．このとき

$$\triangle ABC \backsim \triangle AED,\quad \triangle ACD \backsim \triangle ABE$$

が成り立つから，上と同じようにして示される．

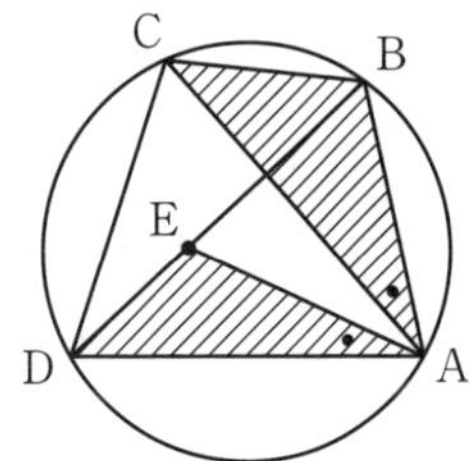


**メインポイント**

**円に内接する四角形では，トレミーの定理も利用できる**

# 38 中線定理

**アプローチ**

△PAB において，AB の中点を M とするとき

$$\mathbf{PA^2+PB^2=2(PM^2+AM^2)}$$

を**中線定理**といいます．

本問では，動点 P に対して，右辺の**変数が PM だけになる**のがポイントです．

◀ 中線定理の証明は
$\angle AMP=\theta$ とおいて
余弦定理から
$AP^2=PM^2+AM^2-2PM\cdot AM\cos\theta$
$BP^2=PM^2+BM^2-2PM\cdot BM\cos(\pi-\theta)$
$=PM^2+AM^2+2PM\cdot AM\cos\theta$
で，辺々加えて得られます．

**解答**

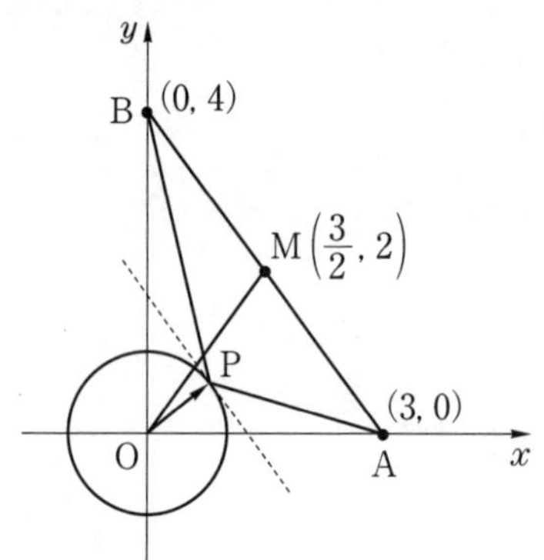


(1) △PAB の面積が最小となるのは，AB を底辺とみて高さが最小のとき，すなわち

P が第 1 象限でかつ，
P における接線が直線 AB と平行のとき

である．直線 AB の傾きが $-\dfrac{4}{3}$ だから，直線 OP の傾きは $\dfrac{3}{4}$ となり

$$\therefore\ \ \overrightarrow{OP}=\frac{1}{5}(4,\ 3) \qquad \therefore\ \ \mathbf{P\left(\frac{4}{5},\ \frac{3}{5}\right)}$$

◀ $\overrightarrow{OP}=k(4,\ 3)$ とおき，円周上に P があることを用いると $k=\dfrac{1}{5}$

(2) AB の中点を M とおくと，中線定理から

$$PA^2+PB^2=2(PM^2+MA^2)$$

ここで MA は定数だから，$PM^2$ が最小となればよい．

線分 OM と円 $C$ の交点を $P_0$ とおくと，PM は $P=P_0$ のときに最小となる．

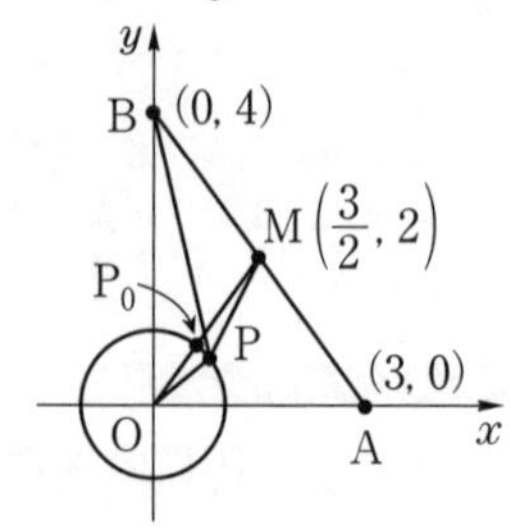

$$\overrightarrow{OM}=\left(\frac{3}{2},\ 2\right)=\frac{1}{2}(3,\ 4)$$

だから

$$\overrightarrow{OP}=\frac{1}{5}(3,\ 4)\quad\therefore\quad \mathbf{P}\left(\frac{\mathbf{3}}{\mathbf{5}},\ \frac{\mathbf{4}}{\mathbf{5}}\right)$$

**別解** $P(\cos\theta,\ \sin\theta)\ (0\leqq\theta<2\pi)$ とおくと
$\overrightarrow{PA}=(3-\cos\theta,\ -\sin\theta)$
$\overrightarrow{PB}=(-\cos\theta,\ 4-\sin\theta)$

(1) $\triangle$PAB の面積 $S$ は

$$S=\frac{1}{2}\left|(3-\cos\theta)(4-\sin\theta)-\sin\theta\cos\theta\right|$$

$$=\frac{1}{2}\left|12-(3\sin\theta+4\cos\theta)\right|$$

◀$\overrightarrow{PA}=(x_1,\ y_1)$, $\overrightarrow{PB}=(x_2,\ y_2)$ のとき, $S=\frac{1}{2}|x_1y_2-x_2y_1|$

$\cos\alpha=\frac{3}{5}$, $\sin\alpha=\frac{4}{5}$ $\left(0<\alpha<\frac{\pi}{2}\right)$ とおくと

$$S=\frac{1}{2}\{12-5\sin(\theta+\alpha)\}$$

よって, $\theta+\alpha=\frac{\pi}{2}$ つまり $\theta=\frac{\pi}{2}-\alpha$ のときに最小となる. このとき

$$\cos\theta=\sin\alpha=\frac{4}{5},\ \sin\theta=\cos\alpha=\frac{3}{5}$$

$$\therefore\quad P\left(\frac{4}{5},\ \frac{3}{5}\right)$$

(2)も同様にして求められる.

**メインポイント**

**動点Pに対して $\mathbf{PA^2+PB^2}$ の形は, 中線定理の利用**

# 39 三角形の内心と外接円

**アプローチ**

AA′ と B′C′ が直交することを示すのが目標です．

△A′B′D に着目して，円周角の性質から

$$\angle \mathrm{A'DB'}=90°$$

が，意外にカンタンに示せます．

**解答**

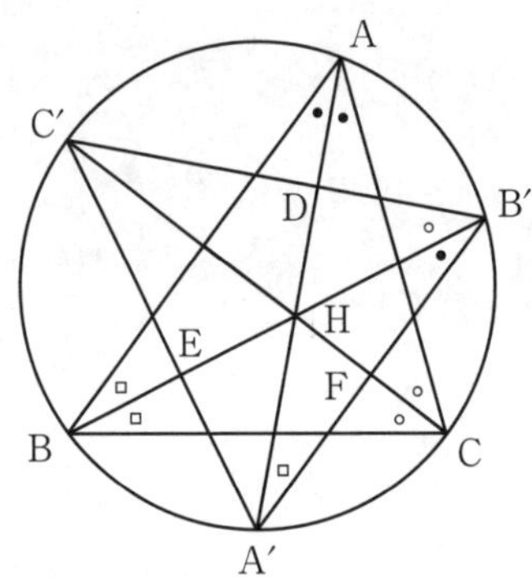


まず，Hは △ABC の内心だから 3 直線 AA′，BB′，CC′ は 1 点Hで交わる．

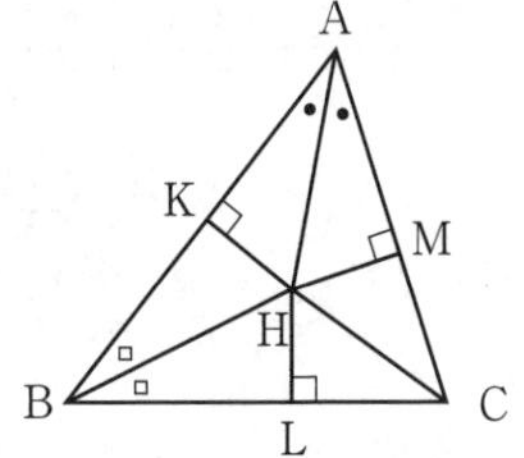


◀ ∠A と ∠B の二等分線の交点を H，Hから辺 AB，BC，CA に下ろした垂線の足をそれぞれ K，L，M とおく．このとき

$$\mathrm{HK}=\mathrm{HM},\ \mathrm{HK}=\mathrm{HL}$$

$$\therefore\ \mathrm{HM}=\mathrm{HL}$$

よって，CH は ∠C の二等分線だから，∠A，∠B，∠C の二等分線は 1 点で交わる．

次に，AA′ と B′C′ の交点を D，BB′ と A′C′ の交点を E，CC′ と A′B′ の交点をFとする．

また

$$\begin{cases} \angle \mathrm{BAA'}=x,\ \angle \mathrm{CBB'}=y, \\ \angle \mathrm{ACC'}=z \end{cases}$$

とおく．△ABC の内角の和は 180° だから

$$2x+2y+2z=180°$$

$$\therefore\quad x+y+z=90° \cdots\cdots (*)$$

一方，△A′B′D において円周角の性質から

$$\angle \mathrm{A'B'D}$$
$$=\angle \mathrm{BB'C'}+\angle \mathrm{BB'A'}$$
$$=z+x$$
$$\angle \mathrm{B'A'D}=y$$

が成り立つから

$$\angle \mathrm{A'B'D}+\angle \mathrm{B'A'D}$$
$$=x+y+z=90°\ ((*)\text{より})$$

よって，$\angle A'DB'=90^\circ$ となり AA′ と B′C′ は垂直になる．

同様にして，BB′ と A′C′ が垂直，CC′ と A′B′ が垂直であることも示せるから

点Hは $\triangle A'B'C'$ の垂心

である．

類題　平面上の鋭角三角形 $\triangle ABC$ の内部（辺や頂点は含まない）に点Pをとり，A′ をB，C，Pを通る円の中心，B′ をC，A，Pを通る円の中心，C′ をA，B，Pを通る円の中心とする．このとき，A，B，C，A′，B′，C′ が同一円周上にあるための必要十分条件はPが $\triangle ABC$ の内心に一致することであることを示せ．

**解答**

（十分性）36 の 補足 にあるように，Pが内心のとき AP の延長と $\triangle ABC$ の外接円との交点を A″ とおくと

$$A''B=A''C=A''P$$

が成り立つから，$A''=A'$ が成立する．

（必要性）Oを $\triangle ABC$ の外心，BC の中点をM，A′B′ と CP の交点をN，BC と A′B′ の交点をLとおく．

$A'B'\perp CP$ から $\triangle A'ML \backsim \triangle CNL$ となり

$$\angle OA'B'=\angle BCP$$

同様にして，$\angle OB'A'=\angle ACP$ も成り立つ．

次に，A′，B′ は $\triangle ABC$ の外接円の周上にあるから

$$OA'=OB' \qquad \therefore \quad \angle OA'B'=\angle OB'A'$$

以上から，$\angle BCP=\angle ACP$ となり CP は $\angle C$ の二等分線になる．

他も同様に示せるからPは $\triangle ABC$ の内心である．

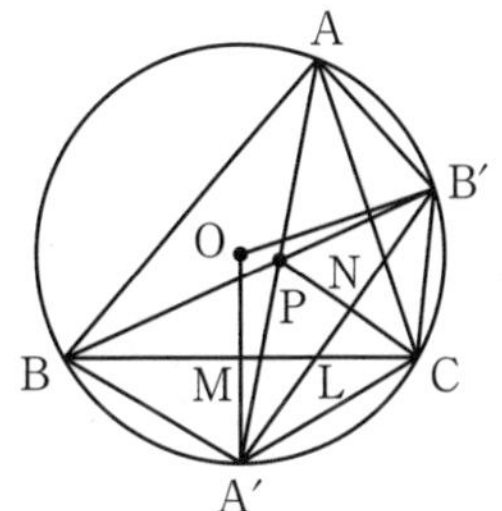


**メインポイント**

**角の二等分線から，円周角の性質を利用**

# 40 円の性質

**アプローチ**

(1) 外心が三角形の外部とは，三角形が**鈍角三角形**ということです．

(3)を示すには，BC の中点をMとして

・△CDB の外心をQとおき，円周角 ∠AQC と ∠ADC が等しい

・△ACD の外接円と AM の交点をQとおき，Q が AM 上にあることから，△BCD での外心になる

◀外心は各辺の垂直二等分線の交点．

他にもありそうです．いろいろ考えてみてください．

**解答**

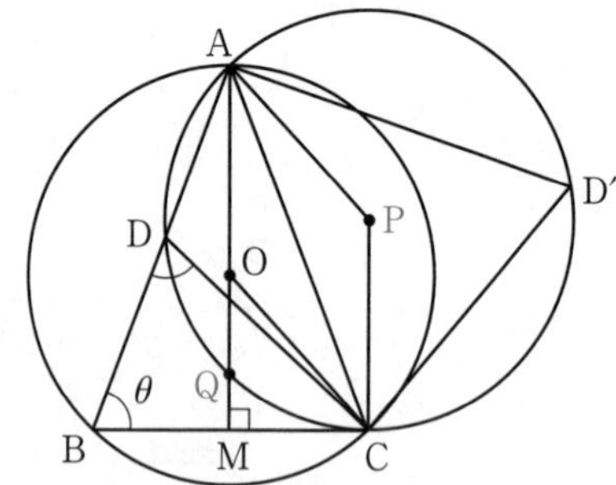


(1) 条件から △ABC∽△CDB で，∠B が共通だから，△CDB は CB＝CD の二等辺三角形である．

∠CBD＝$\theta$ とおくと

◀ ∠ADC が鈍角であることを示すのが目標．

$$\angle \mathrm{CDB}=\angle \mathrm{CBD}=\theta$$

となり，△CDB の内角の和を考えて

$$\therefore\quad 0<2\theta<\pi \text{ つまり } 0<\theta<\frac{\pi}{2}$$

$$\therefore\quad \angle \mathrm{ADC}=\pi-\theta>\frac{\pi}{2}$$

よって，△ADC は鈍角三角形となり外接円の中心Pは △ADC の外部にある．

(2) △ABC の外接円を考える．(1)の $\theta$ に対して

$$\angle \mathrm{AOC}=2\angle \mathrm{ABC}=2\theta$$

が成り立つ．また，△ADC の外接円の優弧 $\overset{\frown}{\mathrm{AC}}$ 上に D′ をとると

◀優弧 $\overset{\frown}{\mathrm{AC}}$ とは，円周を 2 点 A，C で分けたとき半円より大きい方の弧をいう．

$\angle APC = 2\angle AD'C$
$= 2(\pi - \angle ADC)$
$= 2\{\pi - (\pi - \theta)\} = 2\theta$

$\therefore\quad \angle AOC = \angle APC$

(3)　△CDB の外心を Q，BC の中点をMとおく．

ここで，Q と O は BC の垂直二等分線 AM 上にある．△ABC と △CDB は相似だから

$\angle AQC = \pi - \angle CQM$
$= \pi - \theta = \angle ADC$

よって，外心Qは △ADC の外接円の周上にある．

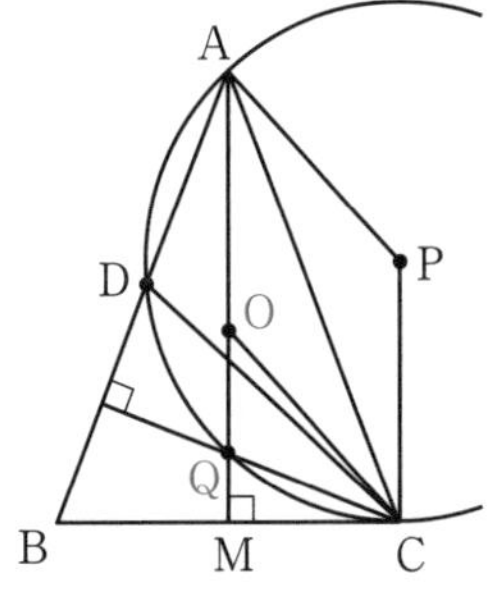

(3)　△ACD の外接円と AM の交点を Q とおくと，$\angle BAM = \angle CAM$ から

$\angle DAQ = \angle CAQ$

よって，弧 $\overset{\frown}{DQ}$ と弧 $\overset{\frown}{CQ}$ の長さは等しいから

$DQ = CQ$

つまり，Q は CD の垂直二等分線上にある．

Q は BC の垂直二等分線 AM 上にもあるから

Q は △BCD の外心

である．よって，△BCD の外心は，△ADC の外接円の周上にある．

他にも，△CDB の外心Qに対して △PDQ を考えて

$\angle PQD = \dfrac{1}{2}\angle DQC = \theta,$

$\angle DPQ = \dfrac{1}{2}\angle DPC = \angle DAC$

が成り立つことから，$\angle PDQ = \theta$ となり

$PD = PQ$

が示されます．

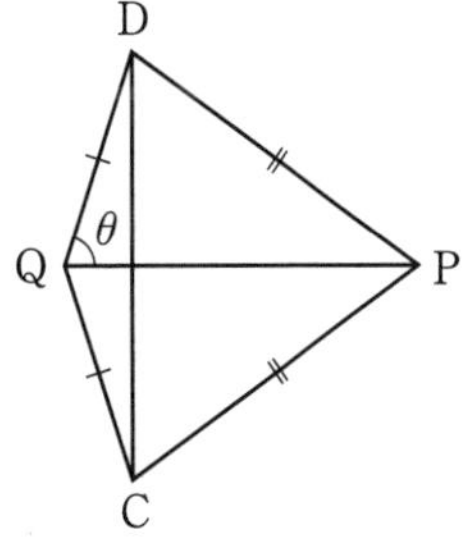


**メインポイント**

**円周角の性質など，基本的な円の性質を利用**

# 41 四面体の体積…底面のとり方

## アプローチ

一般に，四面体 ABPQ において，P，Q から AB に下ろしたそれぞれの垂線の足が一致するための必要十分条件は，**AB と PQ が垂直**であることです．

本問では，$\triangle$APQ と $\triangle$BPQ が二等辺三角形だから PQ の中点をMとすると

$$\mathrm{AM}\perp\mathrm{PQ} \text{ かつ } \mathrm{BM}\perp\mathrm{PQ}$$

です．よって，PQ は平面 ABM に垂直で

$$\mathrm{AB}\perp\mathrm{PQ}$$

が成り立ちます．なお，体積は，底面を $\triangle$ABM とみれば，PQ が高さとなり

$$\frac{1}{3}\cdot\triangle\mathrm{ABM}\cdot\mathrm{PQ}$$

として求めることもできます．

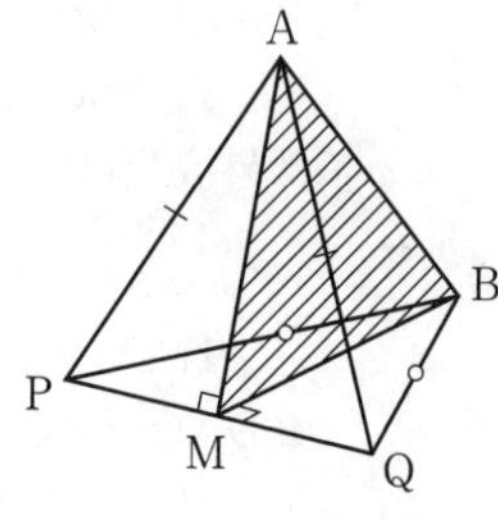


## 解答

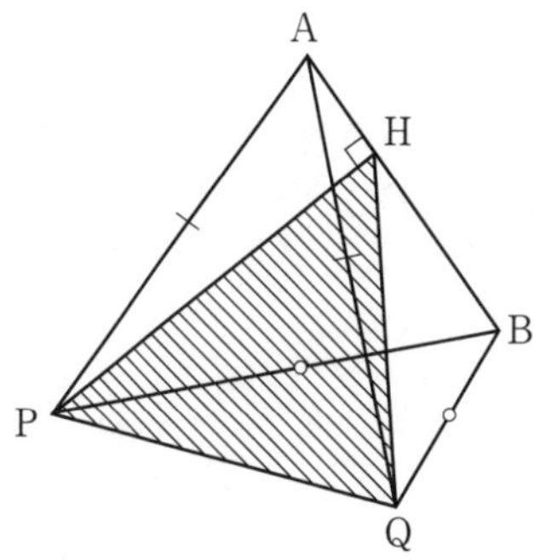


(1) Bから辺 AP に垂線 BH′ を下ろすと，条件から

$\mathrm{BH'}=\mathrm{PH'}=2$，$\mathrm{AH'}=1$

$\therefore\quad \mathrm{AB}=\sqrt{5}$

よって，$\triangle$ABP の面積を考えて

$$\frac{1}{2}\cdot3\cdot2=\frac{1}{2}\cdot\sqrt{5}\cdot\mathrm{PH}\qquad\therefore\quad \mathrm{PH}=\frac{6}{\sqrt{5}}$$

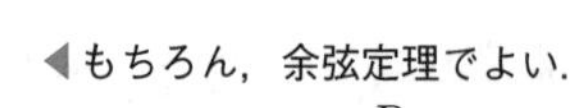
◀もちろん，余弦定理でよい．

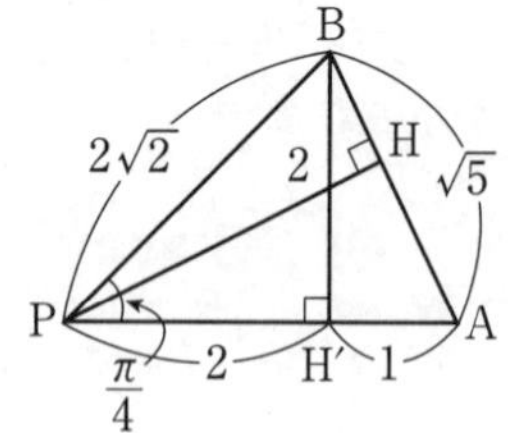


(2) $\triangle$APB と $\triangle$AQB は合同だから，Qから辺 AB に下ろした垂線の足はHになる．よって，(1)とから

$$\mathrm{PH}=\mathrm{QH}=\frac{6}{\sqrt{5}}$$

$PQ=\frac{12}{5}$ と $\triangle PQH$ における余弦定理から

$$\cos\theta=\frac{\frac{36}{5}+\frac{36}{5}-\frac{12^2}{5^2}}{2\cdot\frac{6}{\sqrt{5}}\cdot\frac{6}{\sqrt{5}}}=\frac{1+1-\frac{4}{5}}{2}=\frac{3}{5}$$

$$\therefore\quad \sin\theta=\mathbf{\frac{4}{5}}$$

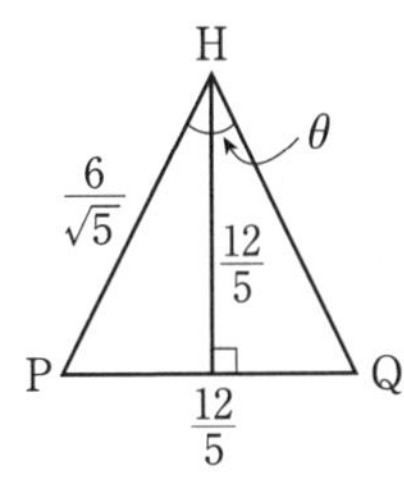


◀ $\triangle HPQ$
$=\frac{1}{2}HP\cdot HQ\sin\theta$
が成り立つ．上の図から
$\frac{1}{2}\cdot\frac{12}{5}\cdot\frac{12}{5}$
$=\frac{1}{2}\cdot\frac{6}{\sqrt{5}}\cdot\frac{6}{\sqrt{5}}\cdot\sin\theta$
$\therefore\quad \sin\theta=\frac{4}{5}$

(3) Qから辺ABに下ろした垂線の足がHだから

$$\therefore\quad \overrightarrow{AB}\cdot\overrightarrow{PH}=0,\ \overrightarrow{AB}\cdot\overrightarrow{QH}=0$$

が成り立つ．よって

$$\overrightarrow{AB}\cdot\overrightarrow{PQ}=\overrightarrow{AB}\cdot(\overrightarrow{PH}+\overrightarrow{HQ})$$
$$=\overrightarrow{AB}\cdot\overrightarrow{PH}-\overrightarrow{AB}\cdot\overrightarrow{QH}=0$$

となり，$\overrightarrow{AB}$ と $\overrightarrow{PQ}$ は垂直である．

**注意!** $AB\perp PH$ かつ $AB\perp QH$ だから，AB は平面 PQH に垂直です．よって，AB と PQ は垂直になります．

(4) (2)と合わせて

$$\triangle PQH=\frac{1}{2}HP\cdot HQ\sin\theta$$
$$=\frac{1}{2}\cdot\left(\frac{6}{\sqrt{5}}\right)^2\cdot\frac{4}{5}=\frac{72}{25}$$

AB は平面 PQH に垂直だから，△PQH を底面とみると高さは AB となり，体積は

$$\frac{1}{3}\cdot\triangle PQH\cdot AB$$
$$=\frac{1}{3}\cdot\frac{72}{25}\cdot\sqrt{5}=\mathbf{\frac{24}{25}\sqrt{5}}$$

**メインポイント**

**四面体の体積は，高さがわかりやすいように底面をとる**

# 42 四面体の体積…垂線の足

**アプローチ**

四面体の体積では，前問同様に高さを求めやすいように底面をとります．本問では

$$\mathbf{DA=DB=DC}$$

がポイントで，Dから △ABC に下ろした垂線の足Hは **△ABC の外心**です．△ABC の外接円の半径 $R$ がわかれば

$$\textbf{高さ}=\sqrt{\mathbf{DA}^2-\boldsymbol{R}^2}$$

が得られます．

◀逆に 3 点 A，B，C から等距離の点は，外心Hを通り平面 ABC に垂直な直線上にあります．

**解答**

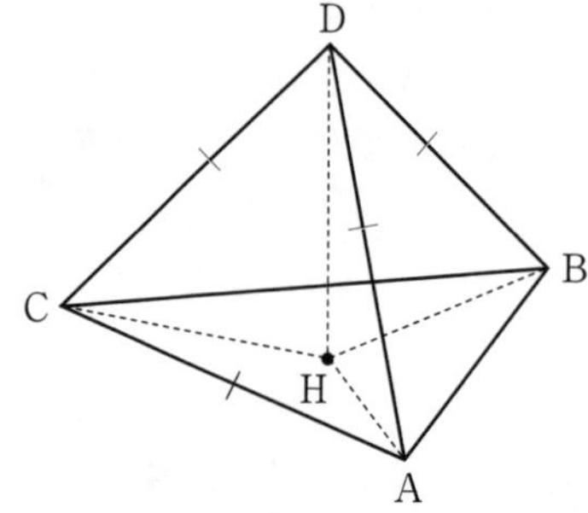


(1) △ABC において，余弦定理から

$$\cos A=\frac{5^2+6^2-13}{2\cdot5\cdot6}=\frac{4}{5}$$

$$\therefore\quad \sin A=\frac{3}{5}$$

$$\therefore\quad \triangle ABC=\frac{1}{2}\cdot5\cdot6\sin A=\mathbf{9}$$

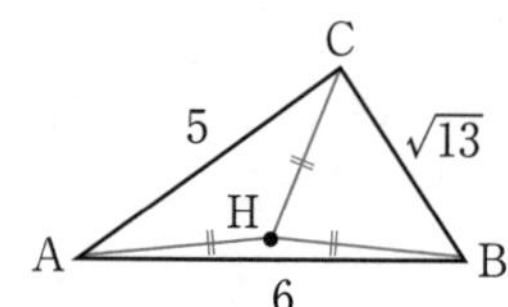


(2) Dから △ABC に垂線 DH を下ろすと

$$AH=BH=CH=\sqrt{5^2-DH^2}$$

よって，Hは △ABC の外心である．△ABC の外接円の半径を $R$ とおくと，正弦定理から

$$\frac{\sqrt{13}}{\sin A}=2R \qquad \therefore\quad R=\frac{5}{6}\sqrt{13}$$

$$\therefore\quad DH=\sqrt{DA^2-R^2}$$

$$=\sqrt{25-\frac{25\cdot13}{36}}$$

$$=\frac{5}{6}\sqrt{36-13}=\frac{5}{6}\sqrt{23}$$

よって，(1)と合わせて四面体 ABCD の体積は

$$\frac{1}{3}\cdot\triangle\mathrm{ABC}\cdot\mathrm{DH}=\boldsymbol{\frac{5}{2}\sqrt{23}}$$

**参考**　座標を定める方法もあります．

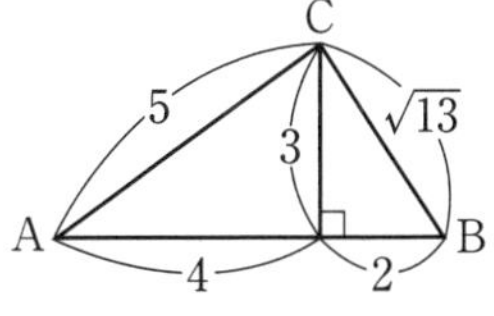


$\mathrm{AB}=6$，$\mathrm{CA}=5$，

$\cos A=\frac{4}{5}$，$\sin A=\frac{3}{5}$

このとき，右上図のようになるから $xyz$ 空間で

$\mathrm{A}(0,\ 0,\ 0)$，$\mathrm{B}(6,\ 0,\ 0)$，$\mathrm{C}(4,\ 3,\ 0)$

と表せます．さらに，$\mathrm{D}(a,\ b,\ c)$ $(c>0)$ とおくと

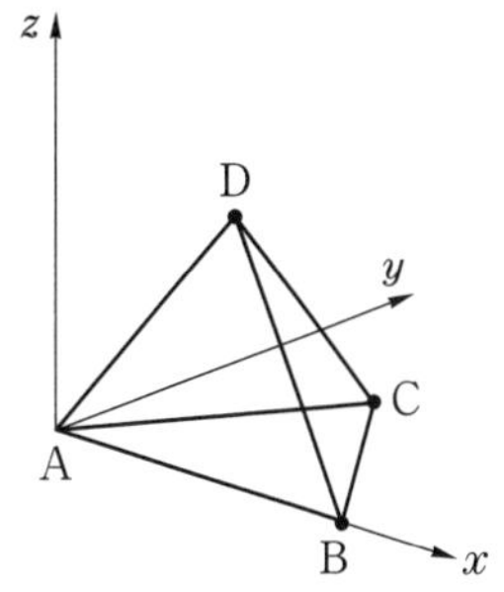


$$\mathrm{AD}=\mathrm{BD}=\mathrm{CD}=5$$

$$\iff a^2+b^2+c^2$$

$$=(a-6)^2+b^2+c^2$$

$$=(a-4)^2+(b-3)^2+c^2=25$$

$$\iff a^2+b^2+c^2=25,$$

$$0=-12a+36=-8a-6b+25$$

$$\iff a=3,\ b=\frac{1}{6},\ c=\frac{5}{6}\sqrt{23}$$

ここで，$c=\frac{5}{6}\sqrt{23}$ が高さを表します．

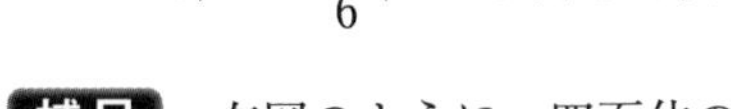

**補足**　右図のように，四面体の展開図を考えます．

Dから △ABC に下ろした垂線の足Hは

Dから辺 AB に下ろした垂線と

D′ から辺 BC に下ろした垂線

との交点になります．

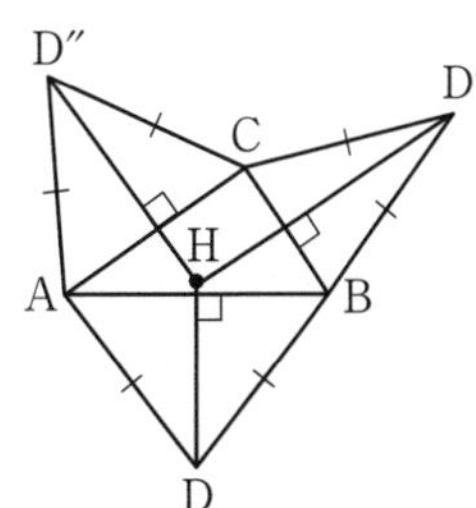


本問では，DA＝DB＝DC だから

AB，BC の垂直二等分線の交点

つまり，△ABC の外心になります．

**メインポイント**

**DA＝DB＝DC ならば，Dから下ろした垂線の足は外心になる**

# 43 4点から等距離の点

**アプローチ**

4点A，B，C，Dの位置関係は，長方形ABCDにおいてABをMNのまわりに90°回転した右図のようになります．このイメージがあれば，球の中心はMNの中点とわかると思います．

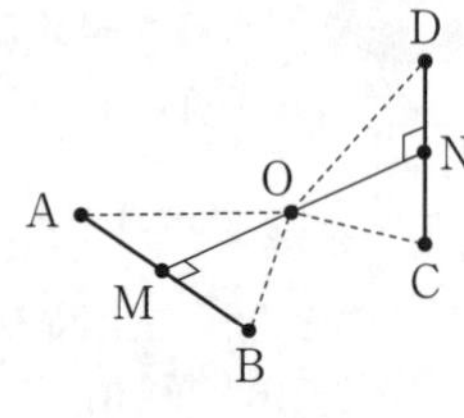


空間において，2点A，Bから等距離にある点は

**ABの垂直二等分面上**

にあり，3点A，B，Cから等距離にある点は

**△ABCの外心を通り，△ABCに垂直な直線上**

にあります．

**解答**

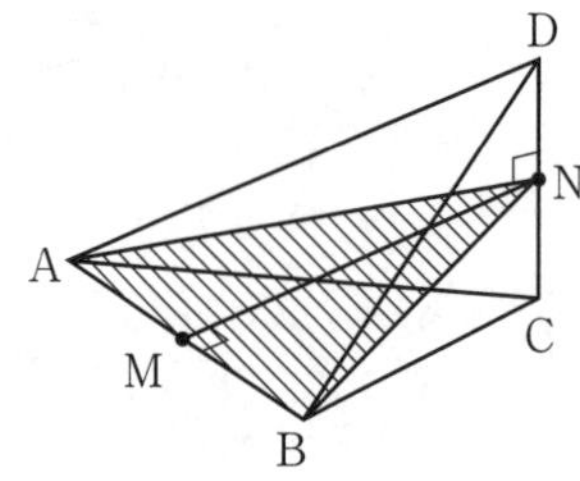


ABの中点をM，CDの中点をNとおく．条件から

$$\triangle ACD \equiv \triangle BCD$$

が成り立つから

$$AN = BN \quad \therefore \quad AB \perp MN$$

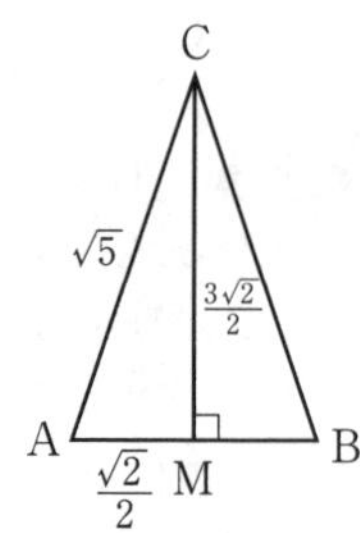


同様にして $CD \perp MN$ も成り立つから，4点A，B，C，Dから等距離の点Oは

ABの垂直二等分面上 かつ

CDの垂直二等分面上

すなわち，直線MN上にある．さらに，AM＝CNから

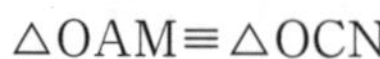

$$\triangle OAM \equiv \triangle OCN$$

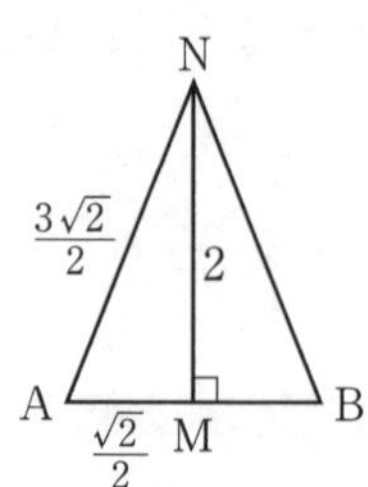


となり，OはMNの中点である．ここで

$$CM = \sqrt{5 - \frac{1}{2}} = \frac{3}{2}\sqrt{2}, \quad MN = \sqrt{\frac{9}{2} - \frac{1}{2}} = 2$$

$$\therefore \quad r=\mathrm{OA}=\sqrt{\mathrm{OM}^2+\mathrm{MA}^2}$$
$$=\sqrt{1+\frac{1}{2}}=\frac{\sqrt{6}}{2}$$

**参考**　△ABC の外心をHとします．MH$=x$ とおくと

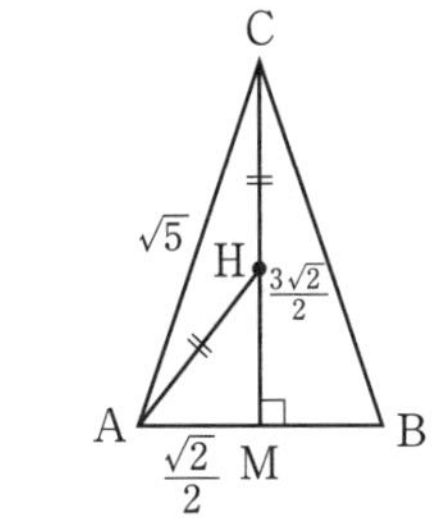


$$\mathrm{CH}=\mathrm{AH}=\frac{3\sqrt{2}}{2}-x$$

よって，△AMH において

$$x^2+\frac{1}{2}=\left(\frac{3\sqrt{2}}{2}-x\right)^2 \qquad \therefore \quad x=\frac{4}{3\sqrt{2}}$$

△CMN と △OMH は相似であり，MN$=2$ とから

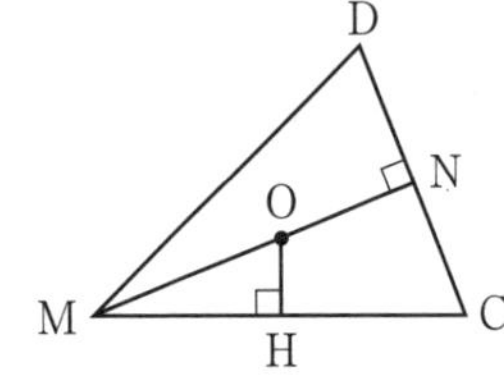


$$\mathrm{OH}:\mathrm{MH}=\mathrm{CN}:\mathrm{MN}$$
$$\Longleftrightarrow \mathrm{OH}:\frac{4}{3\sqrt{2}}=1:2\sqrt{2} \Longleftrightarrow \mathrm{OH}=\frac{1}{3}$$
$$\therefore \quad r=\mathrm{OC}=\sqrt{\mathrm{OH}^2+\mathrm{CH}^2}=\frac{\sqrt{6}}{2}$$

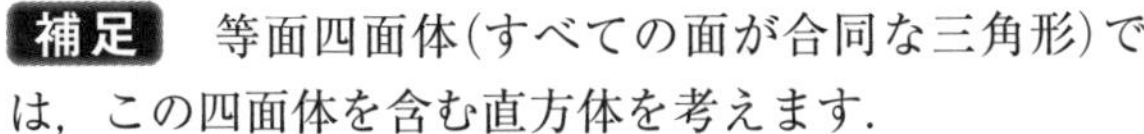

**補足**　等面四面体(すべての面が合同な三角形)では，この四面体を含む直方体を考えます．

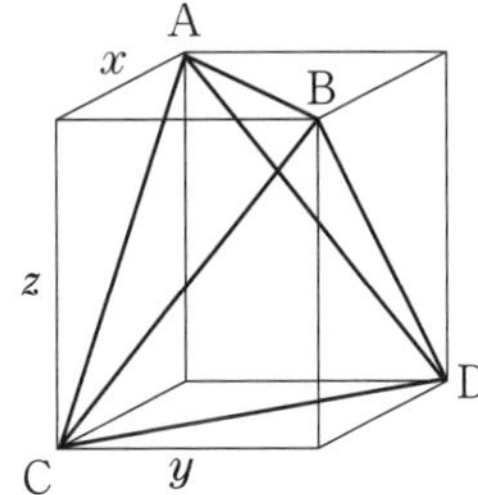


直方体の各辺の長さを右図のように $x$，$y$，$z$ とおくと

$$x^2+y^2=2,$$
$$y^2+z^2=z^2+x^2=5$$

辺々加えて，$x^2+y^2+z^2=6$ となるから

$$\therefore \quad x=y=1,\ z=2$$

◀$x^2+y^2+z^2=6$ と $x^2+y^2=2$ から $z^2=4$ を得る．

よって，球は辺の長さが 1，1，2 の直方体の外接球になります．

$$\therefore \quad r=\frac{1}{2}\sqrt{1^2+1^2+2^2}=\frac{\sqrt{6}}{2}$$

**メインポイント**

**対称面で切る，等面四面体は直方体を考える**

# 44 正四面体，正八面体

**アプローチ**

正四面体 ABCD において，△BCD の重心を G とするとき

・A から △BCD に下ろした垂線の足は G

・AG を 3：1 に内分する点 O が，正四面体 ABCD の重心，内心，外心

などは，覚えておきましょう．

**解答**

[A]

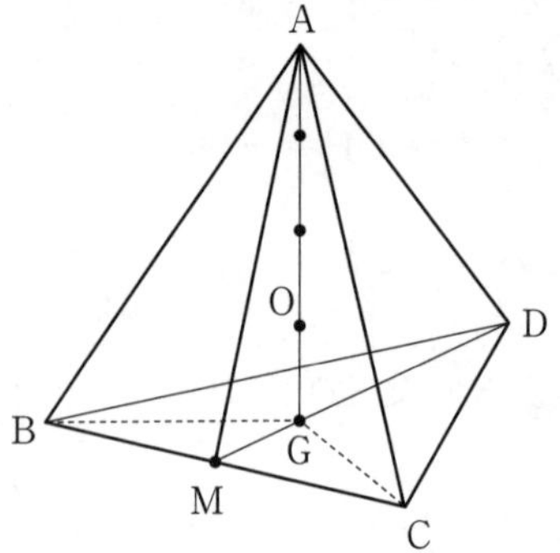


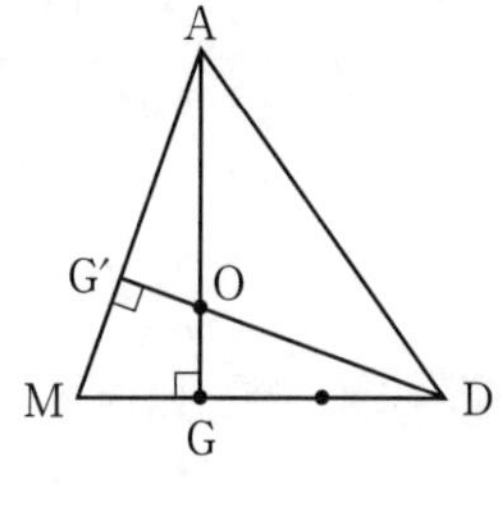


正四面体の頂点を A，B，C，D とする．また，BC の中点を M，△BCD，△ABC の重心をそれぞれ G，G′ とする．外接球の中心を O とすると

O は AG と DG′ の交点

である．ここで

△MGG′∽△MDA，△OG′G∽△ODA

$\therefore$ OA：OG＝DA：GG′＝MD：MG

＝3：1

◀ G は △BCD の外心でもあるから，3 点 B，C，D から等距離にある点は直線 AG 上にある．

よって，正四面体の 1 辺の長さを $a$ とおくとき

$$\mathrm{OA}=\frac{3}{4}\mathrm{AG}=\frac{3}{4}\sqrt{\mathrm{AM}^2-\mathrm{GM}^2}$$

$$=\frac{3}{4}\sqrt{\frac{3}{4}a^2-\frac{1}{12}a^2}=\frac{\sqrt{6}}{4}a$$

よって，半径 1 の球のとき

$$\frac{\sqrt{6}}{4}a=1 \qquad \therefore \quad a=\frac{\mathbf{2}}{\mathbf{3}}\sqrt{\mathbf{6}}$$

[B]

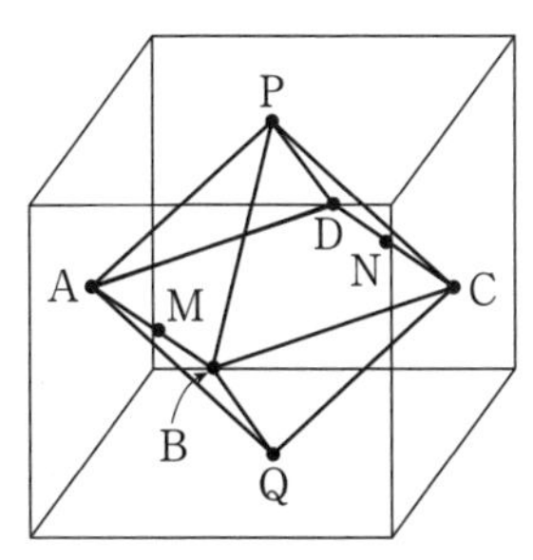


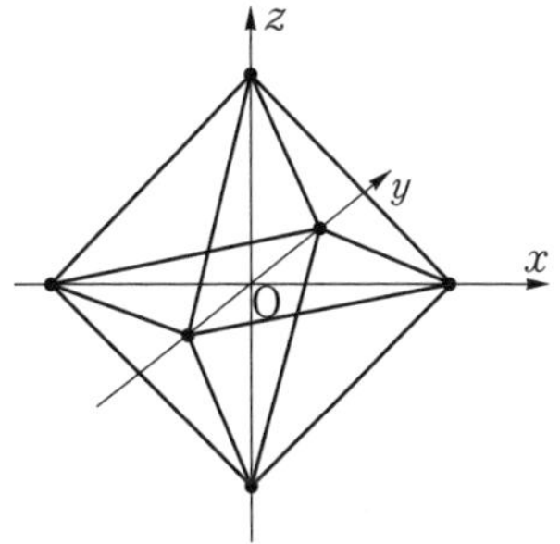


立方体の各面の中心を結ぶと正八面体になる．頂点を，上の図のように定める．正八面体の1辺が$a$のとき，立方体の1辺の長さは$\sqrt{2}\,a$になる．

◀$\alpha=\dfrac{a}{\sqrt{2}}$ とおいて
$(\pm\alpha,\ 0,\ 0)$,
$(0,\ \pm\alpha,\ 0)$,
$(0,\ 0,\ \pm\alpha)$
と，座標を定めてもよい．

正八面体の体積は，底面を正方形ABCD，高さPQとして

$$\frac{1}{3}\cdot a^2\cdot\sqrt{2}\,a=\boldsymbol{\frac{\sqrt{2}}{3}a^3}$$

この正八面体に外接する球は，立方体の内接球だから半径は

$$\boldsymbol{\frac{\sqrt{2}}{2}a}$$

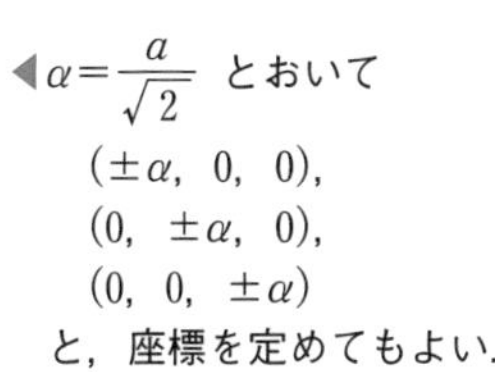


この正八面体に内接する球は，右図において

$$\triangle\text{OPN}\backsim\triangle\text{HPO}$$

が成り立つから

$$\text{PN}:\text{ON}=\text{PO}:\text{HO}$$

$$\iff \frac{\sqrt{3}}{2}a:\frac{a}{2}=\frac{\sqrt{2}\,a}{2}:\text{OH}$$

◀Hは △PCD の重心です．

よって，正八面体に内接する球の半径OHは

$$\boldsymbol{\frac{\sqrt{6}}{6}a}$$

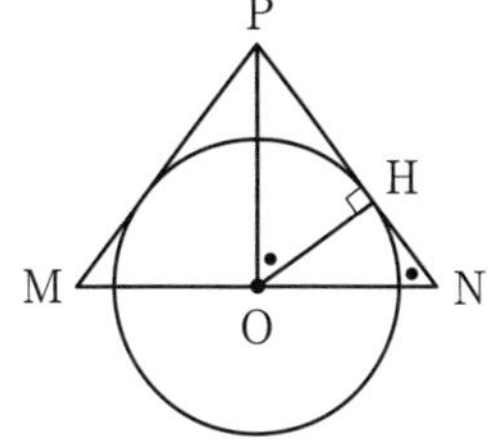


**注意!** 正四面体の各辺の中点で正八面体を考えると，内接球の半径はOGになります．

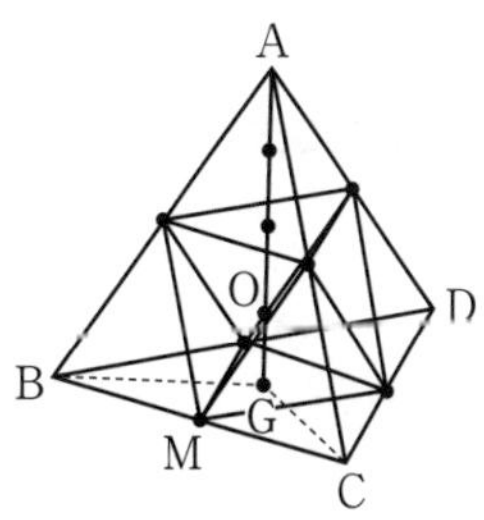

**メインポイント**

**正四面体，正八面体の基本的な性質は覚えておこう**

# 45 正五角錐

## アプローチ

正五角形の問題では，相似(解答の三角形の組合せのほかに $\triangle GCE \backsim \triangle GFB$ でもよい)を利用して，まず対角線の長さを求めます．

正五角形の1辺の長さと対角線の長さの比は

$$1 : \frac{1+\sqrt{5}}{2}$$

です．

◀この比のつくり方は覚えておきましょう．

## 解答

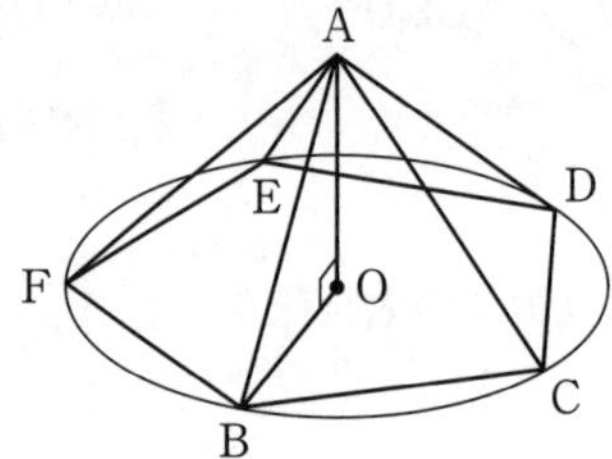


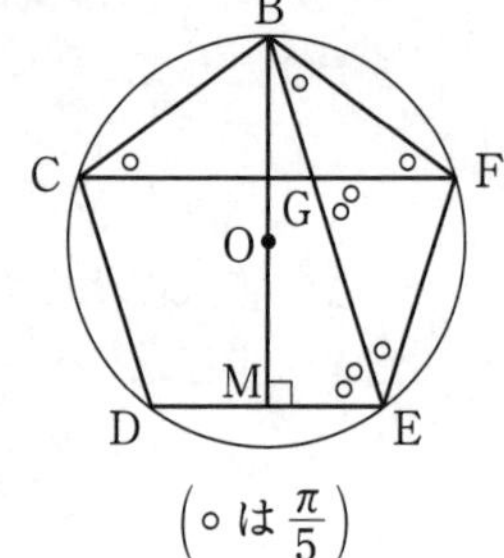


$\left(\circ \text{ は } \frac{\pi}{5}\right)$

$CF=x$ とおくと，四角形CDEGは平行四辺形だから

$$CG=DE=2 \qquad \therefore \quad GF=x-2$$

また，$\triangle BCF \backsim \triangle GBF$ であることから

$$CF : BF = BF : GF$$

よって，$x:2=2:(x-2)$

$$\therefore \quad x^2-2x-4=0 \iff x=1\pm\sqrt{5}$$

$x>0$ だから $x=CF=BE=\mathbf{1+\sqrt{5}}$

$$\therefore \quad BG=GF=\mathbf{\sqrt{5}-1}$$

ここで，DEの中点をMとおくと，$\angle BEM=\frac{2}{5}\pi$ だから

◀上の図から $\angle BEM=\angle EGF=\frac{2}{5}\pi$

$$\cos\frac{2}{5}\pi=\frac{ME}{BE}$$

$$=\frac{1}{1+\sqrt{5}}=\mathbf{\frac{-1+\sqrt{5}}{4}}$$

次に，$OB=r$ とおくと，$\triangle OBC$ において余弦定理から

$$4=2r^2\left(1-\cos\frac{2}{5}\pi\right)=\frac{5-\sqrt{5}}{2}r^2$$

$$\therefore\quad r^2=\mathrm{OB}^2=\frac{8}{5-\sqrt{5}}=\boldsymbol{\frac{2(5+\sqrt{5})}{5}}$$

さらに，△OAB において

$$\mathrm{OA}^2=\mathrm{AB}^2-\mathrm{OB}^2$$
$$=4-\frac{2(5+\sqrt{5})}{5}=\boldsymbol{\frac{2(5-\sqrt{5})}{5}}$$

次に $\overrightarrow{\mathrm{AB}}\cdot\overrightarrow{\mathrm{AD}}$ は，△ABD において余弦定理から

◀ 3辺の長さがわかれば，余弦定理から $\overrightarrow{\mathrm{AB}}\cdot\overrightarrow{\mathrm{AD}}$ がわかる．

$$\mathrm{BD}^2=\mathrm{AB}^2+\mathrm{AD}^2-2\overrightarrow{\mathrm{AB}}\cdot\overrightarrow{\mathrm{AD}}$$

が成り立つから

$$\therefore\quad (1+\sqrt{5})^2=8-2\overrightarrow{\mathrm{AB}}\cdot\overrightarrow{\mathrm{AD}}$$

$$\therefore\quad \overrightarrow{\mathrm{AB}}\cdot\overrightarrow{\mathrm{AD}}=\boldsymbol{1-\sqrt{5}}$$

**補足**　**(正五角形の作図)**

右図のように，中心が O，半径が $r$ の円 $C$ を考えます．また，AB を直径とします．

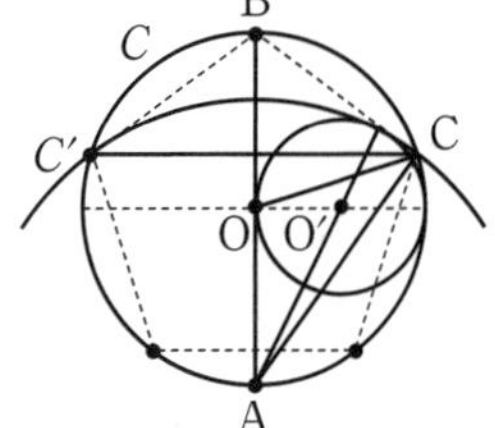


円 $C$ に内接し，半径 $\frac{r}{2}$ の円を描き，その中心を O′ とします．

次に，中心が A，半径が

$$\mathrm{AO'}+\frac{r}{2}=\frac{\sqrt{5}+1}{2}r$$

◀ 直角三角形 AOO′ に着目すれば AO′ が求まる．

の円 $C'$ を描き，円 $C$ との交点の 1 つを C とします．

このとき

$$\mathrm{OA}:\mathrm{OC}:\mathrm{AC}=1:1:\frac{\sqrt{5}+1}{2}$$

となり，正五角形の 1 辺の長さと対角線の長さの比と一致します．よって，$\angle\mathrm{BOC}=\frac{2}{5}\pi$ となり，BC が正五角形の 1 辺であることがわかります．

**メインポイント**

**正五角形の問題では，まず辺と対角線の比 $1:\frac{1+\sqrt{5}}{2}$ を求める**

# 46 正四面体と空間座標

## アプローチ

正四面体は 44 で扱いました．確認してください．

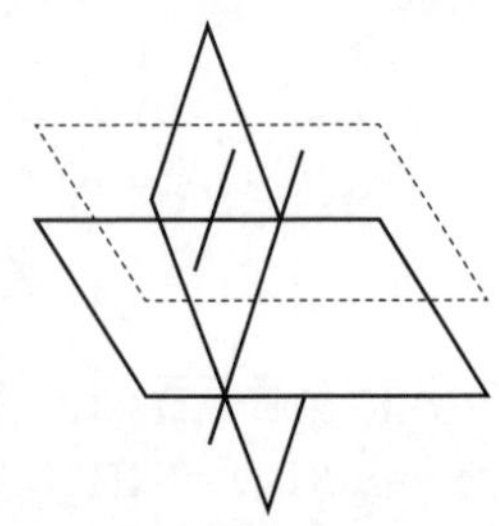

見取図は，**まず正四面体を描き，次に座標軸を描いた方が見やすい図になります．**

(3)　空間の2直線の位置関係は

　　**ねじれの位置，交わる，平行（一致）**

のいずれかです．当たり前ですが，同一平面上の2直線は，交わらなければ平行です．

## 解答

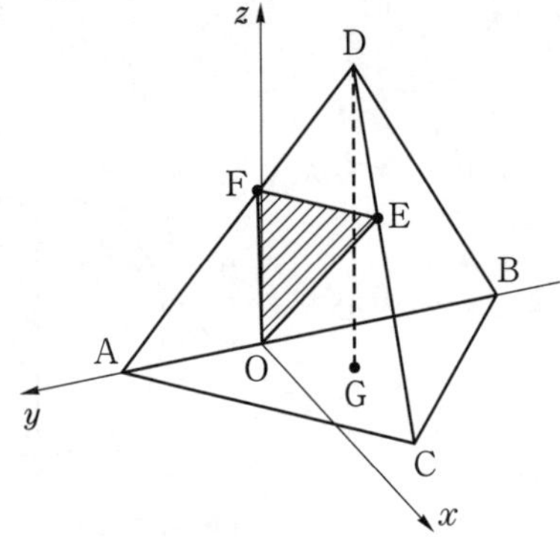


(1)　$\triangle$ABC の重心Gは

$$G\left(\frac{\sqrt{3}}{2},\ -\frac{1}{2},\ 0\right)$$

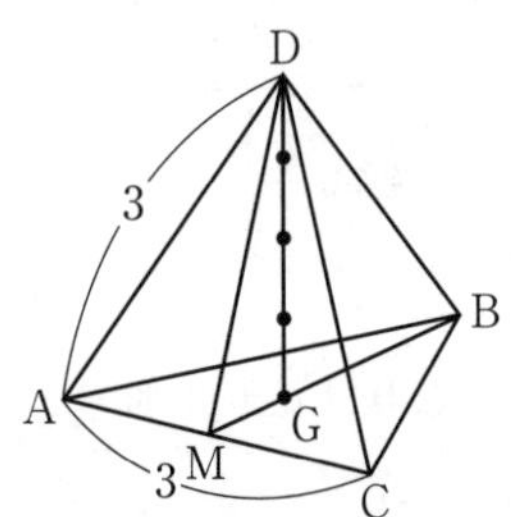


である．また，辺 AC の中点をMとおくと

$$DM=\frac{3\sqrt{3}}{2},\ MG=\frac{\sqrt{3}}{2}$$

$$\therefore\ DG=\sqrt{DM^2-MG^2}$$

$$=\frac{\sqrt{3}}{2}\cdot\sqrt{3^2-1}=\sqrt{6}$$

$$\therefore\ \mathbf{D}\left(\frac{\sqrt{3}}{2},\ -\frac{1}{2},\ \sqrt{6}\right)$$

(2)　条件から

$$\overrightarrow{OE}=\frac{\overrightarrow{OC}+2\overrightarrow{OD}}{3},\ \overrightarrow{OF}=\frac{\overrightarrow{OA}+2\overrightarrow{OD}}{3}$$

であり，(1)とから

$$\mathrm{E}\left(\frac{5\sqrt{3}}{6},\ -\frac{1}{2},\ \frac{2}{3}\sqrt{6}\right),$$

$$\mathrm{F}\left(\frac{\sqrt{3}}{3},\ 0,\ \frac{2}{3}\sqrt{6}\right)$$

ここで

$$\overrightarrow{\mathrm{OE}}=\frac{1}{6}(5\sqrt{3},\ -3,\ 4\sqrt{6})$$

$$\therefore\quad \mathrm{OE}^2=\frac{1}{36}(75+9+96)=5$$

$$\overrightarrow{\mathrm{OF}}=\frac{1}{3}(\sqrt{3},\ 0,\ 2\sqrt{6})$$

$$\therefore\quad \mathrm{OF}^2=\frac{1}{9}(3+24)=3$$

$$\overrightarrow{\mathrm{OE}}\cdot\overrightarrow{\mathrm{OF}}=\frac{1}{18}(15+48)=\frac{7}{2}$$

よって，△OEF の面積 $S$ は

$$S=\frac{1}{2}\sqrt{5\cdot3-\left(\frac{7}{2}\right)^2}=\boldsymbol{\frac{\sqrt{11}}{4}}$$

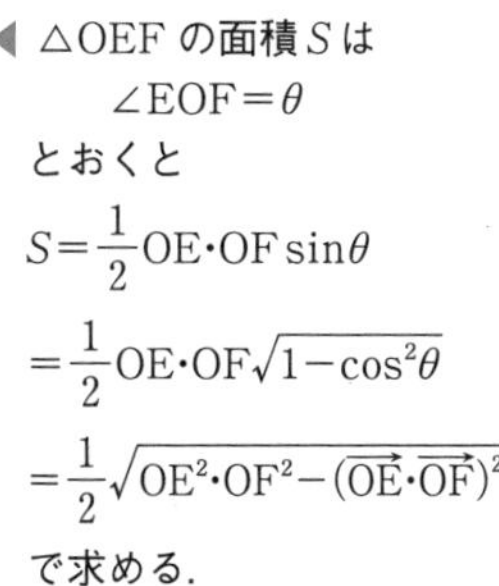

◀ △OEF の面積 $S$ は
$\angle\mathrm{EOF}=\theta$
とおくと
$S=\frac{1}{2}\mathrm{OE}\cdot\mathrm{OF}\sin\theta$
$=\frac{1}{2}\mathrm{OE}\cdot\mathrm{OF}\sqrt{1-\cos^2\theta}$
$=\frac{1}{2}\sqrt{\mathrm{OE}^2\cdot\mathrm{OF}^2-(\overrightarrow{\mathrm{OE}}\cdot\overrightarrow{\mathrm{OF}})^2}$
で求める．

(3) (2)から E，F は平面 $z=\frac{2}{3}\sqrt{6}$ 上にあり，直線 FE は平面 ABC（$z=0$）と交わらない．また

CE：ED＝AF：FD＝2：1

から FE∥AC となり，平面 OEF と平面 ABC の交線はOを通り AC に平行な直線になる．よって，平面 OEF と辺 BC の交点をHとおくと

Hは BC を 2：1 に内分する点

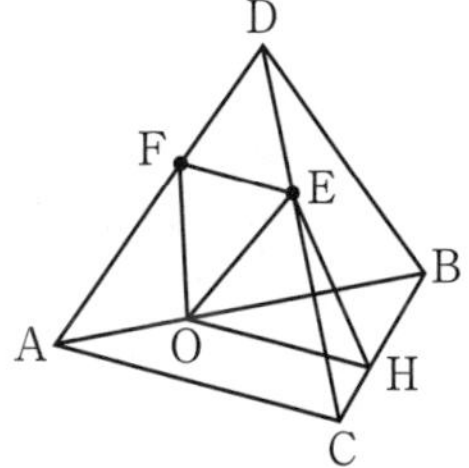


$$\therefore\quad \overrightarrow{\mathrm{OH}}=\frac{1}{3}(0,\ -2,\ 0)+\frac{2}{3}\left(\frac{3\sqrt{3}}{2},\ -\frac{1}{2},\ 0\right)$$

よって，$\mathbf{H}(\sqrt{3},\ -1,\ 0)$ である．

**メインポイント**

**平行な 2 平面と，この 2 平面と交わる平面でつくる 2 交線は平行**

# 47 立方体

**アプローチ**

回転前の立方体の，平面 $x+y+z=0$ への正射影が正六角形になるのがわかるでしょうか．

正三角形 ACD，BEG だけを考え，F が $z$ 軸上にくるように回転すると右図のようになり，それぞれの $xy$ 平面への正射影が右下図のようになります．

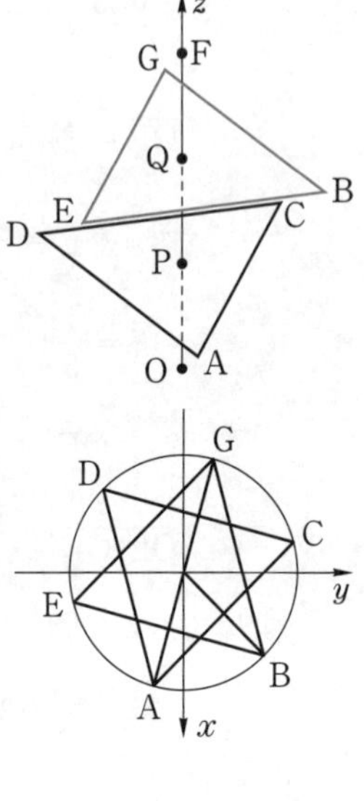


**解答**

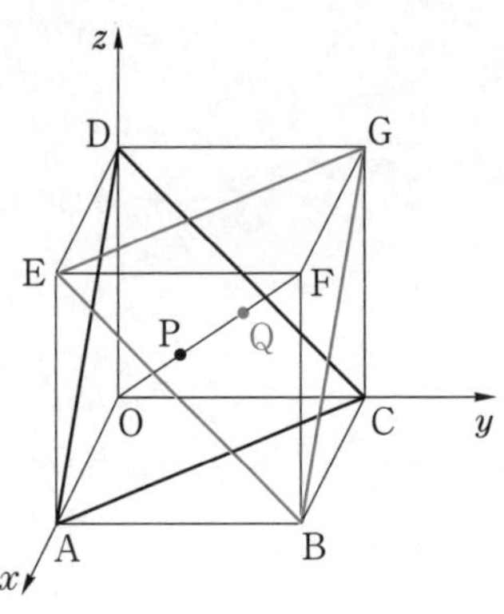


(1)　正三角形 ACD の重心を P，正三角形 BEG の重心を Q とおく．このとき P，Q は OF の 3 等分点であり，$\mathrm{OF}=\sqrt{3}$ とから，回転後

正三角形 ACD は平面 $z=\dfrac{\sqrt{3}}{3}$ 上に，

正三角形 BEG は平面 $z=\dfrac{2\sqrt{3}}{3}$ 上に

ある．

また，正三角形 BEG は 1 辺の長さが $\sqrt{2}$ だから

$$\mathrm{BQ}=\frac{1}{2}\mathrm{BE}\cdot\frac{2}{\sqrt{3}}=\frac{\sqrt{6}}{3}$$

となるから，右図から

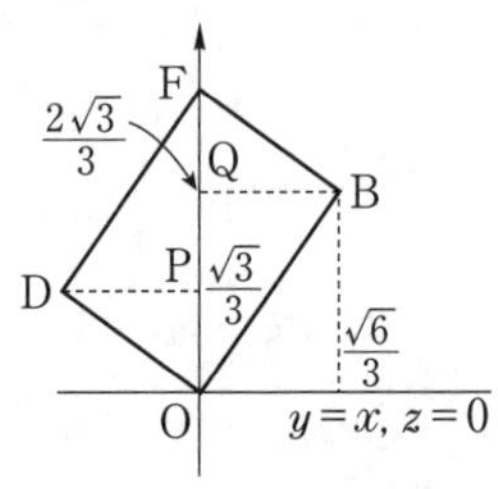


$$\mathrm{B}\left(\frac{\sqrt{6}}{3}\cos\frac{\pi}{4},\ \frac{\sqrt{6}}{3}\cos\frac{\pi}{4},\ \frac{2\sqrt{3}}{3}\right)$$

$$=\left(\frac{\sqrt{3}}{3},\ \frac{\sqrt{3}}{3},\ \frac{2\sqrt{3}}{3}\right)$$

である．

(2) 右図で，点Gは点Bを原点のまわりに $\dfrac{2}{3}\pi$ 回転した点である．ここで

$$\cos\left(\frac{\pi}{4}+\frac{2}{3}\pi\right)=\frac{1}{\sqrt{2}}\cdot\left(-\frac{1}{2}\right)-\frac{1}{\sqrt{2}}\cdot\frac{\sqrt{3}}{2}$$

$$=-\frac{\sqrt{2}+\sqrt{6}}{4}$$

$$\sin\left(\frac{\pi}{4}+\frac{2}{3}\pi\right)=\frac{1}{\sqrt{2}}\cdot\left(-\frac{1}{2}\right)+\frac{1}{\sqrt{2}}\cdot\frac{\sqrt{3}}{2}$$

$$=\frac{-\sqrt{2}+\sqrt{6}}{4}$$

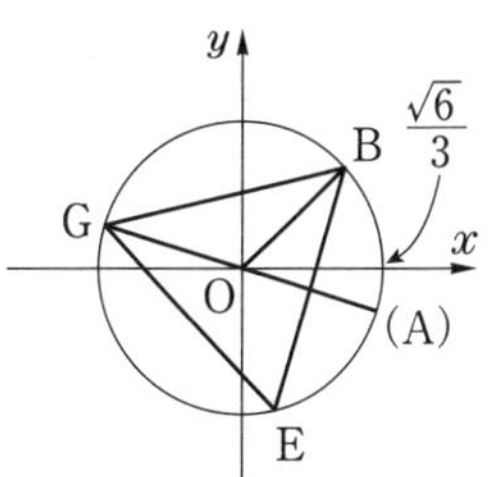

となるから

$$\frac{\sqrt{6}}{3}\cos\left(\frac{\pi}{4}+\frac{2}{3}\pi\right)=-\frac{\sqrt{3}+3}{6}$$

$$\frac{\sqrt{6}}{3}\sin\left(\frac{\pi}{4}+\frac{2}{3}\pi\right)=\frac{-\sqrt{3}+3}{6}$$

$$\therefore\quad G\left(\frac{-\sqrt{3}-3}{6},\ \frac{-\sqrt{3}+3}{6},\ \frac{2\sqrt{3}}{3}\right)$$

また，右上図で（$xy$ 平面への正射影とみて）AとGは原点対称だから

$$A\left(\frac{\sqrt{3}+3}{6},\ \frac{\sqrt{3}-3}{6},\ \frac{\sqrt{3}}{3}\right)$$

以上から

$$\overrightarrow{AG}=\overrightarrow{OG}-\overrightarrow{OA}$$

$$=\left(\boldsymbol{\frac{-\sqrt{3}-3}{3}},\ \boldsymbol{\frac{-\sqrt{3}+3}{3}},\ \boldsymbol{\frac{\sqrt{3}}{3}}\right)$$

**メインポイント**

**立体の位置関係は，必要な断面を取り出して考える**

# 第5章 平面座標

## 48 角の二等分線

**アプローチ**

角の二等分線を求めるには

(i) 2つの方向ベクトル $\vec{a}$, $\vec{b}$ を $|\vec{a}|=|\vec{b}|$ を満たすようにとると，$\vec{a}+\vec{b}$ が角の二等分線の方向ベクトルになる

(ii) 2直線から等距離の点の集合が角の二等分線になる

などの利用が考えられます．また，tan の2倍角の公式を利用することもできます．中でも(i)は便利なので

**『角の二等分線』は『ひし形をつくる』**

と覚えておきましょう．

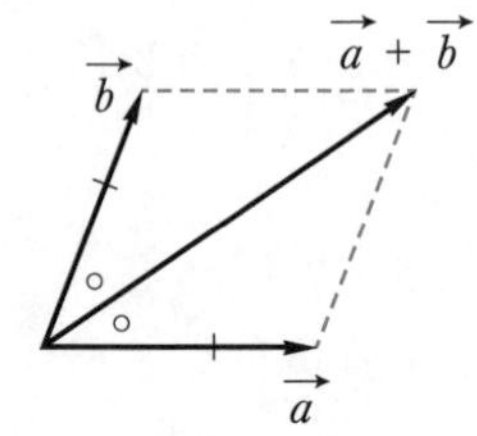


**解答**

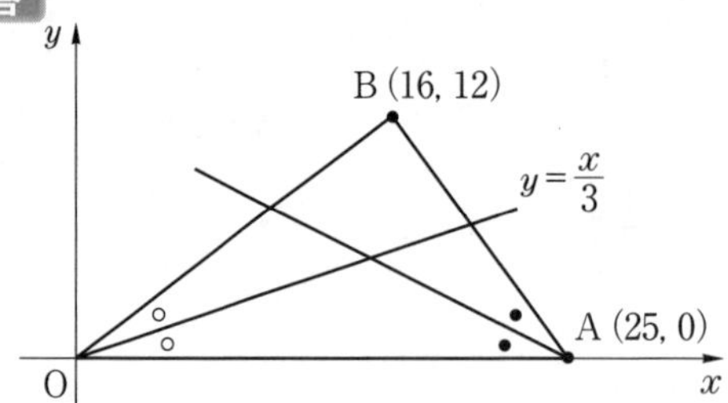


(1) $\overrightarrow{OB}=4(4,\ 3)$ で，ベクトル $(4,\ 3)$ の大きさが5より，∠AOB の二等分線の方向ベクトルの1つは

$$(4,\ 3)+(5,\ 0)=(9,\ 3)$$

よって，∠AOB の二等分線の方程式は $\boldsymbol{y=\frac{1}{3}x}$ である．

◀直線 OB：$3x-4y=0$ であり，直線 OA，OB から等距離の点を $(x,\ y)$ とおくと，距離の公式から

$$\frac{|3x-4y|}{5}=|y|$$

$\Longleftrightarrow x-3y=0,\ 3x+y=0$ となる．

**参考** ∠AOB$=2\theta$ とおくと

$$\tan 2\theta=\frac{3}{4} \Longleftrightarrow \frac{2\tan\theta}{1-\tan^2\theta}=\frac{3}{4}$$

$$\Longleftrightarrow 3\tan^2\theta+8\tan\theta-3=0$$

$$\Longleftrightarrow (3\tan\theta-1)(\tan\theta+3)=0$$

$\tan\theta>0$ より，$\tan\theta=\frac{1}{3}$ が得られます．

(2)　2 直線 OB，AB の傾きはそれぞれ $\dfrac{3}{4}$，$-\dfrac{4}{3}$ で

$$\frac{3}{4}\cdot\left(-\frac{4}{3}\right)=-1$$

が成り立つから，∠OBA＝**90°** である．

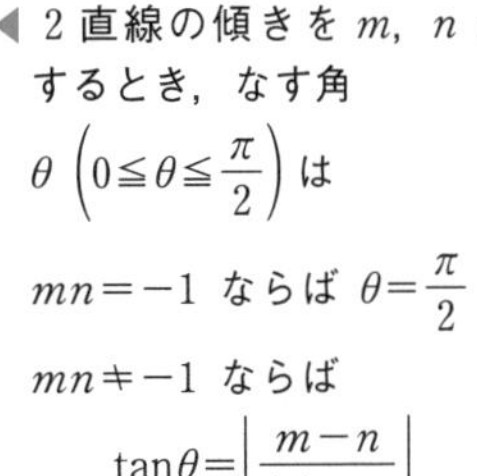

◀ 2 直線の傾きを $m$，$n$ とするとき，なす角 $\theta\ \left(0\leqq\theta\leqq\dfrac{\pi}{2}\right)$ は

$mn=-1$ ならば $\theta=\dfrac{\pi}{2}$

$mn\neq-1$ ならば

$$\tan\theta=\left|\frac{m-n}{1+mn}\right|$$

から求める．

(3)　(15，6) は $y=\dfrac{1}{3}x$ の上側だから，辺 OB と辺 AB との距離の大きくない方が △OAB の周との距離になる．また，(2)から垂線の足は辺上にある．

直線 OB：$3x-4y=0$，

直線 AB：$4x+3y=100$

とから，辺 OB と辺 AB との距離はそれぞれ

$$\frac{|3\cdot15-4\cdot6|}{\sqrt{3^2+4^2}}=\frac{21}{5},\quad \frac{|4\cdot15+3\cdot6-100|}{\sqrt{4^2+3^2}}=\frac{22}{5}$$

となり，点 (15，6) と △OAB の周との距離は $\boldsymbol{\dfrac{21}{5}}$ である．

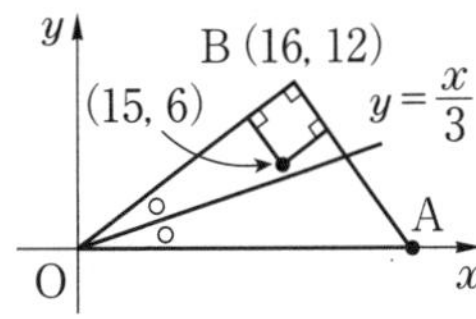


(4)　辺 OA，OB からの距離を大きくするには，∠AOB の二等分線上で $x$ 成分を大きくすればよい．他の辺どうしでも同様だから，△OAB の周との距離が最大となる点は △OAB の内心になる．

$\overrightarrow{\text{AB}}=3(-3,\ 4)$ から，∠OAB の二等分線の方向ベクトルの 1 つは

$$(-3,\ 4)+(-5,\ 0)=(-8,\ 4)$$

となり，∠OAB の二等分線は

$$y=-\frac{1}{2}(x-25)$$

である．よって，内心は $y=\dfrac{1}{3}x$ と連立して

$$\frac{1}{3}x=-\frac{1}{2}(x-25)\qquad\therefore\quad x=15$$

となるから **(15，5)** である．

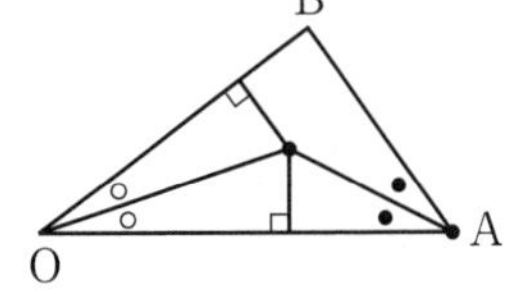


第5章

**メインポイント**

**角の二等分線では，まず『ひし形をつくる』と覚えておこう**

# 49 反　射

アプローチ

本問は反射の問題で，反射の様子は下図のようになります．解答はこの図をもとにしました．

反射の問題では『**対称点をとる**』という解法もあります．右図のように，対称点をとることで折れ線を直線になるように展開するという解法です．

補足で説明します．

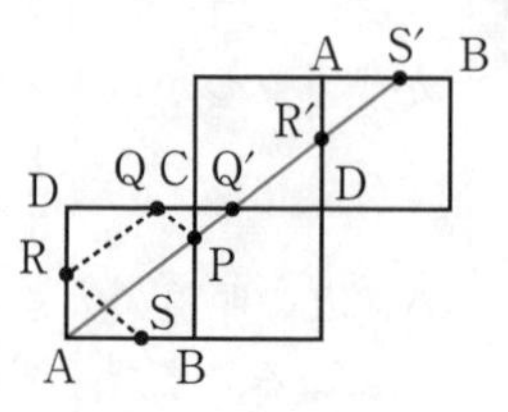


解答

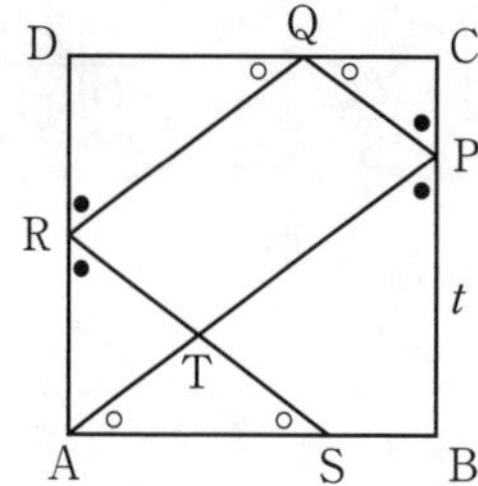


(1)　P は辺 BC（両端は含まず）上だから

$$0<t<1$$

である．条件から △APB∽△QPC だから，CP$=1-t$ と合わせて

$$1:t=\mathrm{CQ}:(1-t) \qquad \therefore \quad \mathrm{CQ}=\frac{1-t}{t}$$

◀ $\angle\mathrm{PAB}=\alpha$，$\angle\mathrm{APB}=\beta$ とおくと

$$\tan\alpha=t,\ \tan\beta=\frac{1}{t}$$

このとき

$\mathrm{CQ}=\mathrm{CP}\tan\beta$，
$\mathrm{DR}=\mathrm{DQ}\tan\alpha$，
$\mathrm{AS}=\mathrm{AR}\tan\beta$

としてもよい．

Q は辺 CD 上（両端は含まず）だから

$$0<t<1,\ 0<\frac{1-t}{t}<1$$

$$\therefore \quad \frac{1}{2}<t<1 \ \cdots\cdots ①$$

同様に，△APB∽△QRD∽△SRA だから

$$1:t=\left(1-\frac{1-t}{t}\right):\mathrm{DR} \qquad \therefore \quad \mathrm{DR}=2t-1$$

$$1:t=\mathrm{AS}:\{1-(2t-1)\} \qquad \therefore \quad \mathrm{AS}=\frac{2(1-t)}{t}$$

R，S はそれぞれ辺 DA，AB 上（両端は含まず）だから

$$0<2t-1<1,\ 0<\frac{2(1-t)}{t}<1$$

よって，①と合わせて $\boldsymbol{\frac{2}{3}<t<1}$ である．

(2) AP と RS の交点Tについて，四角形PQRT は平行四辺形になる．四角形PQRT の面積を $f(t)$ とおくと，$\frac{2}{3}<t<1$ のとき

$$\frac{1}{2}f(t)=(\text{台形PCDR})-(\triangle\text{CPQ}+\triangle\text{DQR})$$

$$=\frac{1}{2}\{(1-t)+(2t-1)\}$$

$$-\left\{\frac{(1-t)^2}{2t}+\frac{(2t-1)^2}{2t}\right\}$$

◀面積は
QP・QR・sin∠PQR
として計算してもよい．

$$\therefore\quad f(t)=\frac{-4t^2+6t-2}{t}=6-2\left(2t+\frac{1}{t}\right)$$

よって，相加・相乗平均の関係から

$$f(t)\leqq 6-4\sqrt{2t\cdot\frac{1}{t}}=6-4\sqrt{2}$$

ここで，等号は

$$2t=\frac{1}{t} \text{ かつ，} \frac{2}{3}<t<1 \text{ つまり } t=\frac{\sqrt{2}}{2}$$

のときである．

以上から，最大値は $\boldsymbol{6-4\sqrt{2}}$ である．

**補足** Aを原点として，右図のように座標軸を考えると直線 AP：$y=tx$ だから

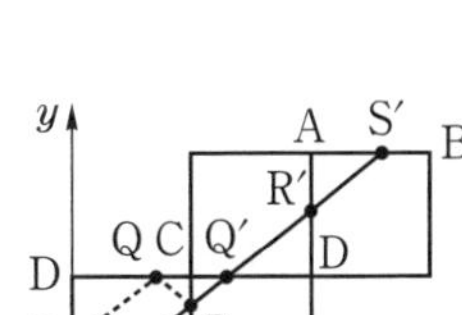


$$\text{P}(1,\ t),\ \text{Q}'\left(\frac{1}{t},\ 1\right),\ \text{R}'(2,\ 2t),\ \text{S}'\left(\frac{2}{t},\ 2\right)$$

$$\therefore\quad \text{Q}\left(2-\frac{1}{t},\ 1\right),\ \text{R}(0,\ 2-2t),\ \text{S}\left(\frac{2}{t}-2,\ 0\right)$$

となります．例えば(1)は

$$2<\frac{2}{t}<3 \text{ つまり } \frac{2}{3}<t<1$$

となります．

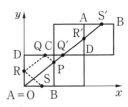

**メインポイント**

**反射や折れ線の最短距離の問題では，対称点をとる**

# 50 2円が外接，内接する

**アプローチ**

中心が$O_1$，半径が$r_1$の円$C_1$と，中心が$O_2$，半径が$r_2$の円$C_2$が接するときは

**円 $C_1$，$C_2$ が外接** $\Longleftrightarrow$ $O_1O_2=r_1+r_2$

**円 $C_1$，$C_2$ が内接** $\Longleftrightarrow$ $O_1O_2=|r_1-r_2|$

が基本ですが，2円の式から$x^2$，$y^2$を消去して得られる直線が**共通接線になる**ことを利用する方法もあります.

◀ 2円$C_1$，$C_2$から$x^2$，$y^2$を消去して得られる直線は
(i) $C_1$，$C_2$が異なる2点P，Qで交われば直線PQ
(ii) $C_1$，$C_2$が1点Pで接すればPにおける共通接線
を表します.

**解答**

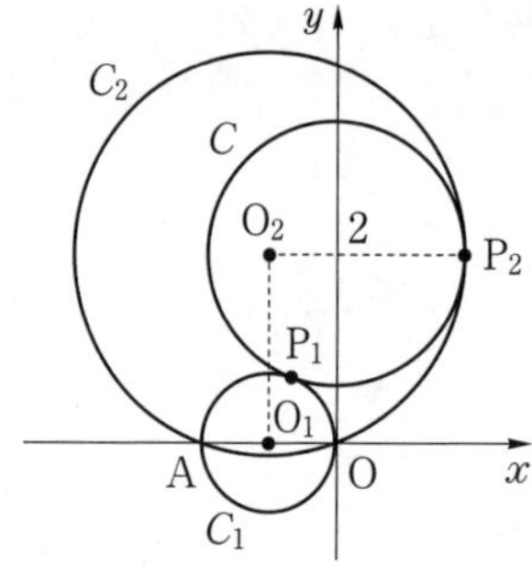


(1) $x^2+y^2-4y+2=0 \Longleftrightarrow x^2+(y-2)^2=2$

よって，円$C$は

中心$(0,\ 2)$，半径$\sqrt{2}$

の円である．またO，Aを通る円の中心はOAの垂直二等分線上にあるから

$$\left(-\frac{\sqrt{2}}{2},\ a\right)$$

とおける．このとき半径はOを通るから

$$\sqrt{a^2+\frac{1}{2}}$$

となる．したがって，円$C$と接する条件は

$$\sqrt{\frac{1}{2}+(a-2)^2}=\left|\sqrt{a^2+\frac{1}{2}}\pm\sqrt{2}\right|$$

この式の両辺を2乗して

$$\frac{1}{2}+(a-2)^2=a^2+\frac{1}{2}+2\pm2\sqrt{2}\sqrt{a^2+\frac{1}{2}}$$

◀ O，Aを通る円は
$$\left(x+\frac{\sqrt{2}}{2}\right)^2+(y-a)^2=a^2+\frac{1}{2}$$
$$\Longleftrightarrow x^2+y^2+\sqrt{2}x-2ay=0$$
円$C$と連立して，$x^2$，$y^2$を消去すると
$$\sqrt{2}x-2(a-2)y-2=0$$
これが$C$に接すればよいから
$$\frac{|-4a+6|}{\sqrt{2+4(a-2)^2}}=\sqrt{2}$$
$$\Longleftrightarrow |2a-3|=\sqrt{1+2(a-2)^2}$$
$$\Longleftrightarrow a=0,\ 2$$

$$\iff 1-2a=\pm\sqrt{2}\sqrt{a^2+\frac{1}{2}}$$

$$\iff (1-2a)^2=2a^2+1$$

$$\therefore\quad a^2-2a=0 \qquad \therefore\quad a=0,\ 2$$

以上から，求める円の中心は

$$\left(-\frac{\sqrt{2}}{2},\ 0\right),\ \left(-\frac{\sqrt{2}}{2},\ 2\right)$$

(2) (1)で求めた2円を

$$C_1:\left(x+\frac{\sqrt{2}}{2}\right)^2+y^2=\frac{1}{2},$$

$$C_2:\left(x+\frac{\sqrt{2}}{2}\right)^2+(y-2)^2=\frac{9}{2}$$

と定め，$C$ と $C_1$ の接点を $P_1$，$C$ と $C_2$ の接点を $P_2$ とする．また，$C_1$ の中心を $O_1$，$C_2$ の中心を $O_2$ とする．3点 O，A，P を通る円を $S$ とおくとき

$S$ の半径が大きいほど ∠APO は小さく，

$S$ の半径が小さいほど ∠APO は大きい

よって cos∠APO の最小値は $P=P_1$ でとり，このとき ∠APO$=90°$ だから

$$\cos\angle APO=0$$

また，最大値は $P=P_2$ でとり，このとき円周角の定理より

$$\angle AP_2O=\frac{1}{2}\angle AO_2O=\angle O_1O_2O$$

$$\therefore\quad \cos\angle AP_2O=\frac{O_1O_2}{OO_2}=\frac{2\sqrt{2}}{3}$$

以上から，

cos∠APO の**最大値は** $\boldsymbol{\frac{2\sqrt{2}}{3}}$，

**最小値は 0**

である．

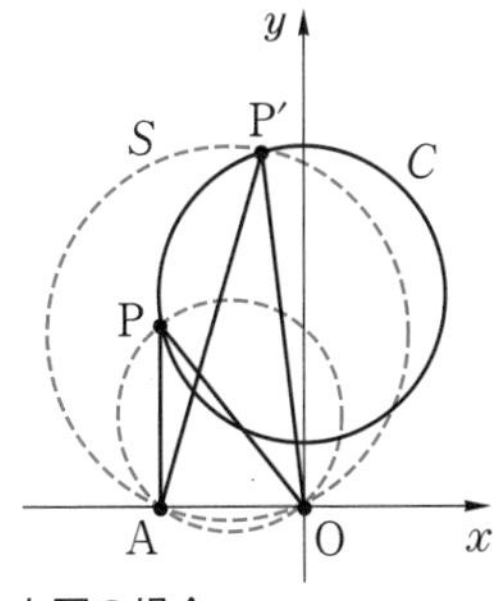

上図の場合
∠APO＞∠AP′O

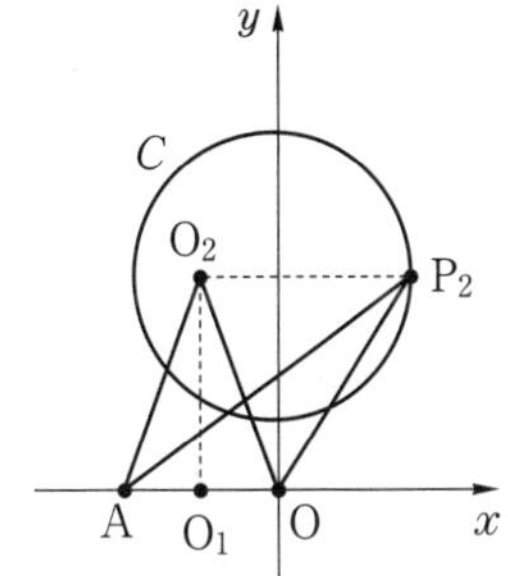


**メインポイント**

**2円の外接，内接は『中心間の距離＝半径の和，差』で求める**



第5章

# 51 2放物線の共通接線

**アプローチ**

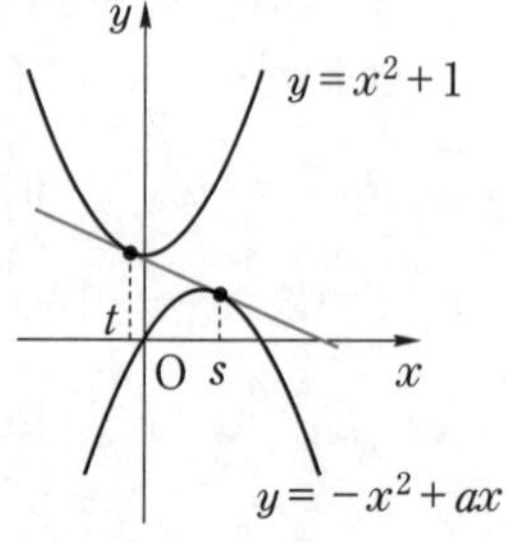


2つの放物線 $y=x^2+1$, $y=-x^2+ax$ の共通接線は，接点をそれぞれ

$$(t,\ t^2+1),\ (s,\ -s^2+as)$$

とおいて，2接線

$$y=2tx-t^2+1,$$
$$y=(-2s+a)x+s^2$$

が一致するとして求めるのが基本ですが，**解答**では，2次関数なので重解条件で求めています．

**解答**

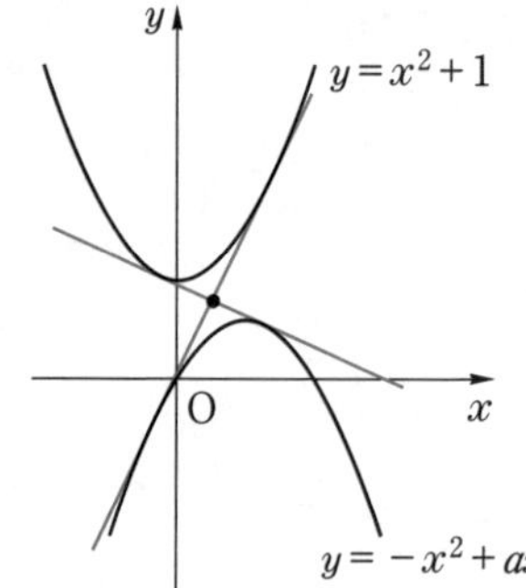


(1) $x^2+1=-x^2+ax$ つまり $2x^2-ax+1=0$

が実数解をもたないことが求める条件である．判別式を $D_1$ とおくと

$$\therefore\ \ D_1=a^2-8<0$$

$$\therefore\ \ \boldsymbol{-2\sqrt{2}<a<2\sqrt{2}}\ \ \cdots\cdots①$$

(2) $y=x^2+1$ 上の点 $(t,\ t^2+1)$ における接線は

$$y=2tx-t^2+1$$

◀ $t$ が2つ存在することを示すのが目標．

これが $y=-x^2+ax$ に接するから，方程式

$$2tx-t^2+1=-x^2+ax$$

つまり $x^2+(2t-a)x-t^2+1=0$

が重解をもつ．よって，判別式を $D_2$ とおくと

$$D_2=(2t-a)^2+4t^2-4$$
$$=8t^2-4at+a^2-4=0\ \ \cdots\cdots②$$

さらに，この方程式の判別式を $D_3$ とおくと

$$\frac{D_3}{4}=4a^2-8(a^2-4)$$

$$=4(8-a^2)>0 \quad (①より)$$

よって，方程式②が異なる2つの実数解をもつから両方に接する直線が2本存在する.

(3) ②の2解を$\alpha$，$\beta$とおくと，解と係数の関係から

$$\alpha+\beta=\frac{a}{2},\quad \alpha\beta=\frac{a^2-4}{8}$$

◀ 2接線の接点が$(\alpha,\ \alpha^2+1)$，$(\beta,\ \beta^2+1)$になる.

また，2接線は

$$y=2\alpha x-\alpha^2+1,\quad y=2\beta x-\beta^2+1$$

であり，これを解いて交点Pは$\left(\frac{\alpha+\beta}{2},\ \alpha\beta+1\right)$となる．よって，P$(x,\ y)$とおくと

$$x=\frac{\alpha+\beta}{2}=\frac{a}{4},\quad y=\alpha\beta+1=\frac{a^2+4}{8}$$

$$\therefore \quad y=\frac{(4x)^2+4}{8}=2x^2+\frac{1}{2}$$

ここで，①から

$$-\frac{\sqrt{2}}{2}<\frac{a}{4}<\frac{\sqrt{2}}{2} \qquad \therefore \quad -\frac{\sqrt{2}}{2}<x<\frac{\sqrt{2}}{2}$$

よってPの軌跡は，放物線の一部で

$$\boldsymbol{y=2x^2+\frac{1}{2} \quad \left(-\frac{\sqrt{2}}{2}<x<\frac{\sqrt{2}}{2}\right)}$$

である.

**注意!** 2つの放物線の頂点は

$$(0,\ 1),\ \left(\frac{a}{2},\ \frac{a^2}{4}\right)$$

で，この2点の中点は$\left(\frac{a}{4},\ \frac{a^2+4}{8}\right)$です.

2つの放物線はこの中点に関して対称となり，この中点は(3)のPでもあります．(2)はこの対称点から2接線が引けることを示してもよいでしょう.

◀ $(x,\ y)$と$(x',\ y')$が$\left(\frac{a}{4},\ \frac{a^2+4}{8}\right)$に関して対称とすると

$$x=\frac{a}{2}-x',$$

$$y=\frac{a^2+4}{4}-y'$$

これを$y=x^2+1$に代入して

$$\frac{a^2+4}{4}-y'=\left(\frac{a}{2}-x'\right)^2+1$$

つまり$y'=-x'^2+ax'$となり，点対称であることがわかります.

**メインポイント**

**放物線と他の曲線の共通接線は，重解条件の利用**

# 52 2円が直交，切り取る長さ

**アプローチ**

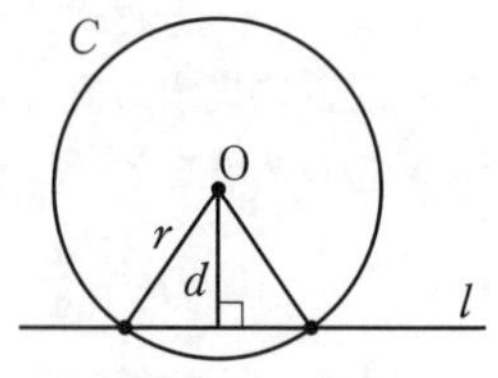


中心O，半径$r$の円$C$が直線$l$と交わるとき，Oと$l$の距離を$d$とすると，$C$が$l$から切り取る長さは

$$2\sqrt{r^2-d^2}$$

となります．

**解答**

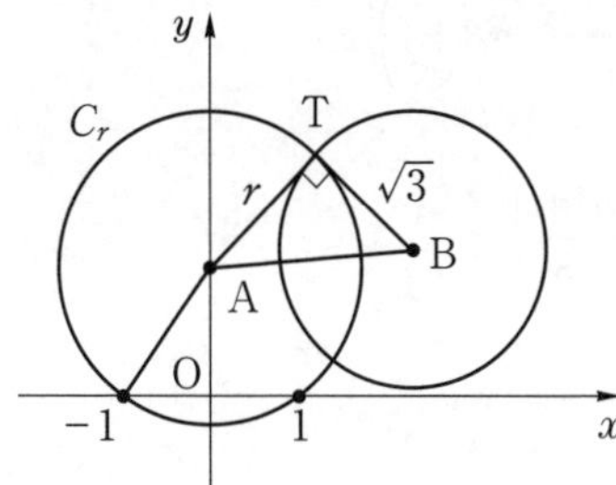


(1) $C_r$の中心をAとおくと，条件から

$$\mathrm{A}(0,\ \sqrt{r^2-1})$$

となるから

$$C_r:\boldsymbol{x^2+(y-\sqrt{r^2-1})^2=r^2}$$

(2) 円$S$の中心を$\mathrm{B}(a,\ b)$，円$C_r$との交点の1つをTとおく．このとき，$\angle\mathrm{ATB}=90°$ だから

$$\mathrm{AB}^2=r^2+3$$

$$\therefore\quad a^2+(b-\sqrt{r^2-1})^2=r^2+3$$

つまり $a^2+b^2-4-2b\sqrt{r^2-1}=0$

これが，任意の$r$ $(r>1)$ で成り立つから

◀$r$についての恒等式．

$$a^2+b^2=4,\ b=0$$

$$\therefore\quad a=2,\ b=0\ (a>0 \text{ より})$$

$$\therefore\quad S:\boldsymbol{(x-2)^2+y^2=3}$$

(3) 2円$C_r$と$S$の交点を通る直線は，2円の式を辺々引いて

◀共通弦を含む直線は，2円の式から$x^2$，$y^2$を消す．

$$4x-5-2\sqrt{r^2-1}y=-3$$

$$\therefore\quad 2x-\sqrt{r^2-1}y-1=0$$

この直線と B(2, 0) との距離は

$$\frac{3}{\sqrt{4+(r^2-1)}}=\frac{3}{\sqrt{r^2+3}}$$

よって，$S$ と $C_r$ の 2 つの交点の間の距離は

$$2\sqrt{3-\left(\frac{3}{\sqrt{r^2+3}}\right)^2}=\boldsymbol{\frac{2\sqrt{3}\,r}{\sqrt{r^2+3}}}$$

である．

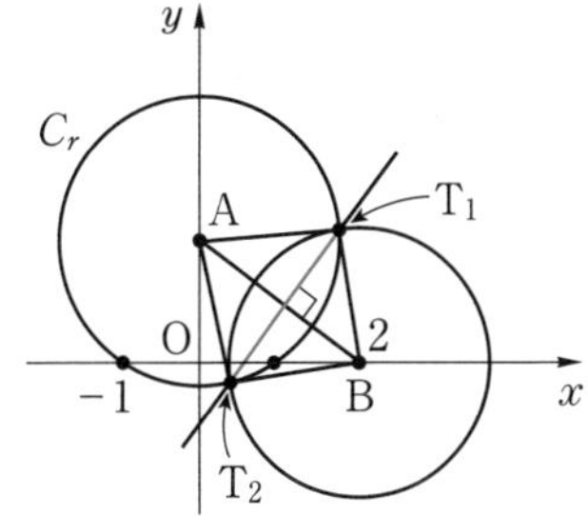


**注意!** 2 円の交点を $T_1$，$T_2$ とおくと，四角形 $AT_1BT_2$ が円に内接するのでトレミーの定理が使えます．

$$AB\cdot T_1T_2=AT_1\cdot BT_2+AT_2\cdot BT_1$$

$$\therefore\quad \sqrt{4+(r^2-1)}\cdot T_1T_2=2\sqrt{3}\,r$$

$$\therefore\quad T_1T_2=\frac{2\sqrt{3}\,r}{\sqrt{r^2+3}}$$

**補足** **(放物線から切り取る長さ)**

放物線を $C$，傾き $m$ の直線を $l$ とし，$C$ と $l$ の交点の $x$ 座標を $\alpha$，$\beta$ $(\alpha<\beta)$ とします．このとき，放物線 $C$ が直線 $l$ から切り取る長さ $d$ は，傾きが $m$ より

$$(\beta-\alpha):d=1:\sqrt{1+m^2}$$

$$\therefore\quad d=(\beta-\alpha)\sqrt{1+m^2}$$

と求められます．$C$ と $l$ の交点を求めて，距離の公式を使うという作業より少しラクになります．

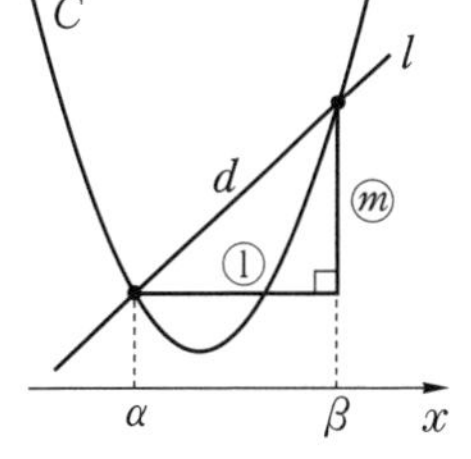


第5章

**メインポイント**

**切り取る長さ：円は幾何的に，放物線は直線の傾きを利用**

# 53 不等式の成立条件

**アプローチ**

任意の実数 $t$ に対して

$$at^2+bt+c \geqq 0$$

が成り立つ必要十分条件は

$$\begin{cases} a>0,\ b^2-4ac \leqq 0 & \text{または} \\ a=b=0,\ c \geqq 0 \end{cases}$$

です．これは右図のように，$y=at^2+bt+c$ のグラフがつねに $t$ 軸の軸上または上側にある条件を

$$a>0,\ a=0,\ a<0$$

に分けて考えれば得られます．

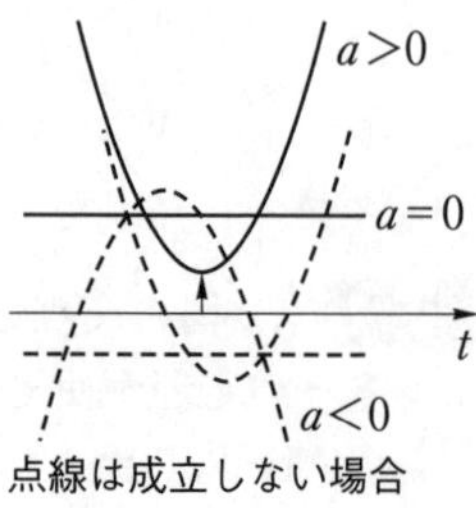


**解答**

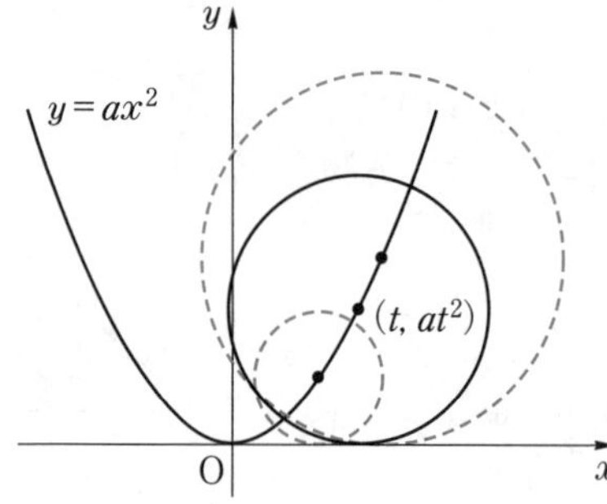


$A(t,\ at^2)$ とおくと半径は $at^2$ だから，円 $C$ の外部または周上の点 $(x,\ y)$ は

$$(x-t)^2+(y-at^2)^2 \geqq a^2t^4$$

つまり $(1-2ay)t^2-2xt+y^2+x^2 \geqq 0$

を満たす．したがって

$$f(t)=(1-2ay)t^2-2xt+y^2+x^2$$

とおいて，任意の実数 $t$ に対して $f(t) \geqq 0$ となる条件を考えればよい．

◀ $t=0$ のとき円にはならないが，$f(0) \geqq 0$ となる $x$，$y$ は任意．よって，『任意の実数 $t$』としても同じになる．

(i) $1-2ay=0$ つまり $y=\dfrac{1}{2a}$ のとき

$$f(t) \geqq 0 \iff -2xt+y^2+x^2 \geqq 0$$

求める条件は

$$x=0 \qquad \therefore \quad (x,\ y)=\left(0,\ \frac{1}{2a}\right)$$

◀「任意の実数 $t$ で $-2xt+y^2+x^2 \geqq 0$」$\iff x=0,\ y^2+x^2 \geqq 0$

(ii) $1-2ay \neq 0$ のとき，$f(t)=0$ の判別式を $D$ とおくと，求める条件は

$$1-2ay>0 \text{ かつ}$$

$$\frac{D}{4}=x^2-(1-2ay)(x^2+y^2) \leqq 0$$

よって，$a>0$，$y>0$ と合わせて

$$0<y<\frac{1}{2a} \text{ かつ } 2ay\left(x^2+y^2-\frac{y}{2a}\right) \leqq 0$$

$$\iff 0<y<\frac{1}{2a} \text{ かつ } x^2+\left(y-\frac{1}{4a}\right)^2 \leqq \frac{1}{16a^2}$$

(i)，(ii)を合わせて右図の斜線部になる．（ただし，原点以外の周上を含む．）

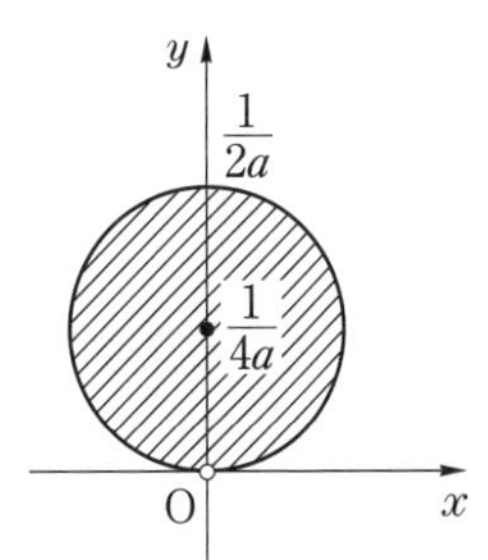


**補足** 『任意の $\theta$ に対して，$a\sin^2\theta+b\sin\theta+c \geqq 0$ が成り立つ』ための必要十分条件を考えてみます．$\sin\theta=t$ とおくと

『$-1 \leqq t \leqq 1$ を満たす任意の $t$ に対して，$at^2+bt+c \geqq 0$ が成り立つ』

と同値です．$f(t)=at^2+bt+c$ とおくと

(i) $a \leqq 0$ のとき

$$f(-1) \geqq 0,\ f(1) \geqq 0 \iff a-b+c \geqq 0,\ a+b+c \geqq 0$$

(ii) $a>0$ のとき

$$f(t)=a\left(t+\frac{b}{2a}\right)^2-\frac{b^2-4ac}{4a}$$

① $-\dfrac{b}{2a} \leqq -1$ のとき

$$f(-1) \geqq 0 \qquad \therefore\ b \geqq 2a,\ a-b+c \geqq 0$$

② $-1 \leqq -\dfrac{b}{2a} \leqq 1$ のとき

$$f\left(-\frac{b}{2a}\right) \geqq 0 \qquad \therefore\ -2a \leqq b \leqq 2a,\ b^2-4ac \leqq 0$$

③ $-\dfrac{b}{2a} \geqq 1$ のとき

$$f(1) \geqq 0 \qquad \therefore\ b \leqq -2a,\ a+b+c \geqq 0$$

となります．

**メインポイント**

**不等式 $at^2+bt+c \geqq 0$ は，$a>0$，$a=0$，$a<0$ で分けて考える**

# 54 曲線に円が接する

**アプローチ**

本問は，誘導に従うと中心 $P_1$，$P_2$ の座標は必要はありませんが，**曲線に接する円の中心の求め方**は覚えておきましょう．

$l$ の方向ベクトル $(1,\ 2a)$ に垂直で大きさが等しいベクトルが $(-2a,\ 1)$，$(2a,\ -1)$ であることを利用する解法は **補足** で解説します．

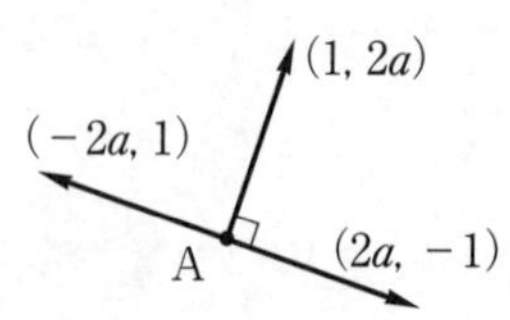


**解答**

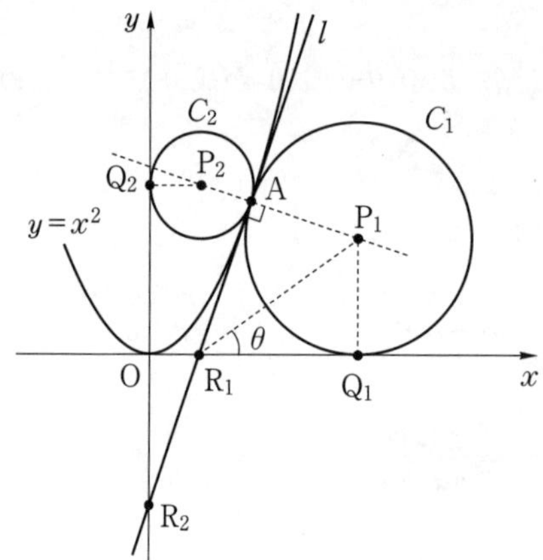


(1) $y'=2x$ から

$$l : y=2ax-a^2$$

$\therefore\ \ R_1\left(\dfrac{a}{2},\ 0\right)$，$R_2(0,\ -a^2)$ $\quad\therefore\ \ AR_2=2AR_1$

また，$Q_1R_1=AR_1$，$Q_2R_2=AR_2$ だから

$$Q_2R_2=AR_2=2AR_1=2Q_1R_1$$

◀ $\triangle P_1Q_1R_1\equiv\triangle P_1AR_1$
$\triangle P_2Q_2R_2\equiv\triangle P_2AR_2$

(2) $\angle AR_2Q_2=\dfrac{\pi}{2}-2\theta$ から

$$\angle P_2R_2Q_2=\frac{1}{2}\angle AR_2Q_2=\frac{\pi}{4}-\theta$$

が成り立つから

$$P_1Q_1=Q_1R_1\tan\theta$$

$$P_2Q_2=Q_2R_2\tan\left(\frac{\pi}{4}-\theta\right)$$

◀ $\tan\left(\dfrac{\pi}{4}-\theta\right)=\dfrac{\tan\frac{\pi}{4}-\tan\theta}{1+\tan\frac{\pi}{4}\cdot\tan\theta}$

$$=\mathrm{Q_2R_2}\cdot\frac{1-\tan\theta}{1+\tan\theta}$$

よって，$\mathrm{P_1Q_1}=\mathrm{P_2Q_2}$ のとき

$$\mathrm{Q_1R_1}\tan\theta=\mathrm{Q_2R_2}\cdot\frac{1-\tan\theta}{1+\tan\theta}$$

(1)と合わせて

$$\tan\theta=2\cdot\frac{1-\tan\theta}{1+\tan\theta}$$

$$\therefore\quad \tan^2\theta+3\tan\theta-2=0$$

$$\therefore\quad \tan\theta=\boldsymbol{\frac{-3+\sqrt{17}}{2}}\quad(\tan\theta>0\ \text{より})$$

(3)　$l$ の傾きから，$2a=\tan 2\theta$ となり

$$a=\frac{\tan 2\theta}{2}=\frac{\tan\theta}{1-\tan^2\theta}$$

(2)から $\tan^2\theta=2-3\tan\theta$ だから

$$a=\frac{\tan\theta}{3\tan\theta-1}=\frac{\dfrac{-3+\sqrt{17}}{2}}{\dfrac{3(-3+\sqrt{17})}{2}-1}$$

$$=\boldsymbol{\frac{9+\sqrt{17}}{16}}$$



**補足**　右図から

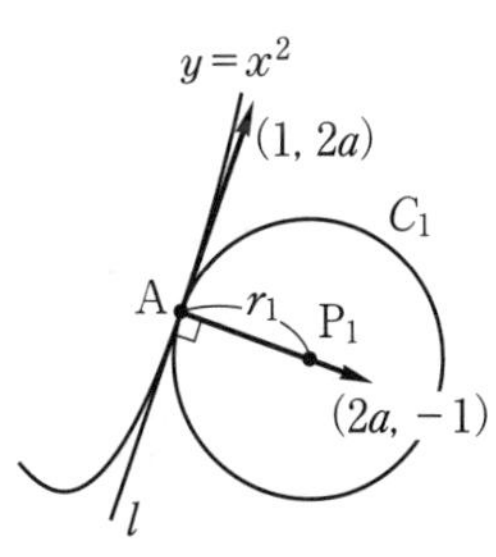


$$\overrightarrow{\mathrm{AP_1}}=\frac{r_1}{\sqrt{4a^2+1}}(2a,\ -1)$$

$$\therefore\quad \overrightarrow{\mathrm{OP_1}}=\overrightarrow{\mathrm{OA}}+\overrightarrow{\mathrm{AP_1}}$$

$$=(a,\ a^2)+\frac{r_1}{\sqrt{4a^2+1}}(2a,\ -1)$$

$$=\left(a+\frac{2ar_1}{\sqrt{4a^2+1}},\ a^2-\frac{r_1}{\sqrt{4a^2+1}}\right)$$

さらに，$x$ 軸に接することから

$$a^2-\frac{r_1}{\sqrt{4a^2+1}}=r_1\qquad\therefore\quad r_1=\frac{a^2\sqrt{4a^2+1}}{\sqrt{4a^3+1}+1}$$

**メインポイント**

**曲線に接する円は，接線の法線ベクトルを考える**

# 55 放物線と異なる2点で接する円

## アプローチ

本問では扱いませんが，右図のように

放物線 $y=x^2$，円 $x^2+(y-a)^2=r^2$

が2点で接するという問題で，重解条件を用いるときには注意が必要です．$x^2=y$ から

$$y^2-(2a-1)y+a^2-r^2=0 \quad \cdots\cdots(*)$$

さらに，2点で接することから $y=x^2>0$ となり，求める条件は**「$(*)$が正の重解をもつ」**となります．すなわち

$$a-\frac{1}{2}>0,\ (2a-1)^2-4(a^2-r^2)=0$$

$$\therefore\ a=r^2+\frac{1}{4},\ a>\frac{1}{2}$$

です．

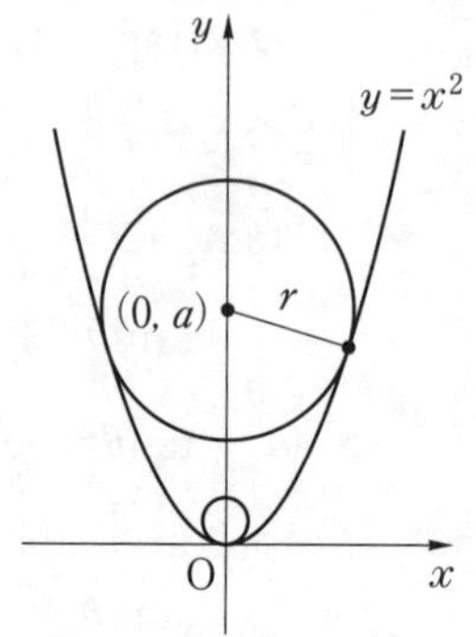


◀例えば，放物線 $y=x^2$ と円 $x^2+\left(y-\frac{1}{3}\right)^2=\frac{1}{12}$ は共有点をもっていませんが $x$ を消去すると $y^2+\frac{y}{3}+\frac{1}{36}=\left(y+\frac{1}{6}\right)^2=0$ となる（重解 $y=-\frac{1}{6}$ は意味がない）．$y$ についての判別式は要注意．

## 解答

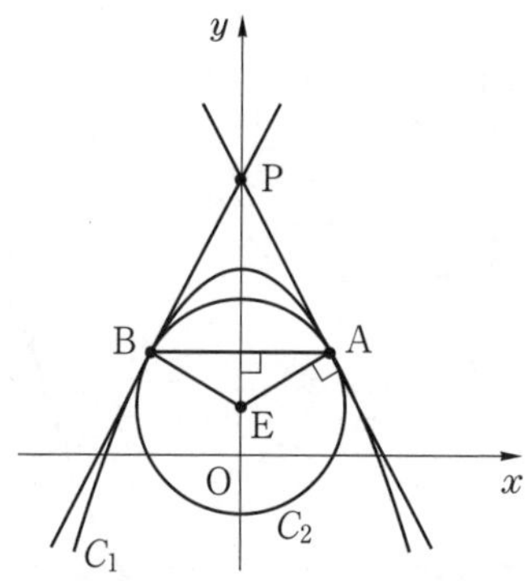


(1) 曲線 $C_1$ 上の点 $(t,\ a-at^2)$ における接線は

$$y=-2at(x-t)+a-at^2$$
$$y=-2atx+at^2+a$$

これが $\mathrm{P}(0,\ 2a-1)$ を通るとき，$a>1$ より

$$2a-1=at^2+a \qquad \therefore\ t=\pm\sqrt{\frac{a-1}{a}}$$

Aの $x$ 成分を正，Bの $x$ 成分を負とすると

$$\mathbf{A}\left(\sqrt{\frac{a-1}{a}},\ 1\right),\ \mathbf{B}\left(-\sqrt{\frac{a-1}{a}},\ 1\right)$$

◀接線の問題では，まず接点を定める．

◀ A，Bの $x$ 座標の大小は定義されていないのでどちらでもよい．

(2)　$(t,\ a-at^2)\ (t\neq 0)$ における法線は

$$y=\frac{1}{2at}(x-t)+a-at^2$$

$$y=\frac{x}{2at}-\frac{1}{2a}+a-at^2$$

よって，(1)のAにおける法線と $y$ 軸との交点は

$$-\frac{1}{2a}+a-a\cdot\frac{a-1}{a}=1-\frac{1}{2a}$$

$$\therefore\quad \mathbf{E}\left(\mathbf{0},\ \mathbf{1}-\frac{\mathbf{1}}{\mathbf{2}\boldsymbol{a}}\right)$$

また，$AE^2=\left(\sqrt{\dfrac{a-1}{a}}\right)^2+\left(\dfrac{1}{2a}\right)^2$

$$=\left(\frac{2a-1}{2a}\right)^2$$

より，円 $C_2$ の半径は

$$\frac{2a-1}{2a}=\mathbf{1}-\frac{\mathbf{1}}{\mathbf{2}\boldsymbol{a}}\quad (a>1\ より)$$

(3)　$a=\dfrac{3}{2}$ のとき(1)，(2)から

$$A\left(\frac{1}{\sqrt{3}},\ 1\right),\ B\left(-\frac{1}{\sqrt{3}},\ 1\right),\ E\left(0,\ \frac{2}{3}\right)$$

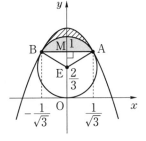

ABの中点をMとおくと

$$\angle AEM=\frac{\pi}{3},\quad \angle AEB=\frac{2}{3}\pi$$

放物線 $y=\dfrac{3}{2}-\dfrac{3}{2}x^2$ と線分ABの囲む面積から，弓形(色をつけた部分)の面積を引くと考えて，斜線部の面積は

$$\int_{-\frac{1}{\sqrt{3}}}^{\frac{1}{\sqrt{3}}}\left\{\left(\frac{3}{2}-\frac{3}{2}x^2\right)-1\right\}dx-\left\{\frac{1}{3}\cdot\pi\left(\frac{2}{3}\right)^2-\frac{1}{2}\cdot\frac{2}{\sqrt{3}}\cdot\frac{1}{3}\right\}$$

$$=\frac{3}{2}\cdot\frac{1}{6}\left(\frac{2}{\sqrt{3}}\right)^3-\left(\frac{4}{27}\pi-\frac{\sqrt{3}}{9}\right)$$

$$=\frac{\sqrt{3}}{3}-\frac{4}{27}\pi$$

**メインポイント**

**放物線と異なる２点で接する円では法線の利用，重解条件は使い方に注意**

# 56 反　転

**アプローチ**

中心O，半径 $r$ の円に対して，Oからの半直線上の点P，Qが $\mathrm{OP}\cdot\mathrm{OQ}=r^2$ を満たすとき，Qはこの円に関するPの**反転**といいます．

◀反転によって，円周上の点は動かず，円の内部は外部に，円の外部は内部に移ります．

本問では $\angle\mathrm{POA}=\theta$ とおくと

$$\mathrm{OP}\cdot\mathrm{OQ}=\frac{\mathrm{OA}}{\cos\theta}\cdot\mathrm{OA}\cos\theta=\mathrm{OA}^2=1^2$$

となり，反転になっています．

以上より

$$\overrightarrow{\mathrm{OQ}}=\frac{1}{|\overrightarrow{\mathrm{OP}}|^2}\overrightarrow{\mathrm{OP}},\ \ \overrightarrow{\mathrm{OP}}=\frac{1}{|\overrightarrow{\mathrm{OQ}}|^2}\overrightarrow{\mathrm{OQ}}$$

が成り立ちます．

**解答**

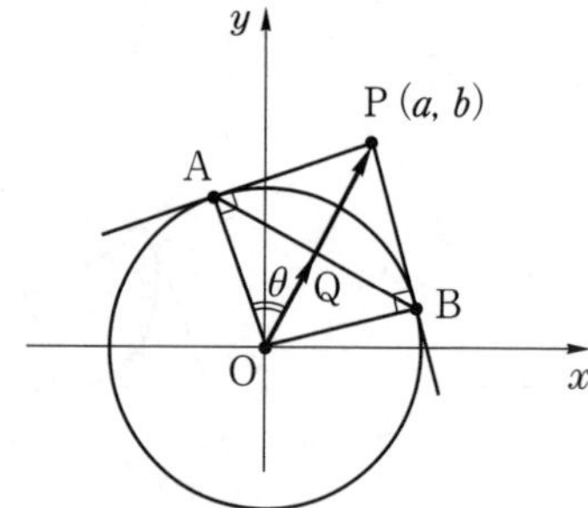


(1)　$\mathrm{OP}^2=a^2+b^2$ から

$\mathrm{AP}^2=\mathrm{OP}^2-\mathrm{OA}^2=a^2+b^2-1$

ここで，$\triangle\mathrm{OAP}\backsim\triangle\mathrm{OQA}\backsim\triangle\mathrm{AQP}$ だから

$\mathrm{OQ}:\mathrm{QA}=\mathrm{QA}:\mathrm{QP}=\mathrm{OA}:\mathrm{AP}$

$\therefore\ \ \mathrm{OQ}:\mathrm{QP}=\mathrm{OA}^2:\mathrm{AP}^2$

$=1:(a^2+b^2-1)$

$\therefore\ \ \mathrm{OQ}:\mathrm{OP}=1:(a^2+b^2)$

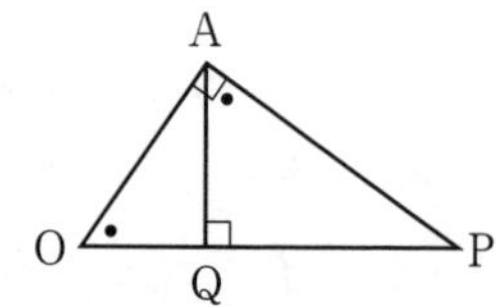


◀$\mathrm{OQ}:\mathrm{QA}=\mathrm{OA}:\mathrm{AP}$
$=\mathrm{OA}^2:\mathrm{OA}\cdot\mathrm{AP}$
$\mathrm{QA}:\mathrm{QP}=\mathrm{OA}:\mathrm{AP}$
$=\mathrm{OA}\cdot\mathrm{AP}:\mathrm{AP}^2$

よって，$\overrightarrow{\mathrm{OQ}}=\dfrac{1}{a^2+b^2}\overrightarrow{\mathrm{OP}}$ となり

$$\boldsymbol{\mathrm{Q}\left(\frac{a}{a^2+b^2},\ \frac{b}{a^2+b^2}\right)}$$

(2) $Q(x,\ y)$ とおくと，(1)から

$$x=\frac{a}{a^2+b^2},\quad y=\frac{b}{a^2+b^2}$$

ここで

$$x^2+y^2=\frac{a^2+b^2}{(a^2+b^2)^2}=\frac{1}{a^2+b^2}$$

◀OP・OQ=1

$$\therefore\quad a^2+b^2=\frac{1}{x^2+y^2}$$

$$\therefore\quad a=\frac{x}{x^2+y^2},\quad b=\frac{y}{x^2+y^2}$$

さらに

$$(a-3)^2+b^2=1 \iff a^2+b^2-6a+8=0$$

に代入して

$$\frac{1}{x^2+y^2}-\frac{6x}{x^2+y^2}+8=0$$

$$\therefore\quad 8(x^2+y^2)-6x+1=0$$

$$\therefore\quad x^2+y^2-\frac{3}{4}x+\frac{1}{8}=0$$

$$\therefore\quad \boldsymbol{\left(x-\frac{3}{8}\right)^2+y^2=\frac{1}{64}}$$

**注意!** 反転で

・原点を通る円は，原点を通らない直線に移る

◀各自確認してください．

・原点を通らない直線は，原点を通る円に移る

**補足** **(極線)**

右図で直線ABをこの円に関する点Pの**極線**といいます． $A(x_1,\ y_1)$，$B(x_2,\ y_2)$ とおくとA，Bにおける接線はそれぞれ

$$x_1x+y_1y=1,\quad x_2x+y_2y=1$$

ともに $P(a,\ b)$ を通るから

$$ax_1+by_1=1,\quad ax_2+by_2=1$$

これは，$ax+by=1$ がA，Bを通ることを示しています．

$$\therefore\quad 直線\ AB : ax+by=1$$

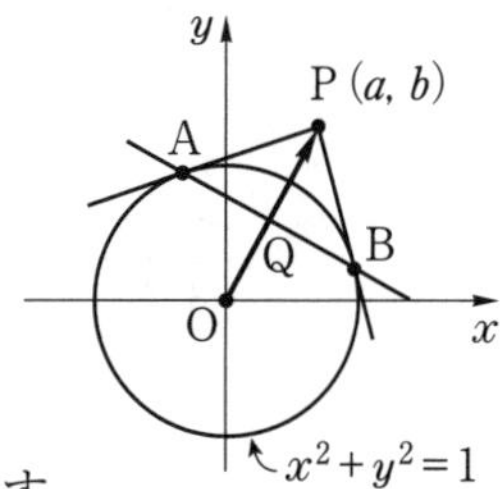


(1)では直線 $OP : bx-ay=0$ と連立してQを求めてもよいでしょう．

**メインポイント**

**単位円に関する反転の問題では，$\overrightarrow{OP}=\dfrac{1}{|\overrightarrow{OQ}|^2}\overrightarrow{OQ}$ からQの軌跡を求める**

第5章

# 57 三角形の面積，なす角

**アプローチ**

$\overrightarrow{AB}=(x_1,\ y_1)$，$\overrightarrow{AC}=(x_2,\ y_2)$

$\angle BAC=\theta$

のとき，$\triangle ABC$ の面積は

$$\frac{1}{2}AB\cdot AC\sin\theta$$

$$=\frac{1}{2}\sqrt{AB^2\cdot AC^2-(\overrightarrow{AB}\cdot\overrightarrow{AC})^2}\ \cdots\cdots①$$

$$=\frac{1}{2}|x_1y_2-x_2y_1|\ \cdots\cdots②$$

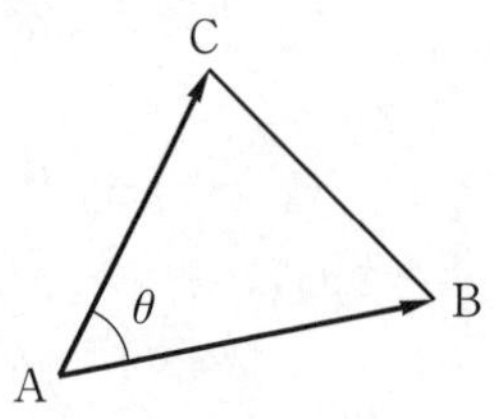


平面座標では②を，空間座標では①を使います．

本問は $a$，$b$ の 2 変数です．$b$ を固定して考えます．

---

**解答**

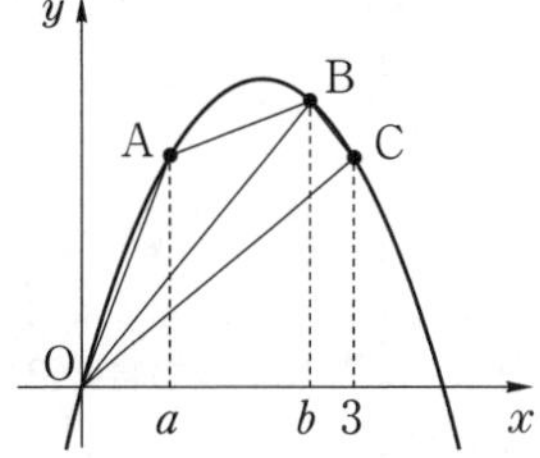


(1) $A(a,\ a(4-a))$，$B(b,\ b(4-b))$

と $0<a<b$ から，$\triangle OAB$ の面積 $S$ は

$$S=\frac{1}{2}|a\cdot b(4-b)-b\cdot a(4-a)|$$

$$=\frac{1}{2}ab(b-a)$$

$b$ を固定して，$a$ を $0<a<b$ の範囲で動かすと

$$S=\frac{b}{2}\left\{-\left(a-\frac{b}{2}\right)^2+\frac{b^2}{4}\right\}$$

よって，$S$ は $a=\dfrac{b}{2}$ のとき最大値 $\dfrac{b^3}{8}$ をとる．

次に $b$ を $0<b<3$ の範囲で動かすと，四角形 OABC の面積 $T$ は

$$T=\triangle OAB+\triangle OBC$$

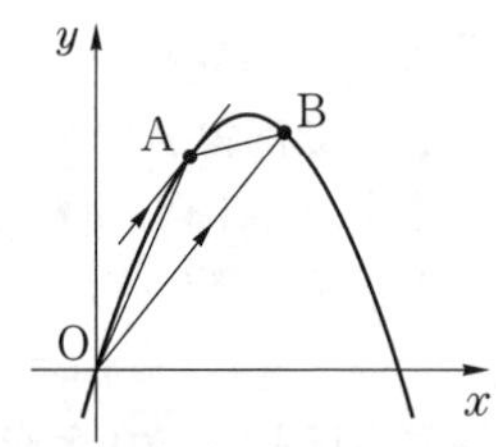


◀ OB を底辺とみると，高さが最大となるのは A における接線が OB と平行になるとき，すなわち $f(x)=x(4-x)$ とおくと $f'(a)=\dfrac{f(b)}{b}\iff a=\dfrac{b}{2}$

$$=\frac{b^3}{8}+\frac{1}{2}\left|3b-3b(4-b)\right|$$

$$=\frac{b^3}{8}+\frac{3}{2}b(3-b)\quad (0<b<3 \text{ より})$$

$$=\frac{1}{8}(b^3-12b^2+36b)$$

$$\therefore\quad T'=\frac{3}{8}(b^2-8b+12)=\frac{3}{8}(b-2)(b-6)$$

よって，増減表は右のとおりで，$b=2$ で最大となる．

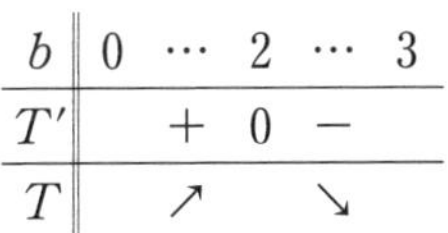

| $b$ | 0 | $\cdots$ | 2 | $\cdots$ | 3 |
|---|---|---|---|---|---|
| $T'$ | | $+$ | 0 | $-$ | |
| $T$ | | ↗ | | ↘ | |

$\therefore\quad \boldsymbol{a=1,\ b=2}$

(2) $\angle\mathrm{OAC}=\theta$ とおく．直線 OA，AC の傾きはそれぞれ

$$\frac{f(a)}{a}=4-a,\quad \frac{3-f(a)}{3-a}=1-a$$

である．直線 OA，AC が直交するとき

$$(4-a)(1-a)=-1\qquad \therefore\quad a=\frac{5\pm\sqrt{5}}{2}$$

だから $0<a<3$ と合わせて，$a=\dfrac{5-\sqrt{5}}{2}$ のとき $\theta=\dfrac{\pi}{2}$ となる．よって，$\theta$ の最小値が鈍角になることはない．

◀最小値だから，$0<\theta<\dfrac{\pi}{2}$ で調べれば十分．

次に，直線 OA，AC と $x$ 軸の正の方向とのなす角をそれぞれ $\alpha$，$\beta$ とおくと

$$\tan\alpha=4-a,\quad \tan\beta=1-a$$

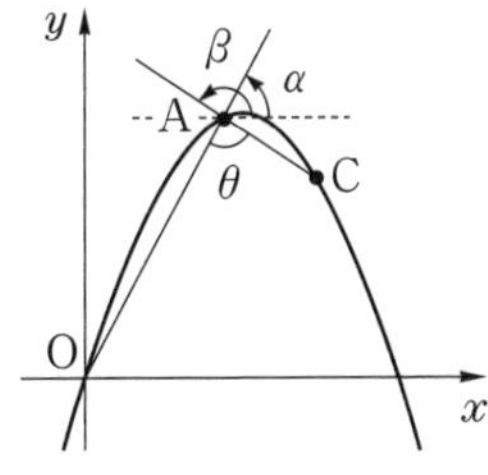


$$\therefore\quad \tan\theta=\tan(\beta-\alpha)=\frac{(1-a)-(4-a)}{1+(1-a)(4-a)}$$

$$=\frac{-3}{a^2-5a+5}$$

$\theta$ が鋭角のとき，$a^2-5a+5<0$ であり

$$a^2-5a+5=\left(a-\frac{5}{2}\right)^2-\frac{5}{4}$$

以上合わせて，$\boldsymbol{a=\dfrac{5}{2}}$ のときに最小となる．

**メインポイント**

**三角形の３つの面積公式の使い分け，なす角は tan の加法定理**

第5章

# 58 領域の最大・最小

**アプローチ**

$C_1$ と $C_2$ で囲まれる領域を$E$とします．

$$2x+y=k \text{ つまり } y=-2x+k$$

とおいて，この直線を領域$E$と共有点をもつように動かします．

$k$を大きくするということは，この直線を上に上げるということです．

ここで，$C_1$ の位置が $a$ の値で変化することから，直線が

$C_1$ と接するとき

$C_1$ と $C_2$ の交点を通るとき

の場合分けが生じます．（下図参照）

◀$2x+y=0$ となり得るか？と考えます．これは直線を表すから，$E$ と $2x+y=0$ が共有点をもつか？と同じことです．下図のように

$2x+y=0$，$2x+y=1$

にはなり得ますが，

$2x+y=10$

にはなり得ません．

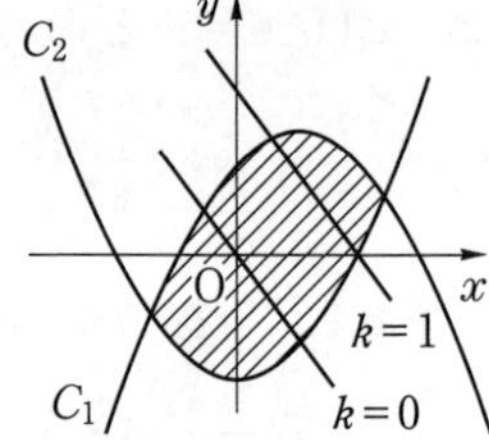


**解答**

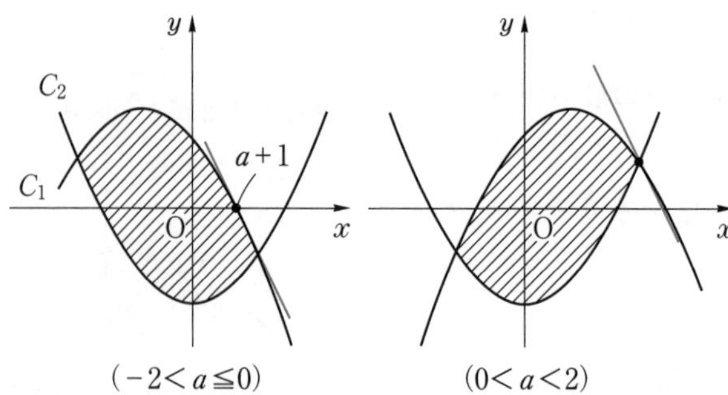


$(-2<a\leqq 0)$　　$(0<a<2)$

(1)　$$-x^2+2ax-a^2+1=x^2-1$$

$$2x^2-2ax+a^2-2=0 \quad \cdots\cdots①$$

判別式を$D$とおくと

$$\frac{D}{4}=a^2-2(a^2-2)=4-a^2$$

$$=(2-a)(2+a)$$

ここで，$a$ は $-2<a<2$ を満たすから $D>0$ となり，①は異なる 2 つの実数解をもつ．

よって，$C_1$ と $C_2$ は異なる 2 点で交わる．

(2) $C_1$ と $C_2$ で囲まれる領域を $E$ とする．

$$2x+y=k \text{ つまり } y=-2x+k \quad \cdots\cdots②$$

とおく．直線②が $C_1$ に接するとき

$$y'=-2x+2a=-2 \qquad \therefore \quad x=a+1$$

となり，接点は $(a+1,\ 0)$ である．ここで

$$0 \geqq (a+1)^2-1 \iff a(a+2) \leqq 0$$

$-2<a<2$ と合わせて，接点 $(a+1,\ 0)$ は

$-2<a\leqq 0$ のとき $E$ に含まれ，

$0<a<2$ のとき $E$ に含まれない

◀ $(a+1,\ 0)$ は $y \geqq x^2-1$ を満たすとき，$E$ に含まれる．

次に，①を解いて

$$x=\frac{a\pm\sqrt{4-a^2}}{2}$$

したがって，$C_1$ と $C_2$ の交点のうち，$x$ 座標の大きい方は

$$y=\left(\frac{a+\sqrt{4-a^2}}{2}\right)^2-1=\frac{a\sqrt{4-a^2}}{2}$$

◀①から

$2x^2-2ax+a^2-2=0$

$\iff x^2-1=ax-\dfrac{a^2}{2}$

として求めてもよい．

とあわせて

$$\left(\frac{a+\sqrt{4-a^2}}{2},\ \frac{a\sqrt{4-a^2}}{2}\right)$$

したがって，$-2<a\leqq 0$，$0<a<2$ それぞれのとき，$C_1$ と $C_2$ で囲まれた領域は左図のようになる．

以上から

(i) $-2<a\leqq 0$ のとき，$(a+1,\ 0)$ で

最大値：$\boldsymbol{2a+2}$

(ii) $0<a<2$ のとき，$\left(\dfrac{a+\sqrt{4-a^2}}{2},\ \dfrac{a\sqrt{4-a^2}}{2}\right)$ で

最大値：$\boldsymbol{a+\sqrt{4-a^2}+\dfrac{a\sqrt{4-a^2}}{2}}$

第5章

**メインポイント**

**$2x+y=k$ とおいて，領域と共有点をもつように動かして $k$ の値を調べる**

# 59 放物線と２接線

**アプローチ**

本問において，QR の中点を M，MP の中点を N とおくと

$$\mathrm{N}\left(\frac{\alpha+\beta}{2},\ \left(\frac{\alpha+\beta}{2}\right)^2\right)$$

となります．つまり，N は $y=x^2$ 上です．

よって，$\mathrm{P}(x,\ y)$，$\mathrm{M}(X,\ Y)$ とおくと

$$X=x,\ \ \frac{y+Y}{2}=x^2$$

つまり $x=X,\ y=2X^2-Y$

が成り立ちます．

これを３つの不等式に代入すれば(1)の領域が得られます．

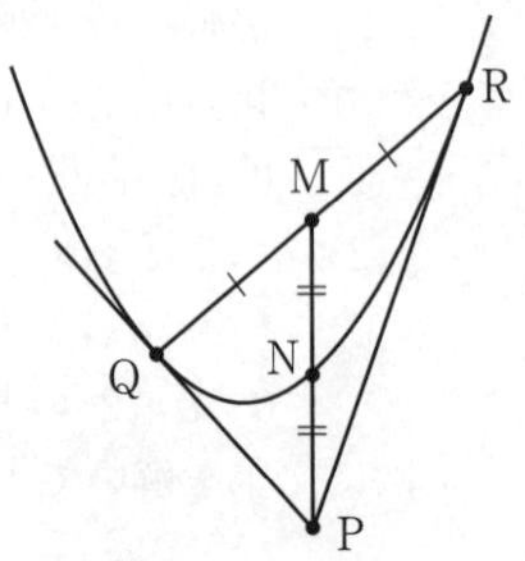


◀上図のような位置関係は，一般の放物線で成り立ちます．

**解答**

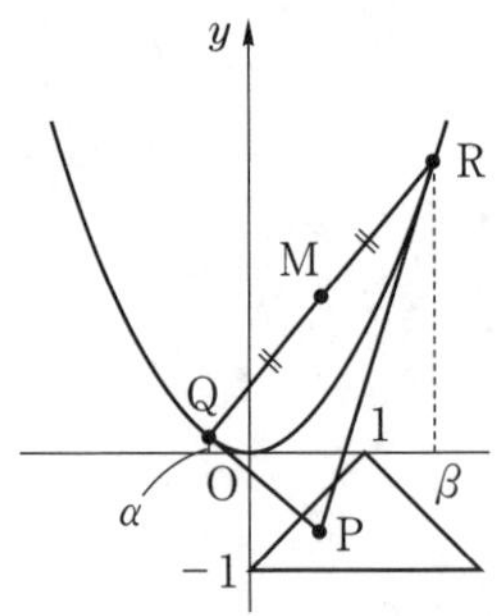


(1) $\mathrm{Q}(\alpha,\ \alpha^2)$，$\mathrm{R}(\beta,\ \beta^2)$ とおく．このとき Q，R における接線の方程式は，それぞれ

$$y=2\alpha x-\alpha^2,\ \ y=2\beta x-\beta^2$$

である．この２接線の交点を求めて

$$\mathrm{P}\left(\frac{\alpha+\beta}{2},\ \alpha\beta\right)\ \cdots\cdots①$$

となる．QR の中点をMとし，$\mathrm{M}(X,\ Y)$ とおくと

$$X=\frac{\alpha+\beta}{2},\ \ Y=\frac{\alpha^2+\beta^2}{2}$$

$$\iff \alpha+\beta=2X,\ \ \alpha^2+\beta^2=2Y$$

ここで，$\alpha^2+\beta^2=(\alpha+\beta)^2-2\alpha\beta$ から

$$2Y=(2X)^2-2\alpha\beta \iff \alpha\beta=2X^2-Y$$

◀ $(t,\ t^2)$ における接線は
$y=2tx-t^2$
$\mathrm{P}(p,\ q)$ $(q<p^2)$ とおくと，Pを通ることから
$t^2-2pt+q=0$
この２解を $\alpha$，$\beta$ としてもよい．
このとき，解と係数の関係から
$p=\dfrac{\alpha+\beta}{2}$，$q=\alpha\beta$
である．

一方，P$(x,\ y)$ の満たす不等式から

$$y \leqq x-1,\ y \leqq -x+1,\ y \geqq -1 \ \cdots\cdots(*)$$

ここで，①より $\alpha+\beta=2x$，$\alpha\beta=y$ だから

$\alpha$，$\beta$ は $t^2-2xt+y=0$ の 2 解

となるが，P は $y<x^2$ を満たすから判別式 $D$ は

$$\frac{D}{4}=x^2-y>0$$

であるから実数解をもつ．よって，

$$(*) \Longleftrightarrow \begin{cases} \alpha\beta \leqq \dfrac{\alpha+\beta}{2}-1,\ \alpha\beta \leqq -\dfrac{\alpha+\beta}{2}+1 \\ \alpha\beta \geqq -1 \end{cases}$$

$$\Longleftrightarrow \begin{cases} 2X^2-Y \leqq X-1,\ 2X^2-Y \leqq -X+1 \\ 2X^2-Y \geqq -1 \end{cases}$$

$$\Longleftrightarrow \begin{cases} Y \geqq 2X^2-X+1,\ Y \geqq 2X^2+X-1 \\ Y \leqq 2X^2+1 \end{cases}$$

$X$ を $x$，$Y$ を $y$ にして右図の斜線部である．(境界含む)

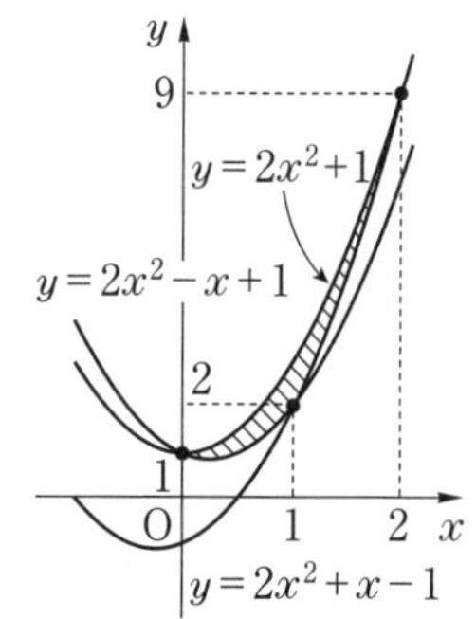


(2) $\triangle$PQR$=\triangle$PQM$+\triangle$PRM から

$$\triangle \mathrm{PQR}=\frac{1}{2}\mathrm{PM}\cdot|\beta-\alpha|$$

$$=\frac{1}{2}\left(\frac{\alpha^2+\beta^2}{2}-\alpha\beta\right)|\beta-\alpha|$$

$$=\frac{1}{4}|(\beta-\alpha)^3|$$

◀（P の $x$ 座標）＝（M の $x$ 座標）であるから MP⊥$x$ 軸 である．

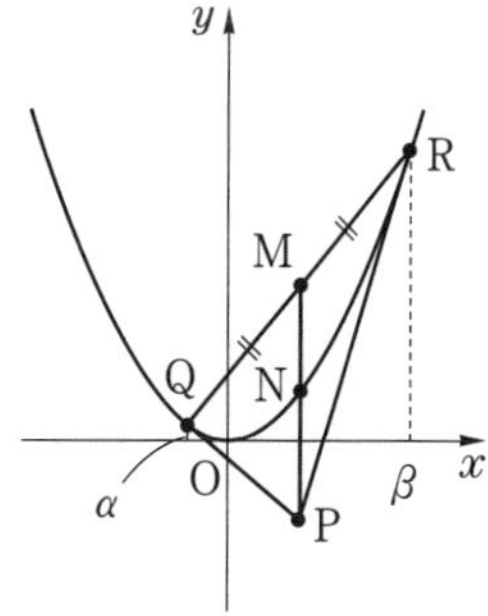


よって，$\triangle$PQR$=2$ のとき

$$\frac{1}{4}|(\beta-\alpha)^3|=2 \qquad \therefore\ |\beta-\alpha|=2$$

$$\therefore\ (\beta-\alpha)^2=4$$

$$\therefore\ (\alpha+\beta)^2-4\alpha\beta=4$$

P$(x,\ y)$ とおくと，(1)より $\alpha+\beta=2x$，$\alpha\beta=y$ だから

$$(2x)^2-4y=4 \qquad \therefore\ \text{放物線：}\boldsymbol{y=x^2-1}$$

**注意!** **アプローチ** の知識があれば，$(\beta-\alpha)^2=4$ は PN$=1$ という意味です．

**メインポイント**

**放物線と 2 接線でつくる図形の位置関係や面積は覚えておこう**

第5章

# 第6章 微分・積分

## 60 3次関数と接線

**アプローチ**

$$f(x)=ax^3+bx^2+cx+d \quad (a \neq 0)$$

とします．$y=f(x)$上の点$\mathrm{P}(t,\ f(t))$における接線を $l:y=mx+n$ とおくと

$$f(x)=mx+n$$

$$\iff ax^3+bx^2+(c-m)x+d-n=0 \quad \cdots\cdots(*)$$

ここで，$x=t$ は重解だから他の解を$\alpha$とおくと，解と係数の関係から

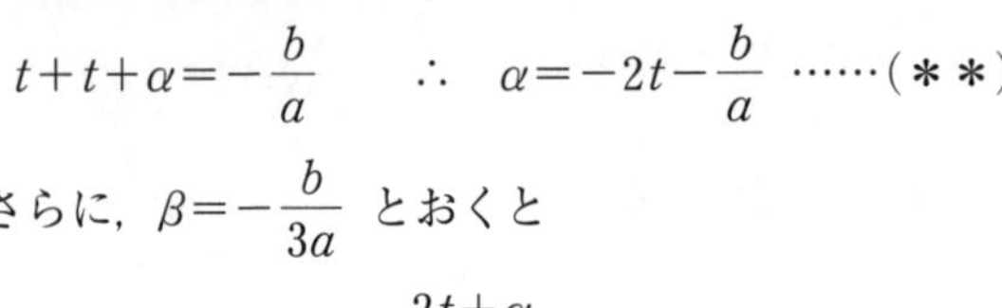

$$t+t+\alpha=-\frac{b}{a} \qquad \therefore \quad \alpha=-2t-\frac{b}{a} \quad \cdots\cdots(**)$$

さらに，$\beta=-\dfrac{b}{3a}$ とおくと

$$(**) \iff \frac{2t+\alpha}{3}=\beta$$

が成り立ちます．$l$と $x=\beta$ の交点をRとおくと，RはPQを1：2に内分するということです．

なお，$t=\beta$ のとき$(*)$の解は3重解となり図の点線のような接線になります．

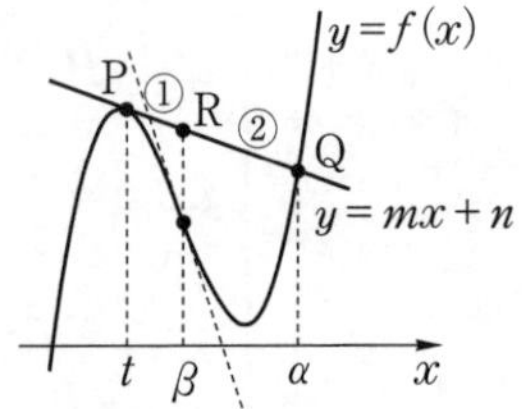


◀$y=f(x)$ は，点$(\beta,\ f(\beta))$に関して点対称になります．これは

$$f(x)=a(x-\beta)^3+f'(\beta)(x-\beta)+f(\beta)$$

と表されることからわかります．

**解答**

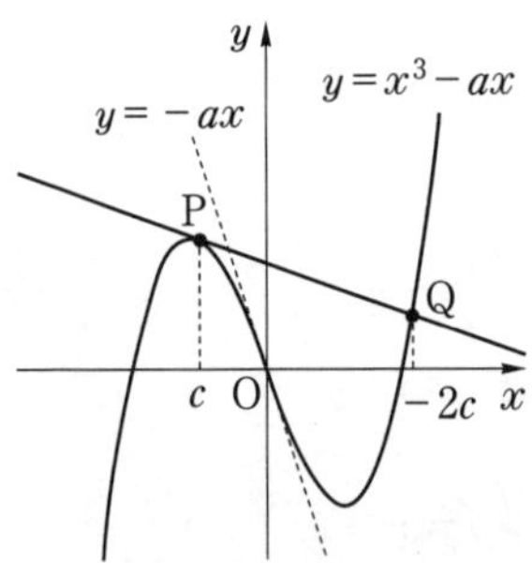


◀図は $a>0$ の場合．

(1) $\mathrm{P}(c,\ c^3-ac)$であり，$y'=3x^2-a$ とから，接線$T_{\mathrm{P}}$は

$$y=(3c^2-a)(x-c)+c^3-ac$$
$$=(3c^2-a)x-2c^3$$

である．$y=x^3-ax$ との交点の$x$座標は

◀ P=Q となるとき

$$c=-2c \qquad \therefore \quad c=0$$

つまり，$T_{\mathrm{P}}$は原点における接線

$$y=-ax$$

となり $x=0$ は3重解で左の図の点線のようになる．

$$x^3-ax=(3c^2-a)x-2c^3$$
$$x^3-3c^2x+2c^3=0$$
$$\therefore\quad (x-c)^2(x+2c)=0$$
$$\therefore\quad x=c,\ -2c$$

◀ アプローチ と同様に考えれば，Qの$x$座標を$\alpha$とおくと
$$c+c+\alpha=0$$
$$\therefore\quad \alpha=-2c$$

QはP以外の点だから，P＝Q のとき $c=0$ で，この場合も含めて

$$\mathbf{Q(-2c,\ -8c^3+2ac)}$$

(2)　(1)からQにおける接線の傾きは
$$3(-2c)^2-a=12c^2-a$$
よって，$T_{\mathrm{P}}$ と直交するとき
$$(3c^2-a)(12c^2-a)=-1$$
$$36c^4-15ac^2+a^2+1=0$$
$c^2=X$ とし
$$g(X)=36X^2-15aX+a^2+1$$
とおいて，$g(X)=0$ の $X\geqq0$ の解の個数を調べる．

◀ $c^2=X$ から，異なる実数$c$の個数は
$X<0$……0 個,
$X=0$……1 個,
$X>0$……2 個

$g(X)=0$ の判別式を$D$とおくと
$$D=(15a)^2-4\cdot36(a^2+1)$$
$$=9(9a^2-16)$$
であり，$g(0)=a^2+1>0$ と合わせて

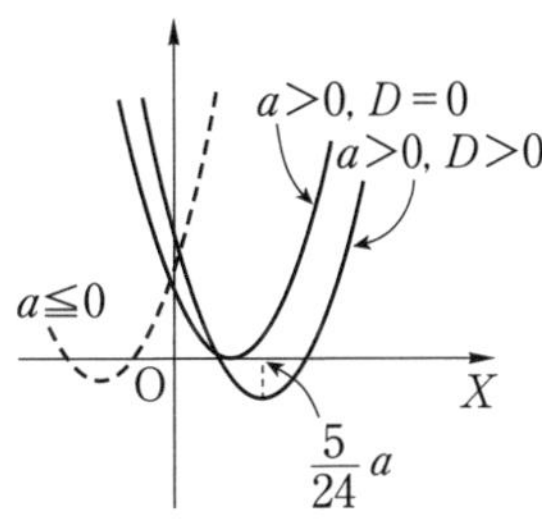


(i)　$a\leqq0$ または $D<0$ つまり $a<\dfrac{4}{3}$ のとき，正の解をもたない．

(ii)　$a>0$，$D=0$ つまり $a=\dfrac{4}{3}$ のとき，正の解が1つ．

(iii)　$a>0$，$D>0$ つまり $a>\dfrac{4}{3}$ のとき，正の解が2つ．

以上から，Pの個数は

**$a<\dfrac{4}{3}$ のとき 0 個，$a=\dfrac{4}{3}$ のとき 2 個，**

**$a>\dfrac{4}{3}$ のとき 4 個**

である．

**メインポイント**

**3次関数とその接線の交点では，接点の$x$座標が重解になる**

# 61 3次方程式の解

**アプローチ**

3次関数のグラフでは，極大点・極小点および対称点を通る図のような**8つの合同な長方形**が取れます．図で PR：RQ=1：2 であることと，グラフがSに関して対称であることから成り立ちます．

このことは最大・最小の問題や本問のように解の範囲を求めるときに役に立ちます．

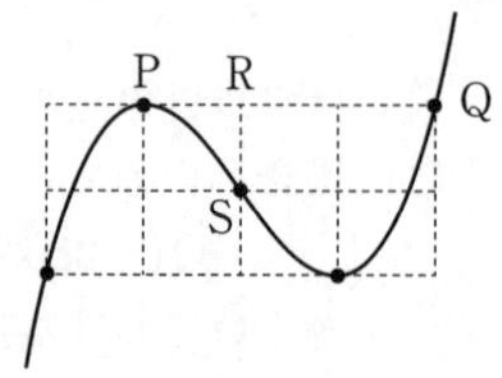


**解答**

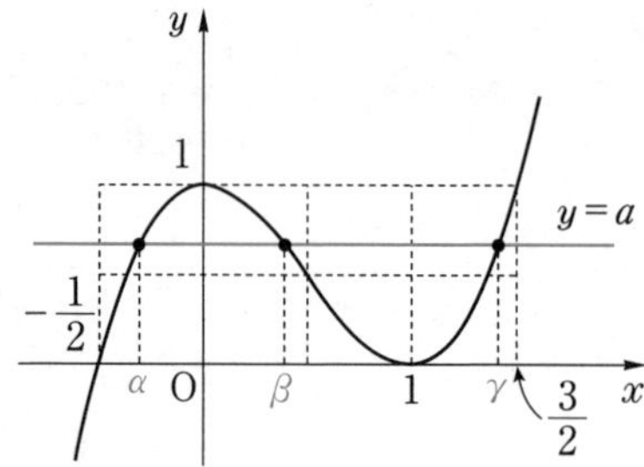


(1) $f'(x)=6x^2-6x=6x(x-1)$ であり

$$f(0)=1,\ f(1)=0$$

よって，増減表は次のとおり．

| $x$ | $\cdots$ | 0 | $\cdots$ | 1 | $\cdots$ |
|---|---|---|---|---|---|
| $f'(x)$ | $+$ | 0 | $-$ | 0 | $+$ |
| $f(x)$ | ↗ | 1 | ↘ | 0 | ↗ |

$y=f(x)$ の概形は上図のようになる．

(2) $f(x)=a$ つまり $2x^3-3x^2+1-a=0$

は(1)より，$0<a<1$ のときに異なる3つの実数解をもつ．また，解と係数の関係から

$$\alpha+\beta+\gamma=\frac{3}{2},\ \alpha\beta+\beta\gamma+\gamma\alpha=0$$

$$\iff \alpha+\gamma=\frac{3}{2}-\beta,\ \alpha\gamma=-\beta(\alpha+\gamma)$$

$$\iff \alpha+\gamma=\frac{3}{2}-\beta,\ \alpha\gamma=\beta^2-\frac{3}{2}\beta$$

$$\therefore\ l^2=(\gamma-\alpha)^2$$
$$=(\alpha+\gamma)^2-4\alpha\gamma$$

グラフから

$$-\frac{1}{2}<\alpha<0,\ 1<\gamma<\frac{3}{2}$$

がわかるが，$\alpha$，$\gamma$ は $a$ の関数で独立には動けないから

$$-\frac{3}{4}<\alpha\gamma<0$$

などとしてはいけない．

◀ $\alpha\gamma=\beta^2-\frac{3}{2}\beta\ (0<\beta<1)$

から，$-\frac{9}{16}\leqq\alpha\gamma<0$ となる．

$$=\left(\frac{3}{2}-\beta\right)^2-4\left(\beta^2-\frac{3}{2}\beta\right)$$

$$=-3\beta^2+3\beta+\frac{9}{4}$$

$\alpha<\gamma$ から $l>0$ だから

$$\boldsymbol{l=\sqrt{-3\beta^2+3\beta+\frac{9}{4}}}$$

(3) $f(x)=0 \iff (x-1)^2(2x+1)=0$

$$\therefore \quad x=1,\ -\frac{1}{2}$$

◀$x=1$ で接しているから，$f(x)$ は $(x-1)^2$ を因数にもつ．他の因数は最高次と定数項を比較する．

$f(x)=1 \iff x^2(2x-3)=0$

$$\therefore \quad x=0,\ \frac{3}{2}$$

であることと，$\alpha<\beta<\gamma$ とから，$y=f(x)$ と $y=a$ の交点の $x$ 座標を考えて

$$0<\beta<1$$

(2)とから

$$l=\sqrt{-3\left(\beta-\frac{1}{2}\right)^2+3}\ (0<\beta<1)$$

よって，$l$ の動く範囲は $\boldsymbol{\frac{3}{2}<l\leqq\sqrt{3}}$ である．

第6章

**メインポイント**

**3次方程式では，グラフと解と係数の関係を利用する**

# 62 ３次関数の最大・最小

**アプローチ**

$a>\dfrac{3}{2}$ のとき，$y=h(x)=f(x)-g(x)$ のグラフは図のようになります．$h\left(\dfrac{2a}{3}-\dfrac{1}{2}\right)$ が最小となるのは，8つの長方形を考えて

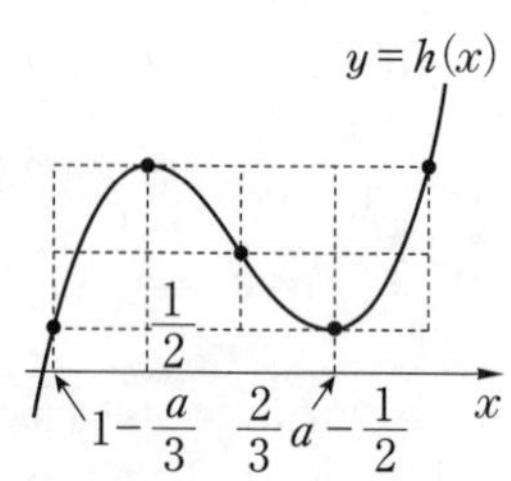


$$1-\frac{a}{3}<0 \text{ かつ } \frac{2a}{3}-\frac{1}{2}<1$$

のときですが，これを満たす $a$ はありません．つまり，最小値は $h(0)$ と $h(1)$ のいずれかです．

**解答**

(1)　$y=f(x)$，$y=g(x)$ が $\left(\dfrac{1}{2},\ \dfrac{1}{8}\right)$ で共通接線をもつから

$$g\left(\frac{1}{2}\right)=\frac{1}{8},\ g'\left(\frac{1}{2}\right)=f'\left(\frac{1}{2}\right)$$

つまり $\dfrac{a}{4}+\dfrac{b}{2}+c=\dfrac{1}{8}$，$a+b=\dfrac{3}{4}$

$$\therefore\ \boldsymbol{b=\frac{3}{4}-a,\ c=\frac{a}{4}-\frac{1}{4}}$$

◀$y=f(x)$，$y=g(x)$ が $x=t$ で共通接線をもつ $\iff \begin{cases} f(t)=g(t), \\ f'(t)=g'(t) \end{cases}$

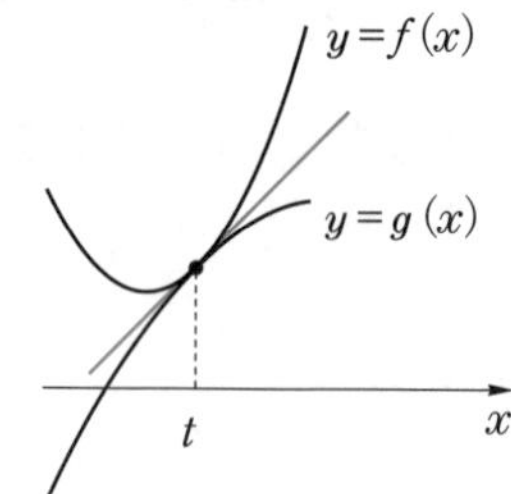


(2)　$f(x)-g(x)=h(x)$ とおくと，(1)から

$$h(x)=x^3-ax^2+\left(a-\frac{3}{4}\right)x-\frac{a}{4}+\frac{1}{4}$$

$$h'(x)=3x^2-2ax+a-\frac{3}{4}$$

$$=\left(x-\frac{1}{2}\right)\left(3x-2a+\frac{3}{2}\right)$$

◀$f'\left(\dfrac{1}{2}\right)=g'\left(\dfrac{1}{2}\right)$ から $h'\left(\dfrac{1}{2}\right)=0$

(i)　$a=\dfrac{3}{2}$ のとき，$h'(x)=3\left(x-\dfrac{1}{2}\right)^2\geqq 0$ から

$h(x)$ は単調増加だから最小値は $h(0)$ である．

(ii)　$a<\dfrac{3}{2}$ のとき

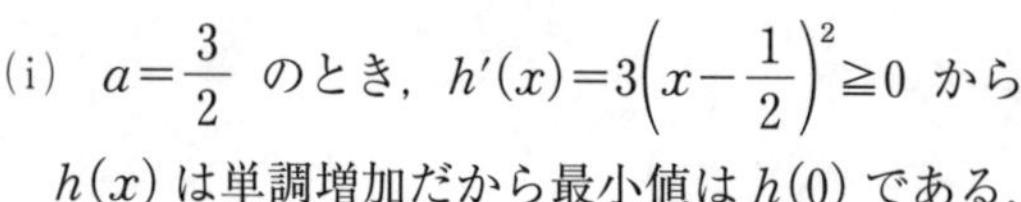

| $x$ | $\cdots$ | $\frac{2a}{3}-\frac{1}{2}$ | $\cdots$ | $\frac{1}{2}$ | $\cdots$ |
|---|---|---|---|---|---|
| $h'(x)$ | $+$ | $0$ | $-$ | $0$ | $+$ |
| $h(x)$ | ↗ | | ↘ | | ↗ |

◀最小値の候補は $h(0)$，$h\left(\dfrac{1}{2}\right)$

$\therefore \quad h(0)=-\dfrac{a}{4}+\dfrac{1}{4},\ h\left(\dfrac{1}{2}\right)=0$

これより，最小値は

$0\ (a\leqq 1),\ -\dfrac{a}{4}+\dfrac{1}{4}\ \left(1<a<\dfrac{3}{2}\right)$

(iii) $a>\dfrac{3}{2}$ のとき

| $x$ | $\cdots$ | $\frac{1}{2}$ | $\cdots$ | $\frac{2a}{3}-\frac{1}{2}$ | $\cdots$ |
|---|---|---|---|---|---|
| $h'(x)$ | $+$ | $0$ | $-$ | $0$ | $+$ |
| $h(x)$ | ↗ | | ↘ | | ↗ |

◀最小値の候補は
$\dfrac{2a}{3}-\dfrac{1}{2}\leqq 1$ のとき
$h(0),\ h\left(\dfrac{2a}{3}-\dfrac{1}{2}\right)$
$\dfrac{2a}{3}-\dfrac{1}{2}>1$ のとき
$h(0),\ h(1)$

(ア) $\dfrac{2a}{3}-\dfrac{1}{2}\leqq 1$ つまり $\dfrac{3}{2}<a\leqq\dfrac{9}{4}$ のとき

$$\begin{aligned}
&h(0)-h\left(\frac{2a}{3}-\frac{1}{2}\right)\\
&=-\left(\frac{2a}{3}-\frac{1}{2}\right)^3+a\left(\frac{2a}{3}-\frac{1}{2}\right)^2-\left(a-\frac{3}{4}\right)\left(\frac{2a}{3}-\frac{1}{2}\right)\\
&=\left(\frac{2a}{3}-\frac{1}{2}\right)\left(\frac{2}{9}a^2-\frac{5}{6}a+\frac{1}{2}\right)\\
&=\frac{1}{108}(4a-3)^2(a-3)
\end{aligned}$$

これより，$\dfrac{3}{2}<a\leqq\dfrac{9}{4}$ のとき，$h(0)<h\left(\dfrac{2a}{3}-\dfrac{1}{2}\right)$

(イ) $\dfrac{9}{4}<a$ のとき，$h(0)=-\dfrac{a}{4}+\dfrac{1}{4}<-\dfrac{a}{4}+\dfrac{1}{2}=h(1)$

$\therefore$ 最小値：$h(0)=-\dfrac{a}{4}+\dfrac{1}{4}$

以上のことから，最小値は

$$\boldsymbol{0\ (a\leqq 1),\ -\frac{a}{4}+\frac{1}{4}\ (a>1)}$$

**メインポイント**

**最大値・最小値は，極値と端点値を考える**

第6章

# 63 3次関数の極値…次数下げ

## アプローチ

$f'(x)=3(x^2+2ax+b)$ かつ $a^2-b>0$ のとき

$$f'(x)=0 \iff x=-a\pm\sqrt{a^2-b}$$

となり，極値の計算が大変です．このように，$f'(x)$ が因数分解できない場合は**次数下げ**をします．

◀$f'(x)=3(x^2+2ax+b)$ から，ここでは $x^2+2ax+b$ で割って次数を下げます．

$f(x)$ を $f'(x)$ で割った商を $g(x)$，余りを $r(x)$ とすると

$$f(x)=f'(x)g(x)+r(x)$$

と表されます．$f'(\alpha)=0$ のとき，$f(\alpha)=r(\alpha)$ となり，$r(x)$ の次数は1次以下だから極値の計算がラクになります．

## 解答

(1) $f(x)=x^3+3ax^2+3bx$ のとき

$$f'(x)=3(x^2+2ax+b)$$

$f(x)$ は極値をもつから，$f'(x)=0$ の判別式を $D$ とおくと

$$\therefore\quad \frac{D}{4}=a^2-b>0$$

このとき2解を $\alpha$，$\beta$ $(\alpha<\beta)$ とおくと，条件は

$$f(\alpha)f(\beta)<0,\ f(\alpha)+f(\beta)<0\ \cdots\cdots(*)$$

ここで

$$f(x)=(x^2+2ax+b)(x+a)+2(b-a^2)x-ab$$

が成り立ち，$\alpha$，$\beta$ が $x^2+2ax+b=0$ の解だから

$$f(\alpha)=2(b-a^2)\alpha-ab$$
$$f(\beta)=2(b-a^2)\beta-ab$$

さらに，解と係数の関係から

$$\alpha+\beta=-2a,\ \alpha\beta=b$$

が成り立つから

$$\begin{aligned}&f(\alpha)+f(\beta)\\&=2(b-a^2)(\alpha+\beta)-2ab\\&=2a(2a^2-3b)\end{aligned}$$

$$\begin{aligned}&f(\alpha)f(\beta)\\&=\{2(b-a^2)\alpha-ab\}\{2(b-a^2)\beta-ab\}\end{aligned}$$

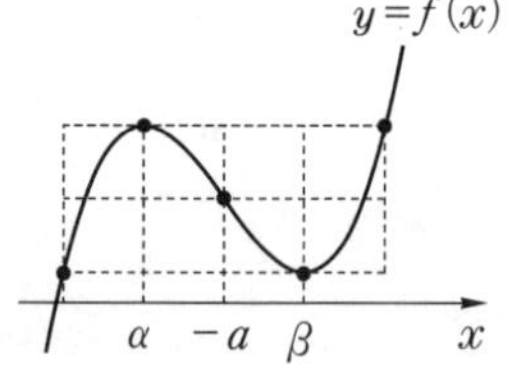


◀上の図から

$$\frac{f(\alpha)+f(\beta)}{2}=f(-a)$$

$$\therefore\quad f(\alpha)+f(\beta)=2f(-a)=4a^3-6ab$$

$$=4(b-a^2)^2\alpha\beta-2ab(b-a^2)(\alpha+\beta)+a^2b^2$$
$$=4b(b-a^2)^2+4a^2b(b-a^2)+a^2b^2$$
$$=b^2(4b-3a^2)$$

よって(＊)は

$$b^2(4b-3a^2)<0,\ a(2a^2-3b)<0$$

となり，$b<a^2$ と合わせて図の斜線部になる．ただし，境界および $b=0$ は含まない．

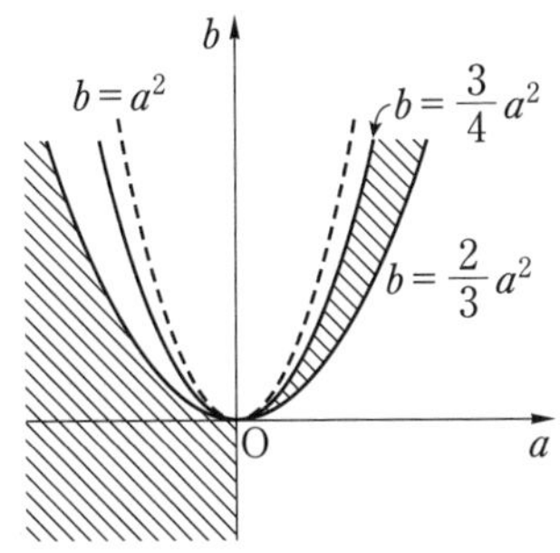


◀$b^2(4b-3a^2)<0$
$\iff b\neq 0,\ b<\frac{3}{4}a^2$
$a(2a^2-3b)<0$
$\iff a>0,\ b>\frac{2}{3}a^2$
または
$a<0,\ b<\frac{2}{3}a^2$

(2) 極大値が1，極小値が $-1$ となるためには

$$f(\alpha)+f(\beta)=0,\ f(\alpha)f(\beta)=-1$$

が必要十分である．よって，(1)から

$$a(2a^2-3b)=0,\ b^2(4b-3a^2)=-1$$

(i) $a=0$ のとき

$$4b^3=-1 \qquad \therefore\ a=0,\ b=-\frac{1}{\sqrt[3]{4}}$$

(ii) $a^2=\frac{3}{2}b$ のとき

$$b^3=2 \qquad \therefore\ a=\pm\frac{\sqrt{3}}{\sqrt[3]{2}},\ b=\sqrt[3]{2}$$

以上から

$$\boldsymbol{(a,\ b)=\left(0,\ -\frac{1}{\sqrt[3]{4}}\right),\ \left(\pm\frac{\sqrt{3}}{\sqrt[3]{2}},\ \sqrt[3]{2}\right)}$$

これらは $a^2-b>0$ を満たしている．

◀極大値が1，極小値が $-1$ になるための必要十分条件は
$\alpha=-a-\sqrt{a^2-b}$
$\beta=-a+\sqrt{a^2-b}$
とおくとき
$$\begin{cases} a^2-b>0 \\ f(\alpha)=1 \\ f(\beta)=-1 \end{cases}$$
$\iff$
$$\begin{cases} a^2-b>0 \\ f(\alpha)+f(\beta)=0 \\ f(\alpha)f(\beta)=-1 \end{cases}$$

第6章

**メインポイント**

**$f'(x)$ が因数分解できないときには，次数下げをする**

# 64 通過領域と3次方程式

**アプローチ**

通過領域は 4 でも扱いました．直線

$$y=3(t^2-1)x-2t^3$$

の通過領域は，直線の式を $t$ についての 3 次方程式

$$2t^3-3xt^2+3x+y=0$$

とみて，**$0 \leqq t \leqq 1$ に少なくとも 1 つ解をもつ条件**を考えます．3 次方程式の解の配置の問題です．

◀ $(x,\ y)$ を通る直線があるか？と考えます．

**解答**

直線 AB の傾きは

$$\overrightarrow{\mathrm{BA}}=\left(\frac{2(t^2+t+1)}{3(t+1)}-\frac{2}{3}t,\ 2(t-1)\right)$$
$$=\left(\frac{2}{3(t+1)},\ 2(t-1)\right)$$
$$=\frac{2}{3(t+1)}(1,\ 3(t^2-1))$$

から $3(t^2-1)$ となる．よって直線 AB の方程式は

$$y=3(t^2-1)\left(x-\frac{2}{3}t\right)-2t$$
$$=3(t^2-1)x-2t^3$$

この式を $t$ の方程式とみて

$$2t^3-3xt^2+3x+y=0 \quad \cdots\cdots(*)$$

が，$0 \leqq t \leqq 1$ に少なくとも 1 つ解をもつことが条件である．

◀ $f'(t)$ の $0 \leqq t \leqq 1$ における符号は，次の図からわかる．

$(*)$の左辺を $f(t)$ とおくと

$$f'(t)=6t^2-6xt=6t(t-x)$$

(i) $x \leqq 0$ のとき，$0 \leqq t \leqq 1$ において $f'(t) \geqq 0$ となる．

よって $f(t)$ は単調増加だから，条件は

$$f(0)=3x+y \leqq 0 \text{ かつ } f(1)=2+y \geqq 0$$
$$\iff y \leqq -3x \text{ かつ } y \geqq -2$$

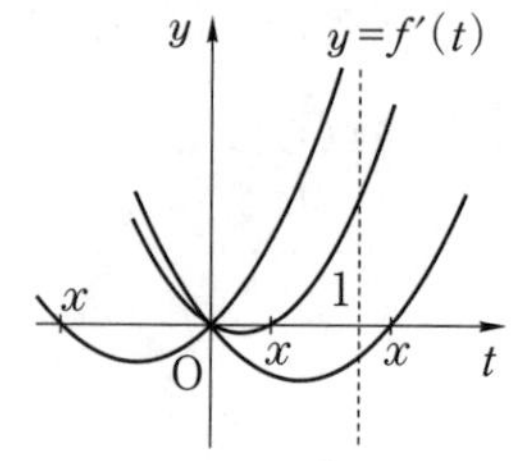


(ii) $0<x<1$ のとき，増減表は次のとおり．

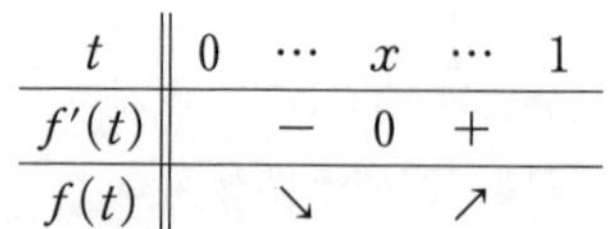

| $t$ | 0 | $\cdots$ | $x$ | $\cdots$ | 1 |
|---|---|---|---|---|---|
| $f'(t)$ | | $-$ | 0 | $+$ | |
| $f(t)$ | | ↘ | | ↗ | |

よって，条件は

$f(x) \leqq 0$ かつ

「$f(0) \geqq 0$ または $f(1) \geqq 0$」

$\iff y \leqq x^3-3x$ かつ

「$y \geqq -3x$ または $y \geqq -2$」

◀ $f(0) \geqq 0$ かつ $f(x) \leqq 0$ のとき $0 \leqq t \leqq x$ に解をもち，$f(1) \geqq 0$ かつ $f(x) \leqq 0$ のとき $x \leqq t \leqq 1$ に解をもつ．このいずれかの少なくとも一方が成り立てばよい．

(iii) $x \geqq 1$ のとき，$0 \leqq t \leqq 1$ において $f'(t) \leqq 0$ となる．

よって $f(t)$ は単調減少だから，条件は

$f(0) \geqq 0$ かつ $f(1) \leqq 0$

$\iff y \geqq -3x$ かつ $y \leqq -2$

以上から，直線 AB の通りうる範囲は次の図の斜線部．(境界を含む)

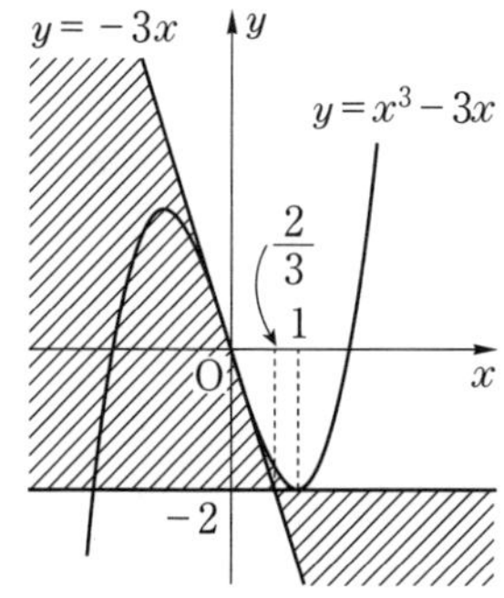


**注意!** (＊)で表される直線は

$y=x^3-3x$ の $(t,\ t^3-3t)$ における接線

です．$0 \leqq t \leqq 1$ から，接点を $(0,\ 0)$ から $(1,\ -2)$ まで動かすと 解答 の図を得ます．

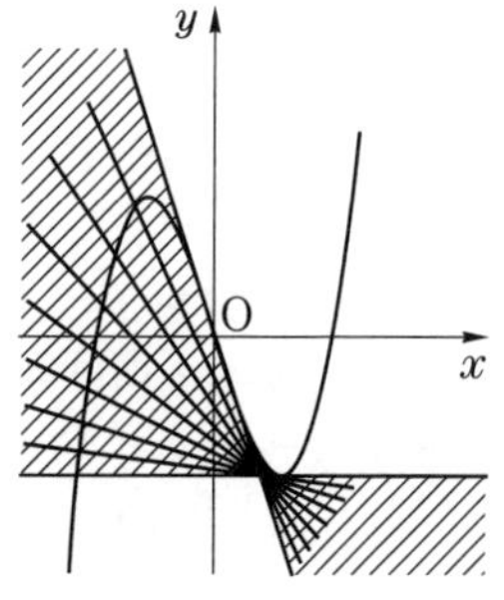


第6章

**メインポイント**

**通過領域は，パラメータの方程式とみる**

## 65 接線の本数

**アプローチ**

曲線の接線の本数は，**接点の個数を調べる**のが原則です．

解答の流れは

接点 $(t,\ f(t))$ を定め，接線をつくる

$\Longrightarrow$ 通過点 $(a,\ b)$ を代入して $t$ の方程式をつくる

$\Longrightarrow$ 異なる実数解の個数を調べる

です．

ただし，**3 次関数では接点の個数と接線の本数が一致**しますが，一般には複数の点で接する場合もあるので，

**接線の本数 $\neq$ 接点の個数**

です．

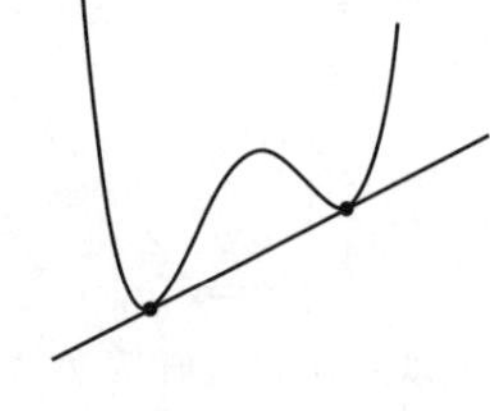

◀上図の場合は，接点が 2 個で接線が 1 本です．

**解答**

(1) $y=x^3-x$ のとき

$$y'=3x^2-1$$

だから，点 $(t,\ t^3-t)$ における接線の方程式は

$$y=(3t^2-1)(x-t)+t^3-t=(3t^2-1)x-2t^3 \quad \cdots\cdots(*)$$

ここで，接線の傾きが 2 以下だから

$$3t^2-1 \leqq 2 \qquad \therefore \quad -1 \leqq t \leqq 1 \quad \cdots\cdots①$$

また，$(*)$ が $\mathrm{P}(a,\ b)$ を通るから

$$b=(3t^2-1)a-2t^3$$

$$2t^3-3at^2+a+b=0$$

接線が 3 本引けることから，この方程式が①の範囲に異なる 3 つの実数解をもてばよい．

$f(t)=2t^3-3at^2+a+b$ とおくと

$$f'(t)=6t^2-6at=6t(t-a)$$

$a=0$ とすると，$f'(t)=6t^2 \geqq 0$ だから $f(t)$ は単調増加で不適．よって $a \neq 0$ で，条件は右図とから

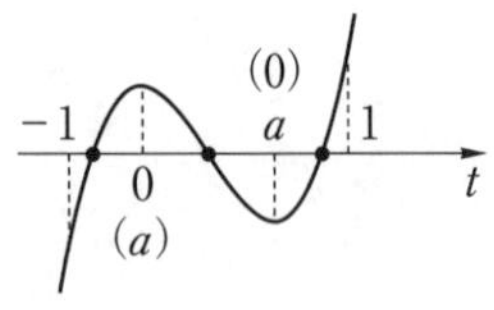


$$\begin{cases} -1<a<0,\ 0<a<1 \\ f(-1)=-2a+b-2 \leqq 0 \\ f(1)=-2a+b+2 \geqq 0 \\ f(0)f(a)=(a+b)(-a^3+a+b)<0 \end{cases}$$

◀$(a+b)(-a^3+a+b)<0$

$\Longleftrightarrow \begin{cases} b>-a \\ b<a^3-a \end{cases}$ または $\begin{cases} b<-a \\ b>a^3-a \end{cases}$

よって，$\mathrm{P}(a,\ b)$ の存在範囲は次の図の斜線部．
ただし，境界は $b=2a\pm 2$ 上の実線部のみ含み，
他の境界の部分は含まない．

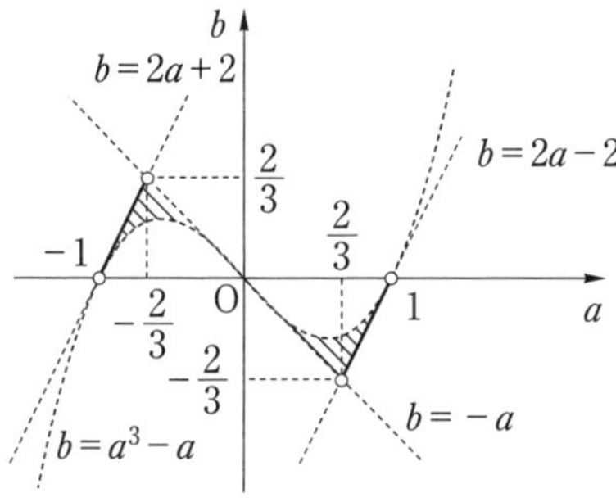


(2)　$S$が原点対称であることから，求める面積は

◀境界が含まれても，含まれていなくとも面積は変わらない．

$$2\left\{\frac{1}{2}\cdot 1\cdot\frac{2}{3}-\int_0^1(-a^3+a)\,da\right\}$$
$$=\frac{2}{3}-2\left[-\frac{a^4}{4}+\frac{a^2}{2}\right]_0^1$$
$$=\frac{2}{3}-\frac{1}{2}=\boldsymbol{\frac{1}{6}}$$

**参考**　$y=x^3-x$ に対して，$(a,\ b)$ から引ける接線の本数は(接線の傾きが 2 以下という条件をはずす)

$a=0$ のとき，1 本

$a\neq 0$ のとき

$f(0)f(a)>0$ ならば 1 本

$f(0)f(a)=0$ ならば 2 本

$f(0)f(a)<0$ ならば 3 本

右図で

斜線部(境界含まず)が 3 本，

$y=x^3-x$ または $y=-x$ 上の原点以外が 2 本，

残りの部分が 1 本

です．($y=-x$ は対称点における接線)

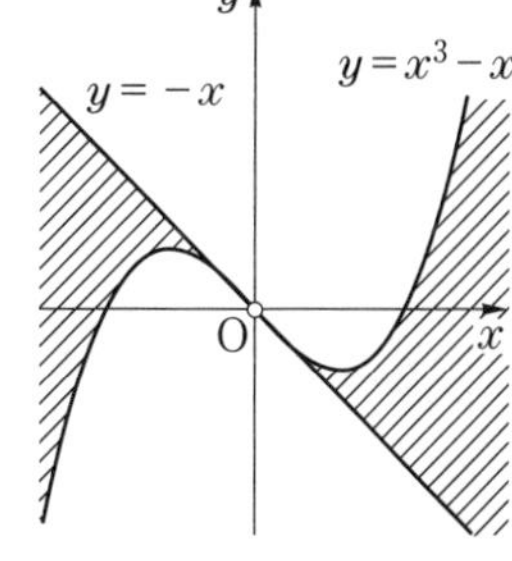


第6章

**メインポイント**

**接線の本数は，接点の個数を考える．複数の点で接する場合に注意する**

# 66 4次関数の二重接線

**アプローチ**

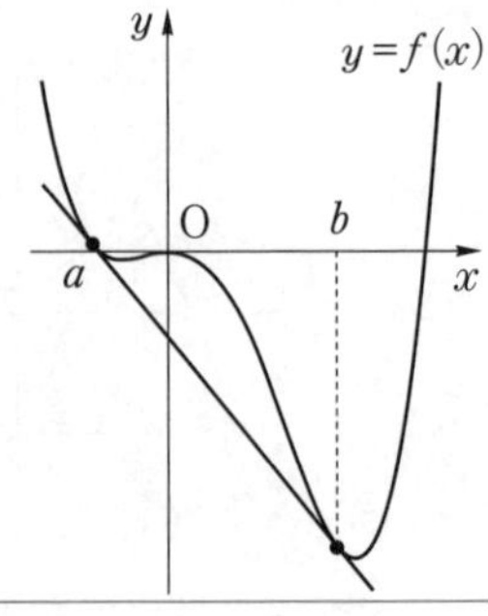


4 次関数の**二重接線**(異なる 2 点で接する接線)を求める問題では

(i) 直線を $y=mx+n$ とおいて

$$f(x)-(mx+n)=(x-a)^2(x-b)^2$$

から，係数を比較する

(ii) $(a,\ f(a))$ における接線が $y=f(x)$ に $(a,\ f(a))$ 以外の点で再び接する

の 2 通りがありますが，解答では(i)を用いてみます.

**解答**

(1) $f(x)=x^4-4x^3-8x^2$ のとき

$$\begin{aligned} f'(x)&=4x^3-12x^2-16x \\ &=4x(x^2-3x-4) \\ &=4x(x+1)(x-4) \end{aligned}$$

よって，増減表は次の通り.

| $x$ | $\cdots$ | $-1$ | $\cdots$ | $0$ | $\cdots$ | $4$ | $\cdots$ |
|---|---|---|---|---|---|---|---|
| $f'(x)$ | $-$ | $0$ | $+$ | $0$ | $-$ | $0$ | $+$ |
| $f(x)$ | ↘ | | ↗ | | ↘ | | ↗ |

$$\therefore \begin{cases} \textbf{極大値：}\mathbf{0}\ (\boldsymbol{x=0}) \\ \textbf{極小値：}\mathbf{-3}\ (\boldsymbol{x=-1}),\ \mathbf{-128}\ (\boldsymbol{x=4}) \end{cases}$$

(2) 求める直線を $y=mx+n$ とおくと，条件から

$$x^4-4x^3-8x^2-(mx+n)=(x-a)^2(x-b)^2$$

右辺を展開して

$$x^4-2(a+b)x^3+(a^2+b^2+4ab)x^2-2ab(a+b)x+a^2b^2$$

係数比較して

$$\begin{cases} 2(a+b)=4, \\ a^2+b^2+4ab=(a+b)^2+2ab=-8, \\ m=2ab(a+b),\ n=-a^2b^2 \end{cases}$$

◀$x^3$，$x^2$ の係数比較から $a+b$，$ab$ を求め，次に $m$，$n$ を求める.

このとき，$a+b=2$，$ab=-6$ だから

$$m=-24,\ n=-36$$

ここで，$a$，$b$ は $x^2-2x-6=0$ ……① の 2 解で

実数となる．

$\therefore\quad \boldsymbol{y=-24x-36}$

(3) ①と $a<b$ から

$$a=1-\sqrt{7},\ b=1+\sqrt{7}$$

よって，求める面積 $S$ は

$$S=\int_{1-\sqrt{7}}^{1+\sqrt{7}}\{x-(1-\sqrt{7})\}^2\{x-(1+\sqrt{7})\}^2dx$$

$$=\int_{-\sqrt{7}}^{\sqrt{7}}(x+\sqrt{7})^2(x-\sqrt{7})^2dx$$

$$=2\int_0^{\sqrt{7}}(x^2-7)^2dx$$

$$=2\left[\frac{x^5}{5}-\frac{14}{3}x^3+49x\right]_0^{\sqrt{7}}$$

$$=2\cdot 49\sqrt{7}\left(\frac{1}{5}-\frac{2}{3}+1\right)=\boldsymbol{\frac{784}{15}\sqrt{7}}$$

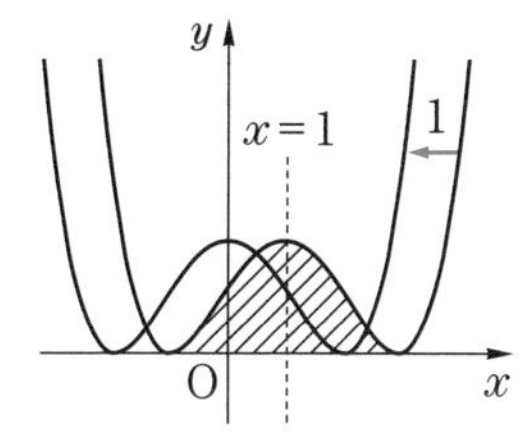


◀グラフと積分区間を左に1だけ平行移動している．

◀$\displaystyle\int_\alpha^\beta(x-\alpha)^2(x-\beta)^2dx=\frac{(\beta-\alpha)^5}{30}$

が成り立つ．グラフと積分区間を左に $\dfrac{\beta+\alpha}{2}$ だけ平行移動し，$\gamma=\dfrac{\beta-\alpha}{2}$ とおくと

$$\int_{-\gamma}^{\gamma}(x^2-\gamma^2)^2dx$$

これを計算して得られる．

(2)の 別解 $(a,\ f(a))$ における接線は

$$y=(4a^3-12a^2-16a)x-3a^4+8a^3+8a^2$$

$\therefore\quad x^4-4x^3-8x^2$

$\quad=(4a^3-12a^2-16a)x-3a^4+8a^3+8a^2$

$\iff x^4-4x^3-8x^2$

$\qquad-(4a^3-12a^2-16a)x+3a^4-8a^3-8a^2=0$

$\iff (x-a)^2\{x^2+2(a-2)x+3a^2-8a-8\}=0$

◀$(a,\ f(a))$ が接点だから，$x=a$ を重解にもつ．

よって，$x^2+2(a-2)x+3a^2-8a-8=0$ が重解をもつから，判別式を $D$ として

$$\frac{D}{4}=(a-2)^2-(3a^2-8a-8)=0$$

$\therefore\quad a^2-2a-6=0,\ b=2-a$

$a<b$ と合わせて，$a=1-\sqrt{7}$，$b=1+\sqrt{7}$ を得る．

(以下略)

**メインポイント**

**4次関数の二重接線は，$f(x)-(mx+n)=(x-a)^2(x-b)^2$ として係数比較**

第6章

# 67 微分の応用…最大値・最小値

**アプローチ**

**変数のとり方**が問題です．

円すいの底面の半径 $r$ を変数にしてみます．高さを $h$ とおくとき，$\triangle\mathrm{AOC}\backsim\triangle\mathrm{AHO}$ が成り立つから

$$\mathrm{AC}:\mathrm{CO}=\mathrm{AO}:\mathrm{OH}$$

$$\iff \sqrt{r^2+h^2}:r=h:1 \qquad \therefore\ h=\frac{r}{\sqrt{r^2-1}}$$

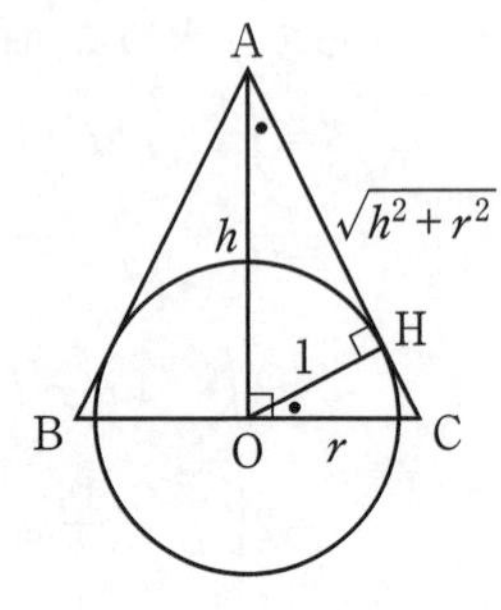


となります．これから表面積 $S$，体積 $V$ を求めると

$$S=\frac{\pi r^3}{\sqrt{r^2-1}}+\pi r^2,\quad V=\frac{\pi r^3}{3\sqrt{r^2-1}}$$

となり，数Ⅱの範囲では大変です．（数Ⅲならば，微分すればよい．）

**解答**

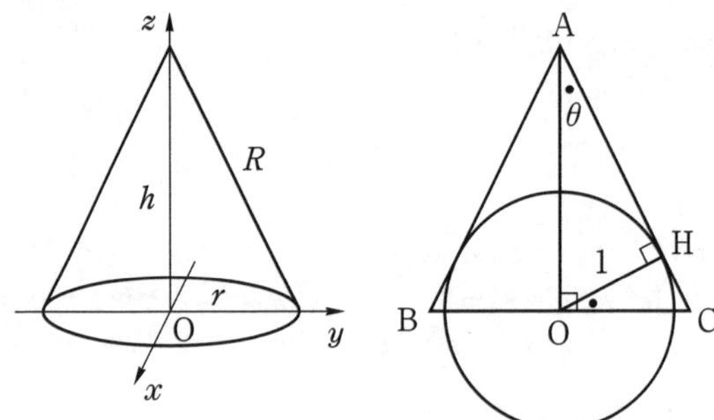


(1)　原点をO，頂点をAとする．$x=0$ による切り口の三角形でB，C，Hを上右図のように定める．

このとき，$\angle\mathrm{CAO}=\theta\ \left(0<\theta<\dfrac{\pi}{2}\right)$ とおくと

$$\angle\mathrm{COH}=\angle\mathrm{CAO}=\theta$$

$$\therefore\ \begin{cases}\mathrm{OC}=\dfrac{1}{\cos\theta},\ \mathrm{AC}=\dfrac{\mathrm{OC}}{\sin\theta}=\dfrac{1}{\sin\theta\cos\theta},\\[2mm] \mathrm{AO}=\mathrm{AC}\cos\theta=\dfrac{1}{\sin\theta}\end{cases}$$

◀ $\mathrm{AO}\sin\theta=\mathrm{OH}$，$\mathrm{AC}\sin\theta=\mathrm{OC}$，$\mathrm{OC}\cos\theta=\mathrm{OH}$

以上より，円すいの底面の半径を $r$，高さを $h$，母線の長さを $R$ とおくと

$$r=\frac{1}{\cos\theta},\quad h=\frac{1}{\sin\theta},\quad R=\frac{1}{\sin\theta\cos\theta}$$

よって，円すいの表面積 $S$ は

$$S=\pi R^2\cdot\frac{2\pi r}{2\pi R}+\pi r^2$$

$$=\pi\left(\frac{1}{\cos\theta}\cdot\frac{1}{\sin\theta\cos\theta}+\frac{1}{\cos^2\theta}\right)$$

$$=\frac{(1+\sin\theta)\pi}{\sin\theta\cos^2\theta}=\frac{\pi}{\sin\theta(1-\sin\theta)}$$

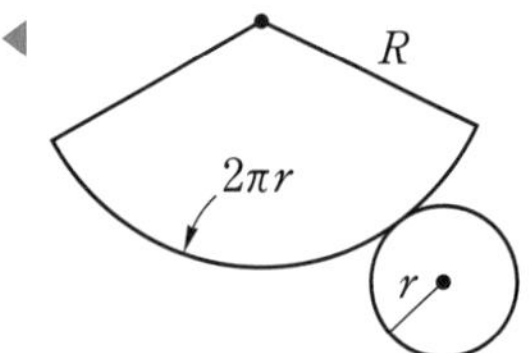


◀ 半径 $R$ の円と，おうぎ形の面積比は
$2\pi R：2\pi r=R：r$

ここで

$$\sin\theta(1-\sin\theta)=-\left(\sin\theta-\frac{1}{2}\right)^2+\frac{1}{4}$$

だから，$0<\theta<\dfrac{\pi}{2}$ において

$S$ は $\theta=\dfrac{\pi}{6}$ のとき，**最小値：$4\pi$**

である．

(2) 円すいの体積 $V$ は

$$V=\frac{\pi}{3}r^2h=\frac{\pi}{3}\cdot\frac{1}{\cos^2\theta}\cdot\frac{1}{\sin\theta}$$

$$=\frac{\pi}{3}\cdot\frac{1}{\sin\theta-\sin^3\theta}$$

ここで，$\sin\theta=t$ $(0<t<1)$ とおき

$$f(t)=t-t^3\ (0<t<1)$$

とすると

$$f'(t)=1-3t^2$$

となり，増減表は次のとおり．

| $t$ | 0 | … | $\frac{1}{\sqrt{3}}$ | … | 1 |
|---|---|---|---|---|---|
| $f'(t)$ | | + | 0 | − | |
| $f(t)$ | | ↗ | | ↘ | |

よって，$t=\dfrac{1}{\sqrt{3}}$ で $f(t)$ は最大となる．

$V$ の最小値は，$f(t)$ が最大のときだから

$V$ の**最小値**：$\dfrac{\pi}{3}\cdot\dfrac{1}{f\left(\frac{1}{\sqrt{3}}\right)}=\boldsymbol{\dfrac{\sqrt{3}}{2}\pi}$

メインポイント

**長さ，角度など，計算しやすいように変数をとる**

第6章

# 68 絶対値と定積分

## アプローチ

$$\left|(t-1)(t-2)\right| = \begin{cases} (t-1)(t-2) & (t \leqq 1,\ t \geqq 2) \\ -(t-1)(t-2) & (1 \leqq t \leqq 2) \end{cases}$$

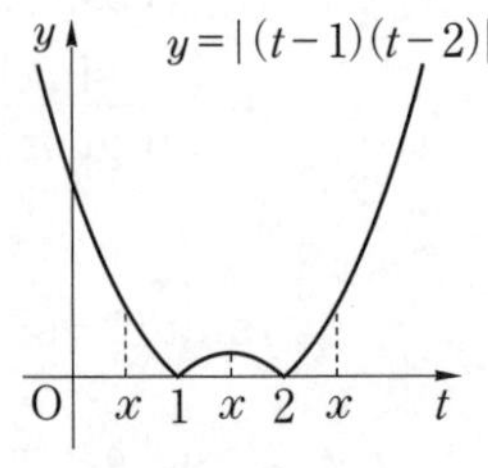


から，$y=\left|(t-1)(t-2)\right|$ のグラフは 2 種類の放物線をつないだものです．積分区間は $x$ により変化するので，**区間でどの関数になるか**で場合分けです．

したがって，右図から

$$x \leqq 1,\ 1 \leqq x \leqq 2,\ x \geqq 2$$

で分けます．

## 解答

$g(x)=\displaystyle\int_0^x (t-1)(t-2)\,dt$ とおくと

$$g(x)=\left[\frac{t^3}{3}-\frac{3}{2}t^2+2t\right]_0^x$$

$$=\frac{x^3}{3}-\frac{3}{2}x^2+2x$$

$$=x\left\{\frac{1}{3}\left(x-\frac{9}{4}\right)^2+\frac{5}{16}\right\}$$

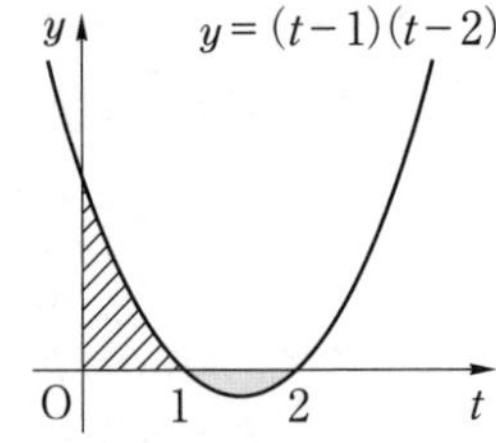


よって，$x>0$ のとき $g(x)>0$ だから

◀上の図で，斜線部の面積が色のついた部分の面積より大きいので
$g(x)>0\ (x>0)$
となる．

$$\therefore\quad \left|\int_0^x (t-1)(t-2)\,dt\right| = \int_0^x (t-1)(t-2)\,dt$$

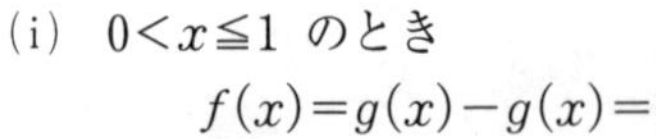

$$\therefore\quad f(x)=\int_0^x \left|(t-1)(t-2)\right| dt - g(x)$$

(i) $0<x \leqq 1$ のとき

$$f(x)=g(x)-g(x)=0$$

(ii) $1 \leqq x \leqq 2$ のとき

$$f(x)=g(1)-\int_1^x (t-1)(t-2)\,dt-g(x)$$

$$=2g(1)-2g(x)$$

$$=-\frac{2}{3}x^3+3x^2-4x+\frac{5}{3}$$

◀$\displaystyle\int_1^x (t-1)(t-2)\,dt$
$\displaystyle=\int_0^x (t-1)(t-2)\,dt - \int_0^1 (t-1)(t-2)\,dt$
$=g(x)-g(1)$

(iii) $x \geqq 2$ のとき

$$f(x)=g(1)-\Big[g(x)\Big]_1^2$$
$$+\int_2^x (t-1)(t-2)\,dt-g(x)$$
$$=2g(1)-2g(2)=\frac{5}{3}-\frac{4}{3}=\frac{1}{3}$$

◀ $\int_2^x (t-1)(t-2)\,dt = g(x)-g(2)$

以上から，図は次のとおり．

◀ $1 \leqq x \leqq 2$ のとき $f'(x)=-2g'(x) = -2(x-1)(x-2)$ からグラフがわかる．

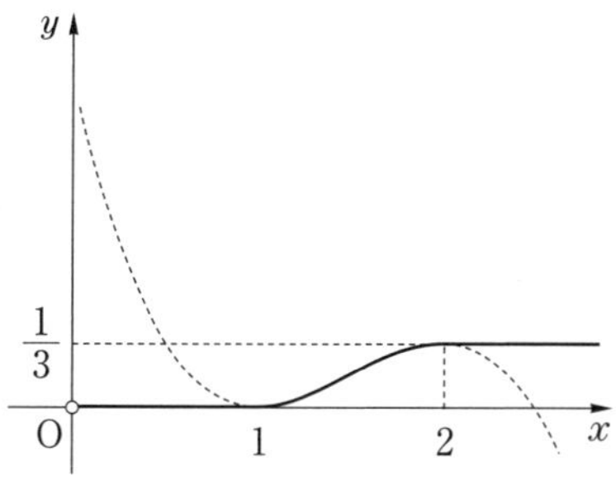


**類題** $0 \leqq x \leqq 2$ に対して，

$$f(x)=\int_0^1 |x-t|\,dt+2\int_1^2 |x-t|\,dt$$

で $f(x)$ を定義する．

(i) $0 \leqq x \leqq 1$ のとき

$$f(x)=\int_0^x (x-t)\,dt+\int_x^1 (t-x)\,dt$$
$$+2\int_1^2 (t-x)\,dt$$

(ii) $1 \leqq x \leqq 2$ のとき

$$f(x)=\int_0^1 (x-t)\,dt$$
$$+2\left\{\int_1^x (x-t)\,dt+\int_x^2 (t-x)\,dt\right\}$$

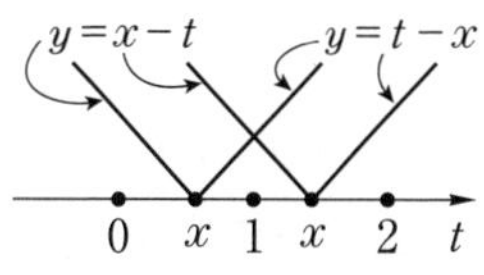


として，絶対値をはずす．

第6章

**メインポイント**

**絶対値の積分では，積分区間でどの関数になるかで場合分け**

# 69 多項式についての関数決定問題

## アプローチ

$f(x)$ の次数を決める方法には

(i) 両辺の次数を比較する

(ii) 最高次の係数を比較する

があります．(i)で決まらない場合は(ii)ということです．

◀ダメならば，最高次の次の次数を比較します．

例えば，定数ではない整式 $f(x)$ が

$$4\int_0^x f(t)dt = x\{f(x)-f'(x)\}$$

を満たすとき，$a_0 \neq 0$，$n \geqq 1$ として

$$f(x)=a_0x^n+a_1x^{n-1}+\cdots+a_{n-1}x+a_n$$

とおけば，$n+1$ 次の係数を比較して

$$\frac{4a_0}{n+1}=a_0 \qquad \therefore \quad n=3 \ (a_0 \neq 0 \text{ より})$$

を得ます．

◀$f(x)$ が $n$ 次式 $(n \geqq 1)$ とすると
$f'(x)$：$n-1$ 次式
$\int_a^x f(t)dt$：$n+1$ 次式
ですが，$f(x)$ が定数のときこのことは成り立たないので $n=0$ は別に考えます．

## 解答

(1) $f(x)$ を $n$ 次式とし，$n \geqq 3$ とすると

◀背理法で示す．

$f(x)f'(x)$：$2n-1$ 次式

$\int_1^x f(t)dt$：$n+1$ 次式

であり，$n \geqq 3$ のとき $2n-1>n+1$ だから

左辺は $2n-1$ 次式

$2n-1 \geqq 5$ で右辺が1次以下だから矛盾する．

よって，$f(x)$ は2次以下である．

◀$n=2$ のとき
$f(x)f'(x)$，$\int_1^x f(t)dt$
はともに3次式だが
3次式＋3次式
は3次以下の式となり，
1次以下になり得る．

(2) (1)から $f(x)=ax^2+bx+c$ とおけて

$$(ax^2+bx+c)(2ax+b) + \left[\frac{at^3}{3}+\frac{bt^2}{2}+ct\right]_1^x = \alpha x - \frac{4}{9}$$

$$\iff \left(2a^2+\frac{a}{3}\right)x^3+\left(3ab+\frac{b}{2}\right)x^2+(b^2+2ac+c)x + bc-\left(\frac{a}{3}+\frac{b}{2}+c\right)=\alpha x-\frac{4}{9}$$

これが恒等式だから

◀次数が決まれば，恒等式として処理する．

$$(*)\begin{cases} 2a^2+\dfrac{a}{3}=0,\ 3ab+\dfrac{b}{2}=0, \\ b^2+2ac+c=\alpha, \\ bc-\dfrac{a}{3}-\dfrac{b}{2}-c=-\dfrac{4}{9} \end{cases}$$

$a=0$ とすると

$$b=0,\ c=\alpha=\frac{4}{9}$$

となり，$\alpha<\dfrac{1}{3}$ に反するから $a\neq 0$ である．

◀条件 $\alpha<\dfrac{1}{3}$ で，場合が減る．

$$\therefore\quad (*)\iff\begin{cases} a=-\dfrac{1}{6},\ b^2+\dfrac{2}{3}c=\alpha, \\ bc-\dfrac{b}{2}-c+\dfrac{1}{2}=0 \end{cases}$$

◀$a=-\dfrac{1}{6}$ のとき，

$$3ab+\frac{b}{2}=0$$

はつねに成立する．

ここで

$$bc-\frac{b}{2}-c+\frac{1}{2}=0$$

$$\iff (b-1)\left(c-\frac{1}{2}\right)=0$$

$c=\dfrac{1}{2}$ とすると，$\alpha=b^2+\dfrac{1}{3}\geqq\dfrac{1}{3}$ となり

$\alpha<\dfrac{1}{3}$ に反する．

$$\therefore\quad a=-\frac{1}{6},\ b=1,\ c=\frac{3}{2}(\alpha-1)$$

$$\therefore\quad \boldsymbol{f(x)=-\frac{1}{6}x^2+x+\frac{3}{2}(\alpha-1)}$$

**参考** **アプローチ** の例は，とくに最高次の係数が 1 の場合

$$f(x)=x^3+ax^2+bx+c$$

とおけるから

$$x^4+\frac{4}{3}ax^3+2bx^2+4cx=x\{x^3+(a-3)x^2+(b-2a)x+c-b\}$$

これから $a=-9,\ b=18,\ c=-6$ を得ます．

$$\therefore\quad f(x)=x^3-9x^2+18x-6$$

**メインポイント**

**次数の決定には，『次数比較』または『最高次の係数比較』がある**

# 70 放物線と面積 (1)

## アプローチ

右図で，$f(x)=ax^2+bx+c$ $(a>0)$ とし

$\mathrm{Q}(\alpha,\ f(\alpha))$，$\mathrm{R}(\beta,\ f(\beta))$ $(\alpha<\beta)$

とおく．点Q，Rにおける接線の交点をPとおくと，

Pの $x$ 座標は $\dfrac{\alpha+\beta}{2}$ となります．

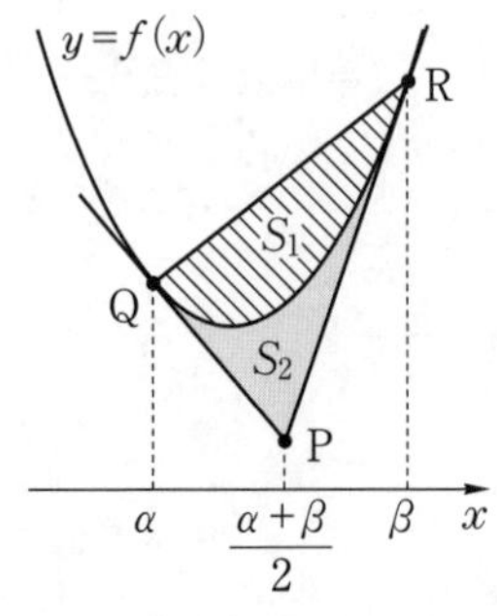


このとき，斜線部，色のついた部分，△PQRの面積をそれぞれ $S_1$，$S_2$，$S_3$ とおくと

$$S_1=\frac{a}{6}(\beta-\alpha)^3,\ S_2=\frac{a}{12}(\beta-\alpha)^3,$$

$$S_3=\frac{a}{4}(\beta-\alpha)^3$$

したがって，$S_1:S_2:S_3=2:1:3$ です．

**計算過程と合わせて**覚えておきましょう．

## 解答

(1) $\left|(x-a)(x-1)\right|=a(x-1)$

$$\iff \begin{cases} a(x-1)\geqq 0 \text{ かつ} \\ (x-a)(x-1)=\pm a(x-1) \end{cases}$$

$$\iff a(x-1)\geqq 0 \text{ かつ } x=1,\ 2a,\ 0$$

◀$|A|=B$
$\iff B\geqq 0$
かつ $A=\pm B$

$a(x-1)\geqq 0$ に $x=1$，$2a$，$0$ を代入するとそれぞれ

$$0\geqq 0,\ a(2a-1)\geqq 0,\ -a\geqq 0$$

となるから，$x=1$ はつねに解であり

$x=2a$ は，$a\leqq 0$ または $a\geqq\dfrac{1}{2}$ のときに解

$x=0$ は $a\leqq 0$ のときに解

以上から，共有点の個数は

$$\begin{cases} \boldsymbol{a<0} \textbf{ のとき 3 個,} \\ \boldsymbol{a=0,\ a>\dfrac{1}{2}} \textbf{ のとき 2 個,} \\ \boldsymbol{0<a\leqq\dfrac{1}{2}} \textbf{ のとき 1 個} \end{cases}$$

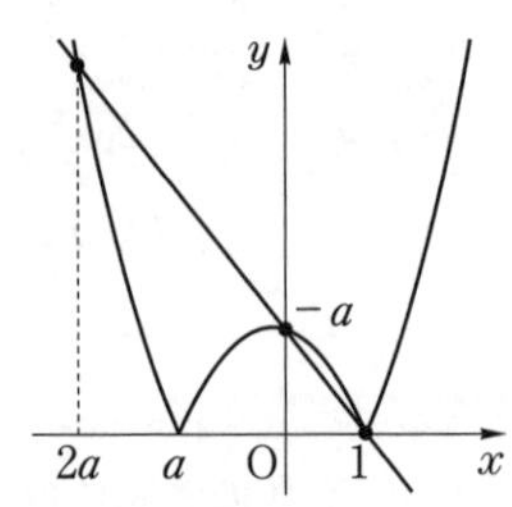


(2) (1)から $a<0$ の場合で，概形は右図のようになる．よって，図から

$$S_1=\int_{2a}^{a}\{a(x-1)-(x-a)(x-1)\}dx$$
$$+\int_{a}^{0}\{a(x-1)+(x-a)(x-1)\}dx$$
$$=\int_{2a}^{a}\{-x^2+(2a+1)x-2a\}dx$$
$$+\int_{a}^{0}(x^2-x)dx$$
$$=\left[-\frac{x^3}{3}+\frac{2a+1}{2}x^2-2ax\right]_{2a}^{a}$$
$$+\left[\frac{x^3}{3}-\frac{x^2}{2}\right]_{a}^{0}$$
$$=\left(\frac{2}{3}a^3-\frac{3}{2}a^2\right)-\left(\frac{4}{3}a^3-2a^2\right)$$
$$-\left(\frac{a^3}{3}-\frac{a^2}{2}\right)$$
$$=-a^3+a^2$$
$$S_2=\int_{0}^{1}\{-(x-a)(x-1)-a(x-1)\}dx$$
$$=-\int_{0}^{1}x(x-1)dx=\frac{1}{6}$$

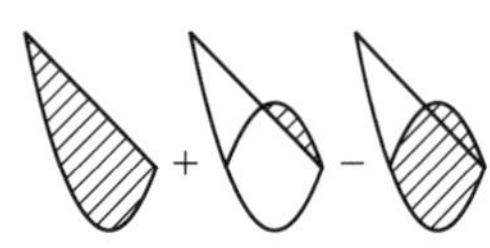


◀$S_1$ を上図のように分解すると，公式が使えて

$$S_1=\frac{1}{6}(1-2a)^3+\frac{1}{6}\cdot 1^3$$
$$-2\cdot\frac{1}{6}(1-a)^3$$

となり，計算がラクになる．

よって，$S_1=12S_2$ が成り立つとき

$$-a^3+a^2=12\cdot\frac{1}{6}$$
$$\therefore\quad a^3-a^2+2=(a+1)(a^2-2a+2)=0$$

$a<0$ と合わせて，$\boldsymbol{a=-1}$ である．

**補足**　**アプローチ** の $S_2$ の計算は Q，R が接点であることから

$$S_2=\int_{\alpha}^{\frac{\alpha+\beta}{2}}a(x-\alpha)^2dx+\int_{\frac{\alpha+\beta}{2}}^{\beta}a(x-\beta)^2dx$$
$$=a\left[\frac{1}{3}(x-\alpha)^3\right]_{\alpha}^{\frac{\alpha+\beta}{2}}+a\left[\frac{1}{3}(x-\beta)^3\right]_{\frac{\alpha+\beta}{2}}^{\beta}=\frac{a}{12}(\beta-\alpha)^3$$

**メインポイント**

**公式：$\int_{\alpha}^{\beta}a(x-\alpha)(x-\beta)dx=-\frac{a}{6}(\beta-\alpha)^3$ は使えるように**

第6章

## 71 放物線と面積 (2)

### アプローチ

本問も $\int_{\alpha}^{\beta} a(x-\alpha)(x-\beta)dx=-\frac{a}{6}(\beta-\alpha)^3$ を使います．この公式では，とくに $\boldsymbol{a}$ **を忘れない**ように注意してください．

(2)の $S(a)=\frac{\sqrt{3}}{18}a(12-a^2)^{\frac{3}{2}}$ を数Ⅱで処理するには

$$\{S(a)\}^2=\frac{1}{108}a^2(12-a^2)^3$$

とすれば，$a^2$ についての 4 次関数になります．解答では，カンタンのために $\boldsymbol{12-a^2=t}$ とおいています．

### 解答

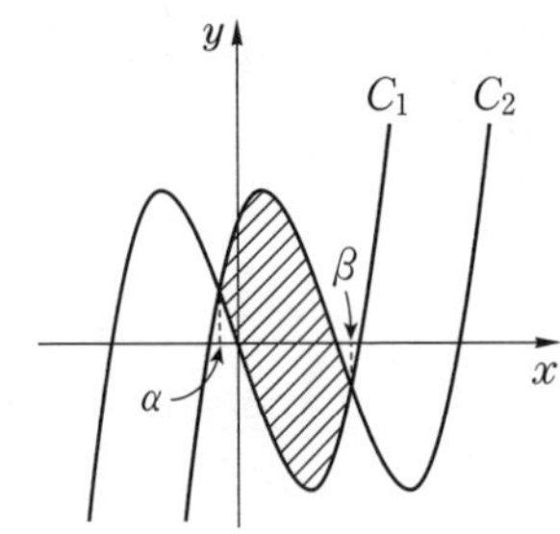


(1) 題意から

$$C_2 : y=(x-a)^3-3(x-a)$$

である．

このとき，$a>0$ とから

$$(x-a)^3-3(x-a)=x^3-3x$$

$$\iff 3ax^2-3a^2x+a^3-3a=0$$

$$\iff 3x^2-3ax+a^2-3=0 \quad \cdots\cdots(*)$$

となり，(＊)が異なる 2 つの実数解をもつことが条件である．

(＊)の判別式を $D$ とおくと

$$D=9a^2-12(a^2-3)=36-3a^2>0$$

$$\therefore \quad -2\sqrt{3}<a<2\sqrt{3}$$

よって，$a>0$ と合わせて $a$ の範囲は

$$\boldsymbol{0<a<2\sqrt{3}}$$

◀$C_1 : y=f(x)$，$C_2 : y=g(x)$ とおく．公式を用いる場合 $g(x)-f(x)$ の $x^2$ の係数が $-3a$ で，図のように $C_1$，$C_2$ の交点の $x$ 座標を $\alpha$，$\beta$ とおけば

$$S(a)=\frac{3a}{6}(\beta-\alpha)^3$$

となる．(＊)から間違って

$$S(a)=\frac{3}{6}(\beta-\alpha)^3$$

としないように．

である．

次に，(＊)の２解を $\alpha$，$\beta$ ($\alpha<\beta$) とおくと

$$(＊) \iff x=\frac{3a\pm\sqrt{36-3a^2}}{6}$$

$$\therefore \quad \beta-\alpha=\frac{\sqrt{36-3a^2}}{3}$$

よって左ページの図とから，面積 $S(a)$ は

$$S(a)=\int_{\alpha}^{\beta}\{(x-a)^3-3(x-a)-(x^3-3x)\}dx$$

$$=-3a\int_{\alpha}^{\beta}(x-\alpha)(x-\beta)dx$$

$$=\frac{a}{2}(\beta-\alpha)^3=\frac{a}{2}\left(\frac{\sqrt{36-3a^2}}{3}\right)^3$$

$$=\boldsymbol{\frac{\sqrt{3}}{18}a(12-a^2)^{\frac{3}{2}}}$$

◀解と係数の関係から

$\alpha+\beta=a$，$\alpha\beta=\dfrac{a^2-3}{3}$

$(\beta-\alpha)^2=(\alpha+\beta)^2-4\alpha\beta$

$=a^2-4\cdot\dfrac{a^2-3}{3}$

$=\dfrac{12-a^2}{3}$

$\therefore \quad \beta-\alpha=\sqrt{\dfrac{12-a^2}{3}}$

としてもよい．

(2) (1)から

$$S(a)=\frac{\sqrt{3}}{18}\sqrt{a^2(12-a^2)^3}$$

ここで，$12-a^2=t$ とおくと，$0<t<12$ で

$$S(a)=\frac{\sqrt{3}}{18}\sqrt{(12-t)t^3}$$

さらに，$f(t)=(12-t)t^3$ ($0<t<12$) とおくと

$$f'(t)=36t^2-4t^3=4t^2(9-t)$$

となり，増減表は次のとおり．

| $t$ | 0 | $\cdots$ | 9 | $\cdots$ | 12 |
|---|---|---|---|---|---|
| $f'(t)$ | | $+$ | 0 | $-$ | |
| $f(t)$ | | ↗ | | ↘ | |

よって，$f(t)$ は $t=9$ で最大となるから，$S(a)$ の最大値は

$$\frac{\sqrt{3}}{18}\sqrt{f(9)}=\frac{\sqrt{3}}{18}\sqrt{3\cdot9^3}=\boldsymbol{\frac{9}{2}}$$

である．

◀数Ⅲの計算ならば，そのまま微分して

$S'(a)$

$=\dfrac{2\sqrt{3}}{9}(3-a^2)\sqrt{12-a^2}$

となる．

**メインポイント**

**最大・最小の問題では，置き換えて計算をラクにする**

# 72 3次関数と面積 (1)

**アプローチ**

3次関数と接線の囲む面積の問題では

$$\int_{\alpha}^{\beta}(x-\alpha)(x-\beta)^2dx=\frac{1}{12}(\beta-\alpha)^4$$

を使います．この公式は，**計算過程も合わせて**覚えておきましょう．

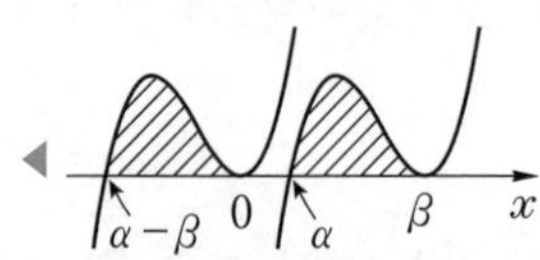


◀上図のように，グラフと積分区間を $x$ 軸方向に $-\beta$ だけ平行移動して

$\int_{\alpha}^{\beta}(x-\alpha)(x-\beta)^2dx$

$=\int_{\alpha-\beta}^{0}(x+\beta-\alpha)x^2dx$

$=\left[\frac{x^4}{4}+(\beta-\alpha)\cdot\frac{x^3}{3}\right]_{\alpha-\beta}^{0}$

$=\frac{1}{12}(\beta-\alpha)^4$

($(x-\beta)^2$ が $x^2$ となるように平行移動する)

**解答**

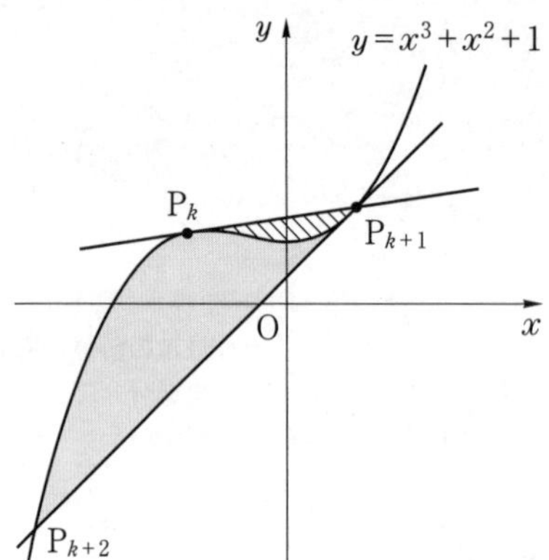


(1) $y'=3x^2+2x$ から，$P_0(1,\ 3)$ における接線の方程式は

$$y=5x-2$$

であり，$C$ との $P_0$ 以外の交点は

$$x^3+x^2+1=5x-2$$

$$\iff x^3+x^2-5x+3=0$$

$$\therefore\quad (x-1)^2(x+3)=0$$

とから，$P_1(-3,\ -17)$ となる．

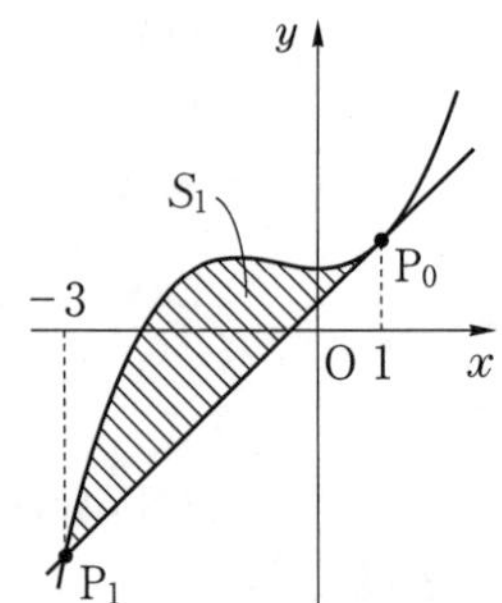


◀$P_0$ で接するから，$(x-1)^2$ を因数にもつ．

よって

$$S_1=\int_{-3}^{1}(x-1)^2(x+3)dx$$

$$=\int_{-4}^{0}x^2(x+4)dx$$

$$=\left[\frac{x^4}{4}+\frac{4}{3}x^3\right]_{-4}^{0}=\mathbf{\frac{64}{3}}$$

(2) $P_k(x_k,\ {x_k}^3+{x_k}^2+1)$ における接線は

$$y=(3{x_k}^2+2x_k)x-2{x_k}^3-{x_k}^2+1$$

このとき

$$x^3+x^2+1$$
$$=(3x_k{}^2+2x_k)x-2x_k{}^3-x_k{}^2+1$$
$$\Longleftrightarrow x^3+x^2-(3x_k{}^2+2x_k)x+2x_k{}^3+x_k{}^2=0$$
$$\Longleftrightarrow (x-x_k)^2(x+2x_k+1)=0$$
$$\therefore\quad x_{k+1}=-2x_k-1$$
$$\Longleftrightarrow x_{k+1}+\frac{1}{3}=-2\left(x_k+\frac{1}{3}\right)$$
$$\therefore\quad x_k+\frac{1}{3}=(-2)^k\left(x_0+\frac{1}{3}\right)=\frac{1}{3}(-2)^{k+2}$$
$$\therefore\quad x_k=\boldsymbol{\frac{1}{3}\{(-2)^{k+2}-1\}}$$

◀$\mathrm{P}_k$ で接するから，$(x-x_k)^2$ を因数にもつ．

(3)　$S_k$ の定義から

$$S_k=\left|\int_{x_k}^{x_{k-1}}(x-x_{k-1})^2(x-x_k)\,dx\right|$$
$$=\left|\int_{x_k-x_{k-1}}^{0}x^2\{x-(x_k-x_{k-1})\}\,dx\right|$$
$$=\left|\left[\frac{x^4}{4}-(x_k-x_{k-1})\cdot\frac{x^3}{3}\right]_{x_k-x_{k-1}}^{0}\right|$$
$$=\left|\left\{-\frac{(x_k-x_{k-1})^4}{4}+\frac{(x_k-x_{k-1})^4}{3}\right\}\right|$$
$$=\frac{1}{12}(x_k-x_{k-1})^4$$

◀答案にはこの計算過程が必要．

ここで，(2)から $x_k-x_{k-1}=-(-2)^{k+1}$ だから

$$S_k=\frac{1}{12}\{-(-2)^{k+1}\}^4=\boldsymbol{\frac{2^{4k+2}}{3}}$$

**補足**　**66** の計算も，上の **解答** と同様にできます．

$$\int_\alpha^\beta(x-\alpha)^2(x-\beta)^2dx$$
$$=\int_0^{\beta-\alpha}x^2\{x-(\beta-\alpha)\}^2dx$$
$$=\left[\frac{x^5}{5}-\frac{\beta-\alpha}{2}x^4+\frac{(\beta-\alpha)^2}{3}x^3\right]_0^{\beta-\alpha}=\frac{(\beta-\alpha)^5}{30}$$

**メインポイント**

$\boldsymbol{\int_\alpha^\beta(x-\alpha)(x-\beta)^2dx,\ \int_\alpha^\beta(x-\alpha)^2(x-\beta)^2dx}$ **の計算ができるように**

第6章

# 73 3次関数と面積 (2)

**アプローチ**

(1)の関数 $y=x^3-3ax^2+bx$ で考えてみます.

$$x^2-3ax+b=0$$

が異なる2つの実数解 $\alpha$, $\beta$ $(\alpha<\beta)$ をもつとき, 例えば $\int_\alpha^\beta (x^3-3ax^2+bx)dx$ の計算は, 文字が多くなり大変です. ところが

$$\int_\alpha^\beta \boldsymbol{x(x-\alpha)(x-\beta)dx}$$

とするだけで, 計算がラクになります.

◀計算すると

$$\left[\frac{x^4}{4}-\frac{\alpha+\beta}{3}x^3+\frac{\alpha\beta}{2}x^2\right]_\alpha^\beta$$
$$=\left(-\frac{\beta^4}{12}+\frac{\alpha\beta^3}{6}\right)-\left(-\frac{\alpha^4}{12}+\frac{\alpha^3\beta}{6}\right)$$
$$=\frac{\alpha^4-\beta^4}{12}+\frac{\alpha\beta(\beta^2-\alpha^2)}{6}$$

**解答**

(1) $y=x^3-3ax^2+bx$ のとき

$$y'=3x^2-6ax+b$$
$$=3(x-a)^2+b-3a^2$$

$C$の接線の傾きの最小値が $-3$ だから

$$b-3a^2=-3 \qquad \therefore \quad \boldsymbol{b=3(a^2-1)}$$

◀対称点で接線の傾きが最小になる.

(2) $y=0$ のとき, (1)から

$$x\{x^2-3ax+3(a^2-1)\}=0$$

ここで

$$f(x)=x^2-3ax+3(a^2-1)$$

とおくと, $f(x)=0$ が正の解と負の解をもつことが求める条件である.

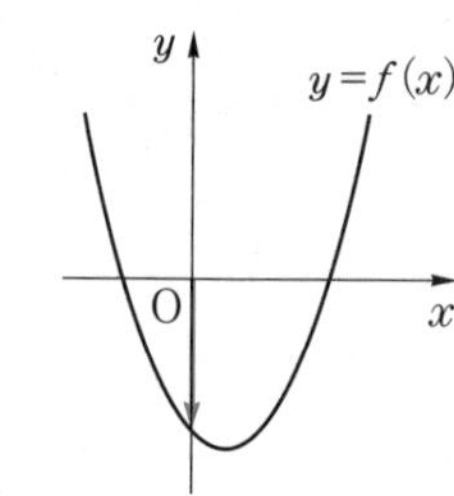


$$\therefore \quad f(0)=3(a^2-1)<0$$
$$\therefore \quad \boldsymbol{-1<a<1} \quad \cdots\cdots①$$

(3) $f(x)=0$ の負の解を $\alpha$, 正の解を $\beta$ とおくと, 解と係数の関係から

$$\alpha+\beta=3a,\ \alpha\beta=3(a^2-1) \quad \cdots\cdots②$$

このとき, $C$と$x$軸で囲まれた図形の面積を$S$とおくと

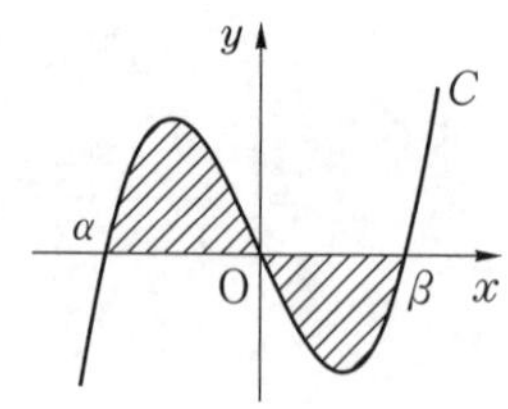


$$S=\int_\alpha^0 \{x^3-3ax^2+3(a^2-1)x\}dx$$
$$-\int_0^\beta \{x^3-3ax^2+3(a^2-1)x\}dx$$

$$=\int_\alpha^0 x(x-\alpha)(x-\beta)\,dx$$

◀$x(x-\alpha)(x-\beta)$
$=x^3-(\alpha+\beta)x^2+\alpha\beta x$

$$-\int_0^\beta x(x-\alpha)(x-\beta)\,dx$$

$$=\left[\frac{x^4}{4}-\frac{\alpha+\beta}{3}x^3+\frac{\alpha\beta}{2}x^2\right]_\alpha^0$$

$$-\left[\frac{x^4}{4}-\frac{\alpha+\beta}{3}x^3+\frac{\alpha\beta}{2}x^2\right]_0^\beta$$

$$=-\left(-\frac{\alpha^4}{12}+\frac{\alpha^3\beta}{6}\right)-\left(-\frac{\beta^4}{12}+\frac{\alpha\beta^3}{6}\right)$$

$$=\frac{1}{12}(\alpha^4+\beta^4)-\frac{1}{6}\alpha\beta(\alpha^2+\beta^2)$$

ここで，②から

$$\alpha^2+\beta^2=(\alpha+\beta)^2-2\alpha\beta$$

$$=9a^2-6(a^2-1)=3(a^2+2)$$

◀$\alpha+\beta=3a$，$\alpha\beta=3(a^2-1)$

$$\therefore\quad \alpha^4+\beta^4=(\alpha^2+\beta^2)^2-2\alpha^2\beta^2$$

$$=9(a^2+2)^2-18(a^2-1)^2$$

$$=9(-a^4+8a^2+2)$$

これらを代入して

$$S=\frac{1}{12}\cdot 9(-a^4+8a^2+2)$$

$$-\frac{1}{6}\cdot 3(a^2-1)\cdot 3(a^2+2)$$

$$=\frac{9}{4}(-a^4+2a^2+2)$$

$$\therefore\quad S'=9(-a^3+a)=-9a(a-1)(a+1)$$

よって，①において増減表は次のとおり．

| $a$ | $-1$ | $\cdots$ | $0$ | $\cdots$ | $1$ |
|---|---|---|---|---|---|
| $S'$ | | $-$ | $0$ | $+$ | |
| $S$ | | ↘ | | ↗ | |

これより，$\boldsymbol{a=0}$ で $S$ は最小になる．

**最小値**は $\boldsymbol{\frac{9}{2}}$ である．

**メインポイント**

**$\int_\alpha^\beta (x^3-3ax^2+bx)\,dx=\int_\alpha^\beta x(x-\alpha)(x-\beta)\,dx$ として計算する**

# 第7章 ベクトル，空間座標

## 74 位置ベクトルから比を求める

**アプローチ**

$$\alpha\overrightarrow{\mathrm{OA}}+\beta\overrightarrow{\mathrm{OB}}+\gamma\overrightarrow{\mathrm{OC}}=\vec{0}$$

$$\iff \overrightarrow{\mathrm{OA}}=-\frac{\beta+\gamma}{\alpha}\cdot\frac{\beta\overrightarrow{\mathrm{OB}}+\gamma\overrightarrow{\mathrm{OC}}}{\beta+\gamma}$$

と式変形します．$\overrightarrow{\mathrm{OD}}=\dfrac{\beta\overrightarrow{\mathrm{OB}}+\gamma\overrightarrow{\mathrm{OC}}}{\beta+\gamma}$ とおくと

Dは BC を $\gamma:\beta$ に内分する点

であり，$\overrightarrow{\mathrm{OA}}=-\dfrac{\beta+\gamma}{\alpha}\overrightarrow{\mathrm{OD}}$ だから

Oは AD を $(\beta+\gamma):\alpha$ に内分する点

です．D は線分 BC 上かつ直線 OA 上だから $\mathrm{D}=\mathrm{A}'$ となり，右図のような位置関係になります．

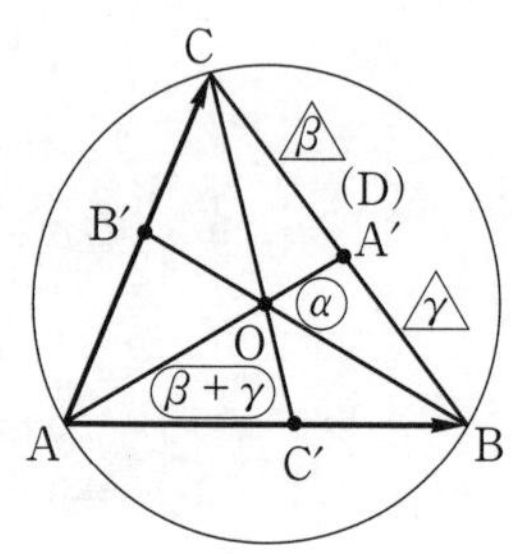


**解答**

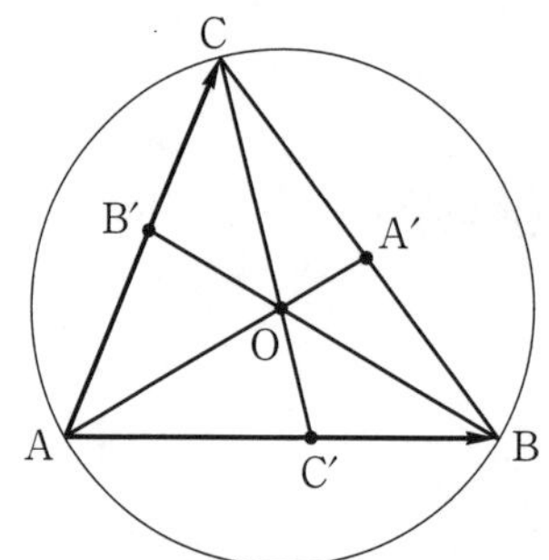


(1) A′ は直線 OA 上だから，$\overrightarrow{\mathrm{OA}'}=k\overrightarrow{\mathrm{OA}}$ とおけて

$$\alpha\overrightarrow{\mathrm{OA}}+\beta\overrightarrow{\mathrm{OB}}+\gamma\overrightarrow{\mathrm{OC}}=\vec{0}$$

が正数 $\alpha$，$\beta$，$\gamma$ に対して成り立つから

$$\overrightarrow{\mathrm{OA}'}=k\overrightarrow{\mathrm{OA}}$$

$$=k\cdot\left(-\frac{\beta\overrightarrow{\mathrm{OB}}+\gamma\overrightarrow{\mathrm{OC}}}{\alpha}\right)$$

一方，A′ は BC 上の点でもあるから

$$\left(-\frac{k\beta}{\alpha}\right)+\left(-\frac{k\gamma}{\alpha}\right)=-\frac{k(\beta+\gamma)}{\alpha}=1$$

$$\therefore\quad k=-\frac{\alpha}{\beta+\gamma}\qquad \therefore\quad \boldsymbol{\overrightarrow{\mathrm{OA}'}=-\frac{\alpha}{\beta+\gamma}\overrightarrow{\mathrm{OA}}}$$

◀ △ABC に対して，点Pを $\overrightarrow{\mathrm{AP}}=x\overrightarrow{\mathrm{AB}}+y\overrightarrow{\mathrm{AC}}$ で定めるとき
(i) 点Pが直線 BC 上 $\iff x+y=1$
(ii) 点Pが △ABC の内部 $\iff x>0,\ y>0,\ x+y<1$
が成り立つ．

(2)　(1)と同様にして

$$\overrightarrow{\mathrm{OB'}}=-\frac{\beta}{\gamma+\alpha}\overrightarrow{\mathrm{OB}},\quad \overrightarrow{\mathrm{OC'}}=-\frac{\gamma}{\alpha+\beta}\overrightarrow{\mathrm{OC}}$$

$\triangle\mathrm{A'B'C'}$ の外心がOのとき

$$|\overrightarrow{\mathrm{OA'}}|=|\overrightarrow{\mathrm{OB'}}|=|\overrightarrow{\mathrm{OC'}}|$$

$$\therefore\quad \frac{\alpha}{\beta+\gamma}|\overrightarrow{\mathrm{OA}}|=\frac{\beta}{\gamma+\alpha}|\overrightarrow{\mathrm{OB}}|=\frac{\gamma}{\alpha+\beta}|\overrightarrow{\mathrm{OC}}|$$

さらに，O は $\triangle\mathrm{ABC}$ の外心だから

$$|\overrightarrow{\mathrm{OA}}|=|\overrightarrow{\mathrm{OB}}|=|\overrightarrow{\mathrm{OC}}|$$

$$\therefore\quad \frac{\alpha}{\beta+\gamma}=\frac{\beta}{\gamma+\alpha}=\frac{\gamma}{\alpha+\beta}$$

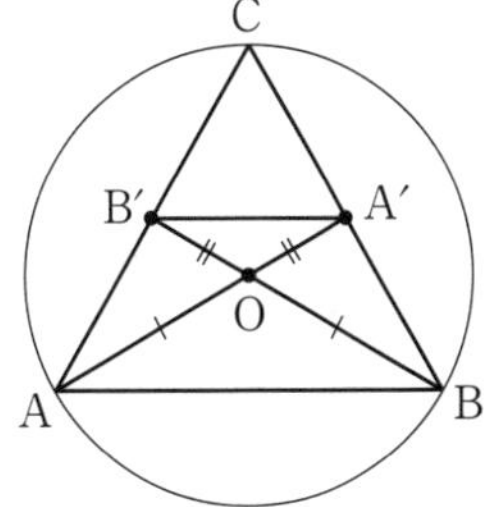


ここで，$\dfrac{\alpha}{\beta+\gamma}=\dfrac{\beta}{\gamma+\alpha}=\dfrac{\gamma}{\alpha+\beta}=k$ とおくと

$$\begin{cases}\alpha=k(\beta+\gamma),\quad \beta=k(\gamma+\alpha)\\ \gamma=k(\alpha+\beta)\end{cases}$$

辺々加えて

$$\alpha+\beta+\gamma=2k(\alpha+\beta+\gamma)$$

$\alpha+\beta+\gamma>0$ と合わせて，$k=\dfrac{1}{2}$ となり

$$\begin{cases}2\alpha=\beta+\gamma\ \cdots\cdots①,\quad 2\beta=\gamma+\alpha\ \cdots\cdots②\\ 2\gamma=\alpha+\beta\ \cdots\cdots③\end{cases}$$

①－②，②－③ から

$$3\alpha=3\beta,\quad 3\beta=3\gamma\qquad \therefore\quad \alpha=\beta=\gamma$$

◀ OA＝OB，OA′＝OB′ のとき，上の図から CA＝CB がわかる．
同様にして，$\triangle\mathrm{ABC}$ が正三角形となるからOは重心でもある．
$\therefore\quad \overrightarrow{\mathrm{OA}}+\overrightarrow{\mathrm{OB}}+\overrightarrow{\mathrm{OC}}=\vec{0}$
これを利用してもよい．

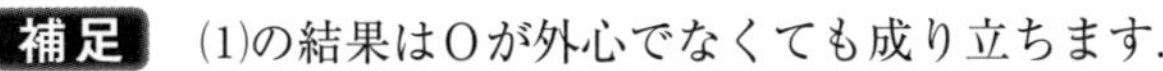

**補足**　(1)の結果はOが外心でなくても成り立ちます．
このとき，**アプローチ** の図から

$$\triangle\mathrm{OBC}=\frac{\alpha}{\alpha+\beta+\gamma}\triangle\mathrm{ABC}$$

同様にして

$$\triangle\mathrm{OBC}:\triangle\mathrm{OCA}:\triangle\mathrm{OAB}=\alpha:\beta:\gamma$$

となるのは，有名です．

**メインポイント**

$$\boldsymbol{\overrightarrow{\mathrm{OC}}=m\overrightarrow{\mathrm{OA}}+n\overrightarrow{\mathrm{OB}}=(m+n)\cdot\frac{m\overrightarrow{\mathrm{OA}}+n\overrightarrow{\mathrm{OB}}}{m+n}}$$ **からCの位置を定める**

# 75 メネラウスの定理の利用

## アプローチ

点Fは線分 AE，CD の交点だから

$$\overrightarrow{\mathrm{AF}}=k\overrightarrow{\mathrm{AE}}=k\cdot\frac{3\overrightarrow{\mathrm{AB}}+s\overrightarrow{\mathrm{AC}}}{s+3}$$

$$\overrightarrow{\mathrm{AF}}=\overrightarrow{\mathrm{AC}}+l\overrightarrow{\mathrm{CD}}=\frac{sl}{s+1}\overrightarrow{\mathrm{AB}}+(1-l)\overrightarrow{\mathrm{AC}}$$

と 2 通りに表して，係数比較して求めるのが基本です．ただ，**メネラウスの定理**はつねにねらっていましょう．計算が速くなります．

◀ $\dfrac{3k}{s+3}=\dfrac{sl}{s+1}$，$\dfrac{ks}{s+3}=1-l$ を解くと，$k=\dfrac{s(s+3)}{s^2+3s+3}$ が得られます．

## 解答

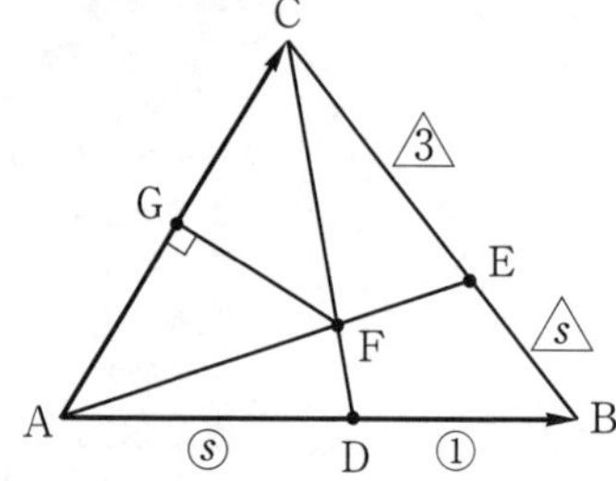


(1) メネラウスの定理から

$$\frac{\mathrm{AD}}{\mathrm{DB}}\cdot\frac{\mathrm{BC}}{\mathrm{CE}}\cdot\frac{\mathrm{EF}}{\mathrm{FA}}$$

$$=\frac{s}{1}\cdot\frac{s+3}{3}\cdot\frac{\mathrm{EF}}{\mathrm{FA}}=1$$

$$\therefore\quad \mathrm{AF}:\mathrm{FE}=s(s+3):3$$

$$\therefore\quad \overrightarrow{\mathrm{AF}}=\frac{s(s+3)}{s(s+3)+3}\overrightarrow{\mathrm{AE}}$$

$$=\frac{s(s+3)}{s(s+3)+3}\cdot\frac{3\overrightarrow{\mathrm{AB}}+s\overrightarrow{\mathrm{AC}}}{s+3}$$

$$=\frac{3s}{s^2+3s+3}\overrightarrow{\mathrm{AB}}+\frac{s^2}{s^2+3s+3}\overrightarrow{\mathrm{AC}}$$

$\overrightarrow{\mathrm{AB}}$，$\overrightarrow{\mathrm{AC}}$ は 1 次独立だから，$\overrightarrow{\mathrm{AF}}=\alpha\overrightarrow{\mathrm{AB}}+\beta\overrightarrow{\mathrm{AC}}$ とするとき

$$\boldsymbol{\alpha=\frac{3s}{s^2+3s+3},\quad \beta=\frac{s^2}{s^2+3s+3}}$$

◀ 次の図形を取り出して，メネラウスの定理を使う．

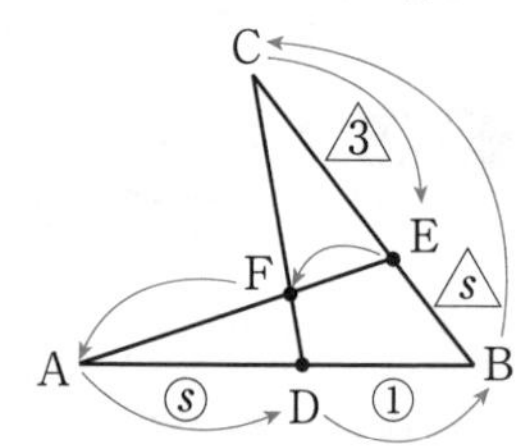

(2)　$\triangle$ACF において，AC が一定だから

$$\text{FG が最大} \iff \triangle\text{ACF の面積が最大}$$

が成り立つ．(1)から

$$\triangle\text{ACF}=\frac{s(s+3)}{s(s+3)+3}\triangle\text{ACE}$$

$$=\frac{s(s+3)}{s(s+3)+3}\cdot\frac{3}{s+3}\triangle\text{ABC}$$

$$=\frac{3s}{s^2+3s+3}\triangle\text{ABC}$$

ここで，$s>0$ と相加・相乗平均の関係から

$$\frac{3s}{s^2+3s+3}=\frac{3}{s+\frac{3}{s}+3}$$

$$\leqq\frac{3}{2\sqrt{s\cdot\frac{3}{s}}+3}=\frac{3}{2\sqrt{3}+3}$$

◀相加・相乗平均の関係
$a>0$，$b>0$ のとき
$$a+b\geqq 2\sqrt{ab}$$
が成り立つ．
等号は $a=b$ のとき．

等号は $s=\frac{3}{s}$，$s>0$ のときだから

FG は $\boldsymbol{s=\sqrt{3}}$ のとき最大

**参考**　**(面積に気づかない場合)**

$\overrightarrow{\text{AG}}=k\overrightarrow{\text{AC}}$ とおくと

$$\overrightarrow{\text{FG}}\cdot\overrightarrow{\text{AC}}=0 \iff (k\overrightarrow{\text{AC}}-\overrightarrow{\text{AF}})\cdot\overrightarrow{\text{AC}}=0$$

$$\therefore\quad k=\frac{\overrightarrow{\text{AF}}\cdot\overrightarrow{\text{AC}}}{|\overrightarrow{\text{AC}}|^2}\qquad\therefore\quad \overrightarrow{\text{AG}}=\frac{\overrightarrow{\text{AF}}\cdot\overrightarrow{\text{AC}}}{|\overrightarrow{\text{AC}}|^2}\overrightarrow{\text{AC}}$$

◀(正射影ベクトル)
$$\overrightarrow{\text{AG}}=\frac{\overrightarrow{\text{AF}}\cdot\overrightarrow{\text{AC}}}{|\overrightarrow{\text{AC}}|^2}\overrightarrow{\text{AC}}$$

$\overrightarrow{\text{AF}}=\alpha\overrightarrow{\text{AB}}+\beta\overrightarrow{\text{AC}}$ を代入して

◀とりあえず $\alpha$，$\beta$ のままで計算してみる．

$$\overrightarrow{\text{FG}}=\overrightarrow{\text{AG}}-\overrightarrow{\text{AF}}$$

$$=\left(\alpha\cdot\frac{\overrightarrow{\text{AB}}\cdot\overrightarrow{\text{AC}}}{|\overrightarrow{\text{AC}}|^2}+\beta\right)\overrightarrow{\text{AC}}-(\alpha\overrightarrow{\text{AB}}+\beta\overrightarrow{\text{AC}})$$

$$=\alpha\left(\frac{\overrightarrow{\text{AB}}\cdot\overrightarrow{\text{AC}}}{|\overrightarrow{\text{AC}}|^2}\overrightarrow{\text{AC}}-\overrightarrow{\text{AB}}\right)$$

◀
$$\frac{\overrightarrow{\text{AF}}\cdot\overrightarrow{\text{AC}}}{|\overrightarrow{\text{AC}}|^2}=\frac{\alpha\overrightarrow{\text{AB}}\cdot\overrightarrow{\text{AC}}+\beta|\overrightarrow{\text{AC}}|^2}{|\overrightarrow{\text{AC}}|^2}=\alpha\cdot\frac{\overrightarrow{\text{AB}}\cdot\overrightarrow{\text{AC}}}{|\overrightarrow{\text{AC}}|^2}+\beta$$

つまり，FG が最大となるのは $\alpha$ が最大のときです．

**メインポイント**

**まずは，メネラウスの定理で比がわからないかを考える**

第7章

# 76 垂線の足，角の二等分線

**アプローチ**

前問の 参考 に書きましたが，$\overrightarrow{AO}$ の直線 AB への正射影ベクトル $\overrightarrow{AD}$ は

$$\overrightarrow{AD}=\frac{\overrightarrow{AO}\cdot\overrightarrow{AB}}{|\overrightarrow{AB}|^2}\overrightarrow{AB}=\frac{m}{l^2}\overrightarrow{AB}$$

ですが，本問では長さがわかるので

$$\overrightarrow{AD}=\frac{AD}{AB}\overrightarrow{AB}$$

としています．

◀$\angle BAO=\theta$ として
$\overrightarrow{AO}\cdot\overrightarrow{AB}$
$=AO\cdot AB\cos\theta$
$=AO\cdot AH'$
$=m$ （$(*)$より）

**解答**

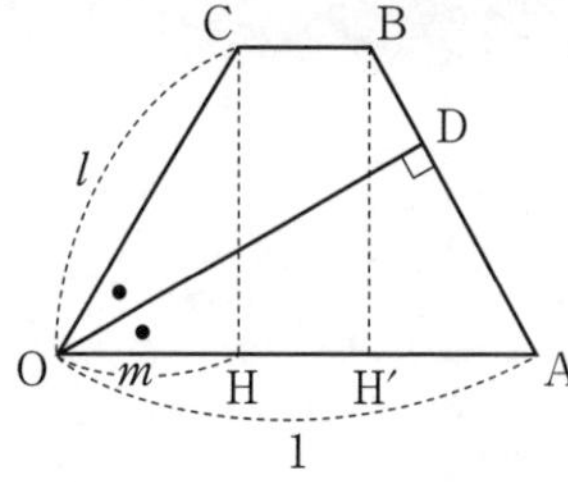


(1) C，B から OA にそれぞれ垂線 CH，BH′ を下ろす．$\angle AOC=\theta$ とおくと

$$\vec{a}\cdot\vec{c}=|\vec{a}|(|\vec{c}|\cos\theta)=|\vec{a}|\cdot OH$$

よって，$|\vec{a}|=1$，$\vec{a}\cdot\vec{c}=m$ から

$$OH=AH'=m \quad \cdots\cdots(*)$$

$$\therefore\quad \overrightarrow{OH}=m\vec{a},\ \overrightarrow{AH'}=-m\vec{a}$$

$$\therefore\quad \overrightarrow{AB}=\overrightarrow{AH'}+\overrightarrow{H'B}$$
$$=-m\vec{a}+\overrightarrow{HC}$$
$$=-m\vec{a}+(\vec{c}-m\vec{a})$$
$$=\boldsymbol{-2m\vec{a}+\vec{c}}$$

また，$\cos\theta=\dfrac{m}{l}$ より

$$AD=OA\cos\theta=\frac{m}{l}$$

$$\therefore\quad \overrightarrow{OD}=\overrightarrow{OA}+\overrightarrow{AD}$$
$$=\vec{a}+\frac{m}{l^2}\overrightarrow{AB}$$

◀上の図で
$0\leqq\theta\leqq\dfrac{\pi}{2}$ のとき
$OB\cos\theta=OH$
$\dfrac{\pi}{2}\leqq\theta\leqq\pi$ のとき
$OB\cos\theta=-OH$
よって，OB の直線 OA への正射影を《OB の影》とすると
$\overrightarrow{OA}\cdot\overrightarrow{OB}$
$=OA\cdot$《OB の影》
ただし，$\dfrac{\pi}{2}\leqq\theta\leqq\pi$ のときは《OB の影》は負とする．

$$=\vec{a}+\frac{m}{l^2}(-2m\vec{a}+\vec{c})$$

$$=\left(1-\frac{2m^2}{l^2}\right)\vec{a}+\frac{m}{l^2}\vec{c}$$

(2)　(1)から $\overrightarrow{AD}=\frac{m}{l^2}\overrightarrow{AB}$ であり，点Dが辺 AB を 2：1 に内分するとき

$$\frac{m}{l^2}=\frac{2}{3} \qquad \therefore \quad 2l^2=3m \quad \cdots\cdots ①$$

また，OD が ∠AOC を 2 等分するから

$$\overrightarrow{OD}=k(l\vec{a}+\vec{c})$$

と表せて，(1)とから

◀ 48 でも扱ったが，角の二等分線はひし形をつくればよい．

$$\left(1-\frac{2m^2}{l^2}\right):\frac{m}{l^2}=l:1$$

$$2\left(\frac{m}{l}\right)^2+\frac{m}{l}-1=0$$

$$\left(\frac{m}{l}+1\right)\left(\frac{2m}{l}-1\right)=0$$

$l$，$m$ は正だから

$$\frac{2m}{l}-1=0 \qquad \therefore \quad l=2m$$

①と合わせて，$8m^2=3m$ だから

$$\boldsymbol{m=\frac{3}{8}} \quad (m>0 \text{ より}) \qquad \therefore \quad \boldsymbol{l=\frac{3}{4}}$$

**注意!**　(2)では，$\angle AOD=\alpha$ とおくと

$$\angle OAD=\angle AOC=2\alpha$$

よって，$\angle ODA=90°$ とから

$$\alpha+2\alpha=90° \qquad \therefore \quad \alpha=30°$$

$$\therefore \quad AD=OA\cos 60°=\frac{1}{2}$$

$$\therefore \quad l=\frac{3}{2}AD=\frac{3}{4},\quad m=l\cos 60°=\frac{3}{8}$$

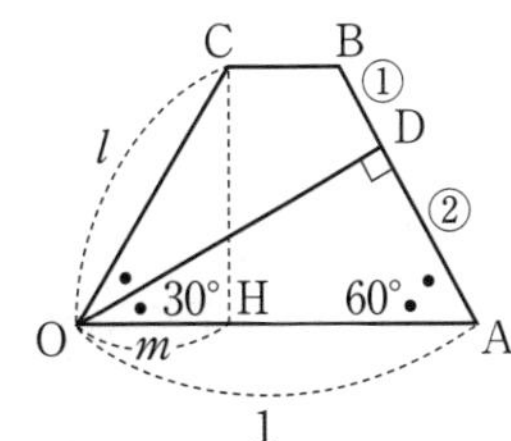


**メインポイント**

**$\overrightarrow{OA}\cdot\overrightarrow{OB}$＝OA・《OB の影》（OB の影は符号つき）とみる**

# 77 平面のベクトル表示

アプローチ

3点A，B，Cでつくる平面上の点Pは

$$\overrightarrow{\mathrm{AP}}=x\overrightarrow{\mathrm{AB}}+y\overrightarrow{\mathrm{AC}}$$

を満たします．本問は，平面RSTと直線BCの交点を求める問題です．なお，補足で示しますがメネラウスの定理から

$$\frac{\mathrm{OR}}{\mathrm{RA}}\cdot\frac{\mathrm{AS}}{\mathrm{SB}}\cdot\frac{\mathrm{BP}}{\mathrm{PC}}\cdot\frac{\mathrm{CT}}{\mathrm{TO}}=1$$

が成り立ちます．

◀ 4点A，B，C，Pが同一平面上にあるための必要十分条件は
(i) A，B，Cが同一直線上
または
(ii) $\overrightarrow{\mathrm{AP}}=x\overrightarrow{\mathrm{AB}}+y\overrightarrow{\mathrm{AC}}$
です．
(i)を忘れないように．

解答

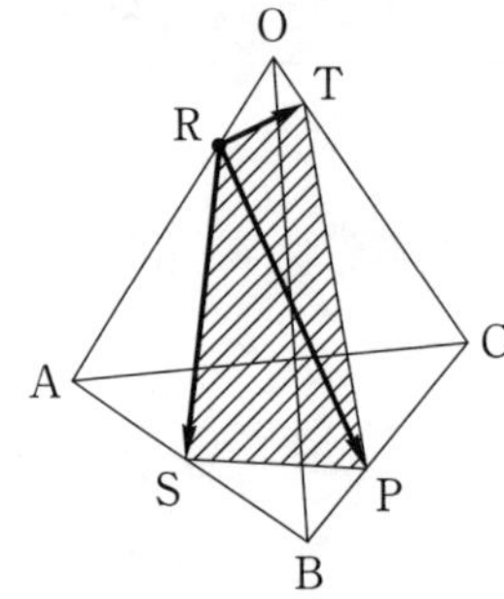


(1) 条件から

$$\overrightarrow{\mathrm{OR}}=\frac{1}{4}\vec{a},\ \overrightarrow{\mathrm{OS}}=\frac{1}{2}(\vec{a}+\vec{b}),$$

$$\overrightarrow{\mathrm{OT}}=\frac{1}{10}\vec{c}$$

◀(1)，(2)，(3)がキレイに誘導になっている．

となるから

$$\overrightarrow{\mathrm{RS}}=\overrightarrow{\mathrm{OS}}-\overrightarrow{\mathrm{OR}}=\boldsymbol{\frac{1}{4}\vec{a}+\frac{1}{2}\vec{b}}$$

$$\overrightarrow{\mathrm{RT}}=\overrightarrow{\mathrm{OT}}-\overrightarrow{\mathrm{OR}}=\boldsymbol{-\frac{1}{4}\vec{a}+\frac{1}{10}\vec{c}}$$

(2) $\overrightarrow{\mathrm{RP}}=\overrightarrow{\mathrm{RB}}+\overrightarrow{\mathrm{BP}}=\overrightarrow{\mathrm{RB}}+t\overrightarrow{\mathrm{BC}}$

$$=-\overrightarrow{\mathrm{OR}}+(1-t)\overrightarrow{\mathrm{OB}}+t\overrightarrow{\mathrm{OC}}$$

$$=\boldsymbol{-\frac{1}{4}\vec{a}+(1-t)\vec{b}+t\vec{c}}$$

(3) 点Pが3点R, S, Tで定まる平面上にあるとき

R, S, Tは一直線上にないから

$$\overrightarrow{\mathrm{RP}}=x\overrightarrow{\mathrm{RS}}+y\overrightarrow{\mathrm{RT}}$$

と表せる. よって, (1)とから

$$\overrightarrow{\mathrm{RP}}=x\left(\frac{1}{4}\vec{a}+\frac{1}{2}\vec{b}\right)+y\left(-\frac{1}{4}\vec{a}+\frac{1}{10}\vec{c}\right)$$

$$=\frac{x-y}{4}\vec{a}+\frac{x}{2}\vec{b}+\frac{y}{10}\vec{c}$$

となる. $\vec{a}$, $\vec{b}$, $\vec{c}$ は1次独立だから(2)と合わせて

$$\frac{x-y}{4}=-\frac{1}{4},\quad \frac{x}{2}=1-t,\quad \frac{y}{10}=t$$

$$\therefore\quad 2(1-t)-10t=-1 \qquad \therefore\quad \boldsymbol{t=\frac{1}{4}}$$

**補足** 図のようにTRの延長とCAの延長の交点をQとします. メネラウスの定理から

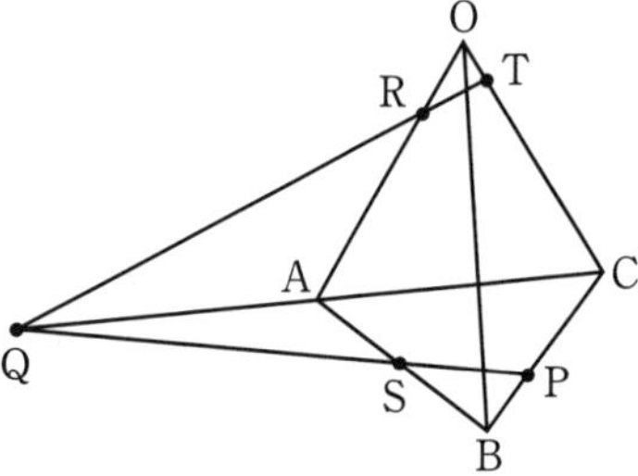


$$\frac{\mathrm{BP}}{\mathrm{PC}}\cdot\frac{\mathrm{CQ}}{\mathrm{QA}}\cdot\frac{\mathrm{AS}}{\mathrm{SB}}=1,$$

$$\frac{\mathrm{OT}}{\mathrm{TC}}\cdot\frac{\mathrm{CQ}}{\mathrm{QA}}\cdot\frac{\mathrm{AR}}{\mathrm{RO}}=1$$

よって, 辺々割れば

$$\left(\frac{\mathrm{BP}}{\mathrm{PC}}\cdot\frac{\mathrm{AS}}{\mathrm{SB}}\right)\left(\frac{\mathrm{TC}}{\mathrm{OT}}\cdot\frac{\mathrm{RO}}{\mathrm{AR}}\right)=1$$

$$\Longleftrightarrow\ \frac{\mathrm{OR}}{\mathrm{RA}}\cdot\frac{\mathrm{AS}}{\mathrm{SB}}\cdot\frac{\mathrm{BP}}{\mathrm{PC}}\cdot\frac{\mathrm{CT}}{\mathrm{TO}}=1$$

この式に代入して

$$\frac{1}{3}\cdot\frac{1}{1}\cdot\frac{t}{1-t}\cdot\frac{9}{1}=1 \qquad \therefore\quad t=\frac{1}{4}$$

**メインポイント**

**3点A, B, Cでつくる平面上の点Pは, $\overrightarrow{\mathrm{AP}}=x\overrightarrow{\mathrm{AB}}+y\overrightarrow{\mathrm{AC}}$ と表せる**

第7章

# 78 内分比から体積比

**アプローチ**

四面体OABCに対して，P，Q，Rを

$\overrightarrow{OP}=p\overrightarrow{OA}$，$\overrightarrow{OQ}=q\overrightarrow{OB}$，$\overrightarrow{OR}=r\overrightarrow{OC}$

で定めるとき

$\triangle OPQ=|pq|\triangle OAB$

であり，C，Rから平面OABに下ろした垂線の足をそれぞれH，H′とおくと

$CH:RH'=OC:OR=1:|r|$

が成り立ちます．よって

**(四面体OPQR)$=|pqr|$(四面体OABC)**

となります．なお，右図は$p$，$q$，$r$が正の場合です．

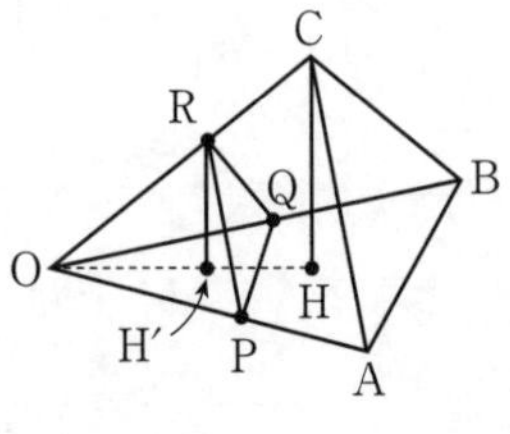


**解答**

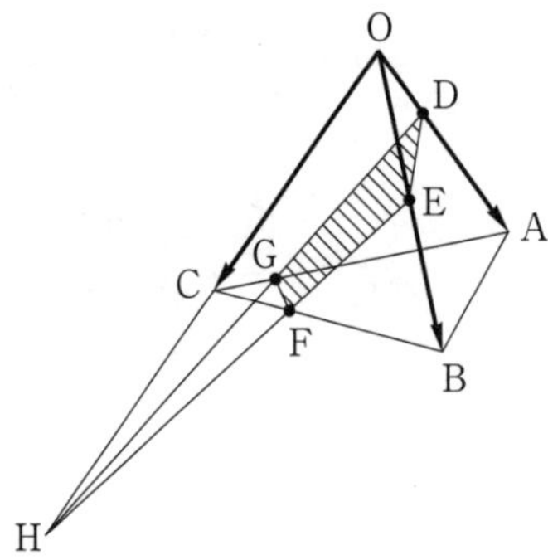


(1)　Gは平面$\alpha$上だから

$$\overrightarrow{EG}=x\overrightarrow{ED}+y\overrightarrow{EF}$$

$$=x\left(\frac{1}{3}\vec{a}-\frac{1}{2}\vec{b}\right)+y\left(\frac{\vec{b}+2\vec{c}}{3}-\frac{1}{2}\vec{b}\right)$$

◀前問と同じく，Gは平面と直線の交点．

$$=\frac{x}{3}\vec{a}-\frac{3x+y}{6}\vec{b}+\frac{2y}{3}\vec{c}\ \cdots\cdots(*)$$

一方，Gは直線AC上だから

$$\overrightarrow{EG}=\overrightarrow{EA}+t\overrightarrow{AC}$$

$$=\left(\vec{a}-\frac{1}{2}\vec{b}\right)+t(\vec{c}-\vec{a})$$

$$=(1-t)\vec{a}-\frac{1}{2}\vec{b}+t\vec{c}$$

$\vec{a}$, $\vec{b}$, $\vec{c}$ は1次独立だから

$$\frac{x}{3}=1-t,\quad \frac{3x+y}{6}=\frac{1}{2},\quad \frac{2y}{3}=t$$

$$\iff x=3(1-t),\ 3x+y=3,\ y=\frac{3}{2}t$$

$$\therefore\quad 9(1-t)+\frac{3}{2}t=3 \qquad \therefore\quad t=\frac{4}{5}$$

$$\therefore\quad \overrightarrow{OG}=\boldsymbol{\frac{1}{5}\vec{a}+\frac{4}{5}\vec{c}}$$

◀前問と同様にして
$\frac{AD}{DO}\cdot\frac{OE}{EB}\cdot\frac{BF}{FC}\cdot\frac{CG}{GA}$
$=\frac{2}{1}\cdot\frac{1}{1}\cdot\frac{2}{1}\cdot\frac{CG}{GA}=1$
$\therefore$ AG：GC＝4：1

(2) Hは平面$\alpha$上にあるから，(1)の(＊)から

$$\overrightarrow{EH}=\frac{x'}{3}\vec{a}-\frac{3x'+y'}{6}\vec{b}+\frac{2y'}{3}\vec{c}$$

と表せる．一方，H は直線 OC 上にもあるから

$$\overrightarrow{EH}=\overrightarrow{EO}+s\overrightarrow{OC}=-\frac{1}{2}\vec{b}+s\vec{c}$$

とも表せる．$\vec{a}$, $\vec{b}$, $\vec{c}$ は1次独立だから

$$\frac{x'}{3}=0,\quad \frac{3x'+y'}{6}=\frac{1}{2},\quad \frac{2y'}{3}=s$$

$$\iff x'=0,\ y'=3,\ s=2$$

$\therefore$ OC：CH＝**1：1**

◀メネラウスの定理から
$\frac{AD}{DO}\cdot\frac{OH}{HC}\cdot\frac{CG}{GA}$
$=\frac{2}{1}\cdot\frac{OH}{HC}\cdot\frac{1}{4}=1$
$\therefore$ OH：HC＝2：1
$\therefore$ OC：CH＝1：1
としてもよい．

◀$s=2$ からわかる．

(3) 四面体 OABC の体積を $V$ とおくと，(2)から

四面体 ODEH の体積：$\frac{1}{3}\cdot\frac{1}{2}\cdot 2\cdot V=\frac{1}{3}V$

また，四面体 CABH の体積を $V'$ とおくと，(2)より OC＝CH だから $V'=V$ である．

$\therefore$ 四面体 CGFH の体積：$\frac{1}{5}\cdot\frac{1}{3}\cdot 1\cdot V=\frac{1}{15}V$

よって，2つの体積の差は $\frac{1}{3}V-\frac{1}{15}V=\frac{4}{15}V$

となり，求める2つの体積比は

$$\frac{4}{15}V:\left(V-\frac{4}{15}V\right)=\mathbf{4:11}$$

である．

**メインポイント**

**四面体 OABC において，OA を $p$ 倍，OB を $q$ 倍，OC を $r$ 倍すると，体積は $|pqr|$ 倍になる**

第7章

# 79 平面に下ろした垂線の足

**アプローチ**

Oから平面 ABC に垂線 ON を下ろすとき，N が平面 ABC 上にあることから

$$\overrightarrow{ON}=s\vec{a}+t\vec{b}+u\vec{c}\quad(s+t+u=1)$$

とおけます(使えるようにしましょう).

条件から OA は平面 OBC に垂直で，球面上の 3 点 A，B，C は下図のような位置関係にあります．また，BC の中点をMとおくとき

$$OA=OB=OC,\ AB=AC$$

から，N は二等辺三角形 ABC の外心になります．

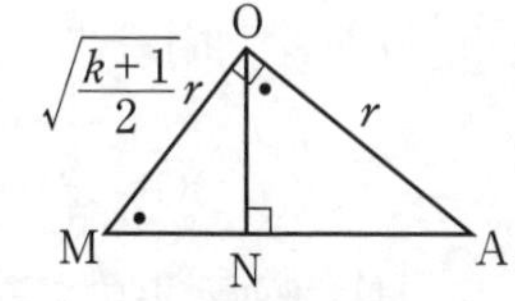


◀$OM=\left|\frac{\vec{b}+\vec{c}}{2}\right|$ から

$$OM=\sqrt{\frac{k+1}{2}}r$$

となり，上の図で相似から

$MN:NA=(k+1):2$

がわかります．

**解答**

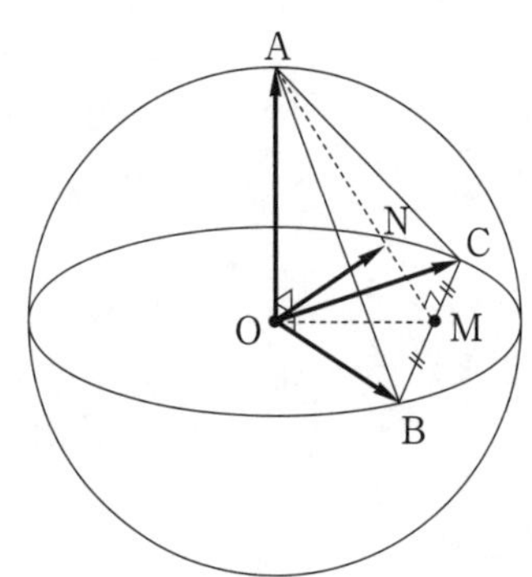


(1) Nは平面 ABC 上にあるから

$$\begin{aligned}\overrightarrow{ON}&=\overrightarrow{OA}+x\overrightarrow{AB}+y\overrightarrow{AC}\\&=\vec{a}+x(\vec{b}-\vec{a})+y(\vec{c}-\vec{a})\\&=(1-x-y)\vec{a}+x\vec{b}+y\vec{c}\end{aligned}$$

ここで，条件から $\vec{a}$，$\vec{b}$，$\vec{c}$ は 1 次独立になるから

$$\overrightarrow{ON}=s\vec{a}+t\vec{b}+u\vec{c}$$

とするとき

$$1-x-y=s,\ x=t,\ y=u$$

$$\therefore\quad s+t+u=1\ \cdots\cdots①$$

(2) $|\overrightarrow{ON}|$ が最小となるのは

Nが O から平面 ABC に下ろした垂線の足

となるときである．

$\therefore\quad \overrightarrow{ON}\cdot\overrightarrow{AB}=\overrightarrow{ON}\cdot\overrightarrow{BC}=0$

よって，$\overrightarrow{ON}=s\vec{a}+t\vec{b}+u\vec{c}$ とおくとき

$$\begin{cases}|\vec{a}|=|\vec{b}|=|\vec{c}|=r\\ \vec{a}\cdot\vec{b}=\vec{a}\cdot\vec{c}=0,\ \vec{b}\cdot\vec{c}=kr^2\end{cases}$$

と合わせて

$$\begin{aligned}&\overrightarrow{ON}\cdot\overrightarrow{AB}\\ &=(s\vec{a}+t\vec{b}+u\vec{c})\cdot(\vec{b}-\vec{a})\\ &=s(-r^2)+t\cdot r^2+u\cdot kr^2=0\end{aligned}$$

$\therefore\quad -s+t+ku=0$ ……②

$$\begin{aligned}&\overrightarrow{ON}\cdot\overrightarrow{BC}\\ &=(s\vec{a}+t\vec{b}+u\vec{c})\cdot(\vec{c}-\vec{b})\\ &=t(kr^2-r^2)+u(r^2-kr^2)=0\end{aligned}$$

ここで，$0\leqq k<1$ より

$kr^2-r^2=r^2(k-1)\neq 0 \qquad \therefore\quad t=u$ ……③

よって $0\leqq k<1$ のとき，①，②，③を解いて

$$\boldsymbol{s=\frac{k+1}{k+3},\ t=u=\frac{1}{k+3}}$$

◀Nが AM 上にあることを示せば $x=y$ となり $\overrightarrow{ON}=s\vec{a}+t\vec{b}+t\vec{c}$ $(s+2t=1)$ と表せる.

◀$\overrightarrow{ON}\cdot\overrightarrow{AC}=0$ $\iff -s+kt+u=0$ としてもよいが，$t=u$ にするために $\overrightarrow{ON}\cdot\overrightarrow{BC}=0$ にしている.

(3) 三角錐 OABC において，△OBC を底面にとると，条件

$\vec{a}\cdot\vec{b}=\vec{a}\cdot\vec{c}=0$

から，OA が高さになる.

$$\begin{aligned}\triangle OBC&=\frac{1}{2}\sqrt{|\vec{b}|^2|\vec{c}|^2-(\vec{b}\cdot\vec{c})^2}\\ &=\frac{1}{2}\sqrt{r^4-(kr^2)^2}\\ &=\frac{r^2}{2}\sqrt{1-k^2}\end{aligned}$$

$$\therefore\quad V=\frac{1}{3}\cdot\triangle OBC\cdot OA=\boldsymbol{\frac{r^3}{6}\sqrt{1-k^2}}$$

◀ベクトル，空間座標の場合の面積公式.

**メインポイント**

**$\overrightarrow{ON}$ が平面 ABC に垂直 $\iff$ $\overrightarrow{ON}\cdot\overrightarrow{AB}=\overrightarrow{ON}\cdot\overrightarrow{AC}=0$**

第7章

## 80 四面体の体積

**アプローチ**

誘導にのらないで，前問と同じように

$$\overrightarrow{\mathrm{OH}}=x\overrightarrow{\mathrm{OB}}+y\overrightarrow{\mathrm{OC}}$$

とおいて，$\overrightarrow{\mathrm{AH}}\cdot\overrightarrow{\mathrm{OB}}=\overrightarrow{\mathrm{AH}}\cdot\overrightarrow{\mathrm{OC}}=0$ を計算すると

$$\therefore\quad \overrightarrow{\mathrm{OH}}=\frac{a}{3}\left(\frac{\overrightarrow{\mathrm{OB}}}{b}+\frac{\overrightarrow{\mathrm{OC}}}{c}\right)$$

が得られます．これを使ってどの設問も計算できますが，誘導に沿った解答は次のようになります．

◀条件から
$\overrightarrow{\mathrm{AH}}\cdot\overrightarrow{\mathrm{OB}}=0$
$\iff 2bx+cy=a$
$\overrightarrow{\mathrm{AH}}\cdot\overrightarrow{\mathrm{OC}}=0$
$\iff bx+2cy=a$
となり，これを解いて
$x=\dfrac{a}{3b}$，$y=\dfrac{a}{3c}$

**解答**

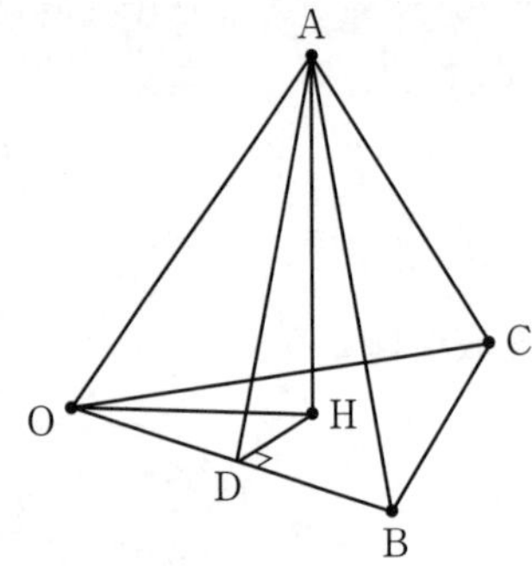


(1) $\overrightarrow{\mathrm{AH}}\cdot\overrightarrow{\mathrm{OB}}=0$ だから

$$\overrightarrow{\mathrm{OH}}\cdot\overrightarrow{\mathrm{OB}}=(\overrightarrow{\mathrm{OA}}+\overrightarrow{\mathrm{AH}})\cdot\overrightarrow{\mathrm{OB}}$$

$$=\overrightarrow{\mathrm{OA}}\cdot\overrightarrow{\mathrm{OB}}=ab\cos 60^\circ=\boldsymbol{\frac{1}{2}ab}$$

同様にして

$$\overrightarrow{\mathrm{OH}}\cdot\overrightarrow{\mathrm{OC}}=\overrightarrow{\mathrm{OA}}\cdot\overrightarrow{\mathrm{OC}}=\boldsymbol{\frac{1}{2}ac}$$

(2) $\angle\mathrm{BOH}=\alpha$，$\angle\mathrm{COH}=\beta$ とおくと，(1)から

◀$\overrightarrow{\mathrm{OH}}\cdot\overrightarrow{\mathrm{OB}}>0$，$\overrightarrow{\mathrm{OH}}\cdot\overrightarrow{\mathrm{OC}}>0$ から $\alpha$，$\beta$ は鋭角になる．

$$0<\alpha<\frac{\pi}{2},\quad 0<\beta<\frac{\pi}{2}$$

$$\cos\alpha=\frac{\overrightarrow{\mathrm{OH}}\cdot\overrightarrow{\mathrm{OB}}}{|\overrightarrow{\mathrm{OB}}||\overrightarrow{\mathrm{OH}}|}=\frac{a}{2|\overrightarrow{\mathrm{OH}}|},$$

$$\cos\beta=\frac{\overrightarrow{\mathrm{OH}}\cdot\overrightarrow{\mathrm{OC}}}{|\overrightarrow{\mathrm{OC}}||\overrightarrow{\mathrm{OH}}|}=\frac{a}{2|\overrightarrow{\mathrm{OH}}|}$$

よって，$\cos\alpha=\cos\beta$ となり $\alpha=\beta$ が成り立つ

から，線分 OH は $\angle\mathrm{BOC}$ を 2 等分する．

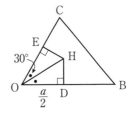

(3) $\overrightarrow{\mathrm{AD}}\cdot\overrightarrow{\mathrm{OB}}=(\overrightarrow{\mathrm{AH}}+\overrightarrow{\mathrm{HD}})\cdot\overrightarrow{\mathrm{OB}}$

$=\overrightarrow{\mathrm{AH}}\cdot\overrightarrow{\mathrm{OB}}+\overrightarrow{\mathrm{HD}}\cdot\overrightarrow{\mathrm{OB}}=0$

から，$\overrightarrow{\mathrm{AD}}\perp\overrightarrow{\mathrm{OB}}$ である．また，(2)とから右図のようになり

$$\mathrm{OD}=\mathrm{OA}\cos 60^\circ=\boldsymbol{\frac{a}{2}},$$

$$\mathrm{OH}=\frac{\mathrm{OD}}{\cos 30^\circ}=\boldsymbol{\frac{a}{\sqrt{3}}}$$

(4) (3)から

$$\mathrm{AH}=\sqrt{\mathrm{OA}^2-\mathrm{OH}^2}=\sqrt{\frac{2}{3}}a$$

となり，体積は

$$\frac{1}{3}\cdot\triangle\mathrm{OBC}\cdot\mathrm{AH}$$

$$=\frac{1}{3}\cdot\frac{1}{2}bc\sin 60^\circ\cdot\sqrt{\frac{2}{3}}a=\boldsymbol{\frac{\sqrt{2}}{12}abc}$$

**注意!** $\overrightarrow{\mathrm{OP}}\cdot\overrightarrow{\mathrm{OB}}=\mathrm{OB}\cdot$《OP の影》

と考えると，A を通り OB に垂直な平面上の P に対して，つねに

$$\overrightarrow{\mathrm{OP}}\cdot\overrightarrow{\mathrm{OB}}=\overrightarrow{\mathrm{OA}}\cdot\overrightarrow{\mathrm{OB}}$$

が成り立ちます．(1)では H がこの平面上にあるから

$$\overrightarrow{\mathrm{OH}}\cdot\overrightarrow{\mathrm{OB}}=\overrightarrow{\mathrm{OA}}\cdot\overrightarrow{\mathrm{OB}}$$

が成り立ちます．

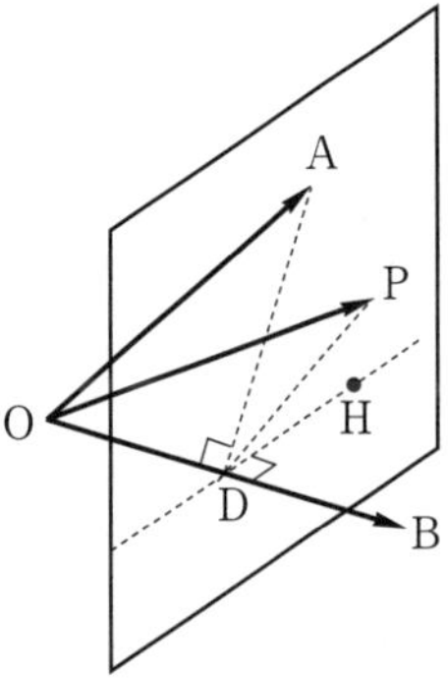


**メインポイント**

**垂線の足の問題では，内積計算に加えて図形的な特徴も利用する**

第7章

# 81 斜交座標

## アプローチ

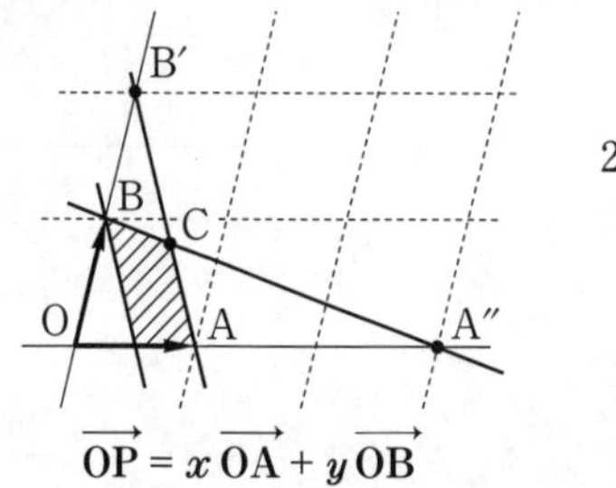


$\overrightarrow{\mathrm{OP}}=x\,\overrightarrow{\mathrm{OA}}+y\,\overrightarrow{\mathrm{OB}}$

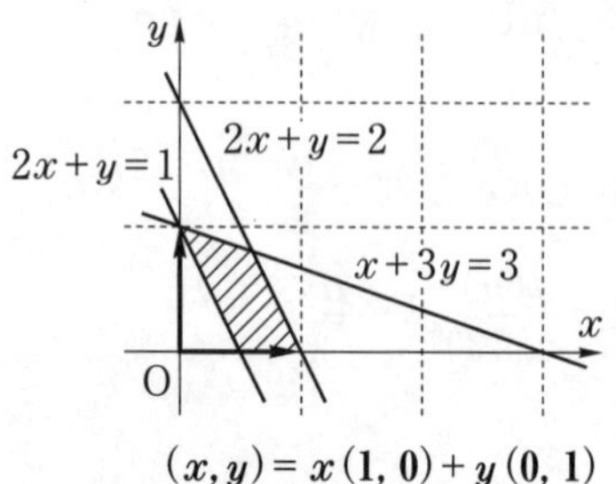


$(x,y)=x(1,0)+y(0,1)$

上の左図は$\overrightarrow{\mathrm{OA}}$，$\overrightarrow{\mathrm{OB}}$を基準にした**斜交座標**で，右図は**直交座標**です．

どちらも位置関係は同じで，左図のCについては右図を用いて

$$2x+y=2,\quad x+3y=3$$

を解くと $x=\dfrac{3}{5}$，$y=\dfrac{4}{5}$ となるから

$$\overrightarrow{\mathrm{OC}}=\frac{3}{5}\overrightarrow{\mathrm{OA}}+\frac{4}{5}\overrightarrow{\mathrm{OB}}$$

となります．慣れもあるので，まずは直交座標で考えてみましょう．

◀(3)の条件は，$s$，$t$ を $x$，$y$ に変えて
$x\geqq 0$，$y\geqq 0$，
$1\leqq 2x+y\leqq 2$，
$x+3y\leqq 3$
として，上の右図を描けばわかりやすくなります．

## 解答

(1) 余弦定理から

$$7^2=5^2+6^2-2\overrightarrow{\mathrm{OA}}\cdot\overrightarrow{\mathrm{OB}}$$

$$\therefore\quad \overrightarrow{\mathrm{OA}}\cdot\overrightarrow{\mathrm{OB}}=6$$

$$\therefore\quad \triangle\mathrm{OAB}=\frac{1}{2}\sqrt{5^2\cdot6^2-6^2}=\mathbf{6\sqrt{6}}$$

(2) $\overrightarrow{\mathrm{OA'}}=2\overrightarrow{\mathrm{OA}}$，$\overrightarrow{\mathrm{OB'}}=2\overrightarrow{\mathrm{OB}}$ と定める．

このとき

$$s\geqq 0,\quad t\geqq 0,\quad 1\leqq s+t\leqq 2$$

を満たす点Pが存在する領域は右図の斜線部になる．

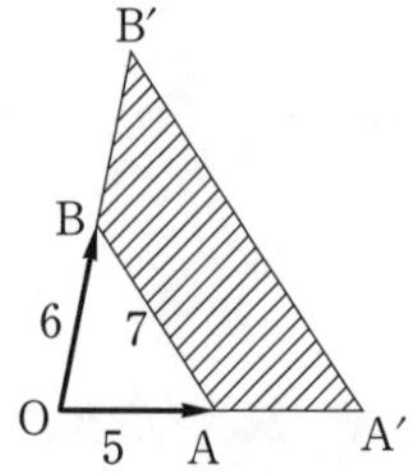


よって，面積は(1)とから

$$\triangle\mathrm{OA'B'}-\triangle\mathrm{OAB}$$

$$=(2^2-1)\triangle\mathrm{OAB}=\mathbf{18\sqrt{6}}$$

(3) $\overrightarrow{\mathrm{OA''}}=3\overrightarrow{\mathrm{OA}}$, $\overrightarrow{\mathrm{OA'''}}=\dfrac{1}{2}\overrightarrow{\mathrm{OA}}$ とし，AB′ と A″B の交点をCと定める．このとき

$$s\geqq0,\ t\geqq0,\ 1\leqq2s+t\leqq2,\ s+3t\leqq3$$

を満たす点Pが存在する領域は右図の斜線部になる．

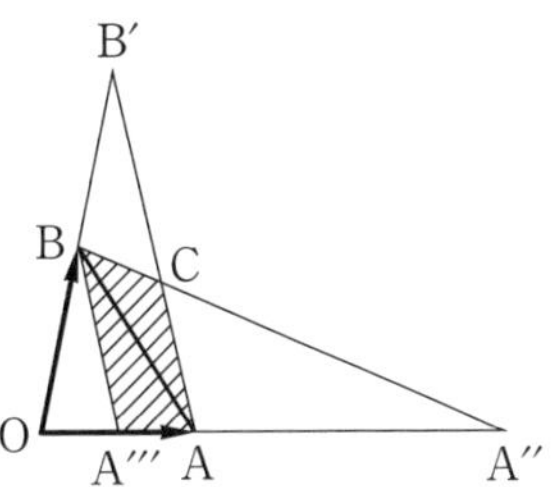

ここで，メネラウスの定理から

$$\frac{\mathrm{B'B}}{\mathrm{BO}}\cdot\frac{\mathrm{OA''}}{\mathrm{A''A}}\cdot\frac{\mathrm{AC}}{\mathrm{CB'}}$$
$$=\frac{1}{1}\cdot\frac{3}{2}\cdot\frac{\mathrm{AC}}{\mathrm{CB'}}=1$$

$\therefore\ \ \mathrm{AC}:\mathrm{CB'}=2:3$

よって，面積は

◀△ABA‴＋△ABC

$$\frac{1}{2}\triangle\mathrm{OAB}+\frac{2}{5}\triangle\mathrm{ABB'}$$
$$=\left(\frac{1}{2}+\frac{2}{5}\right)\triangle\mathrm{OAB}=\boldsymbol{\frac{27}{5}\sqrt{6}}$$

**補足**　(2)の領域は次のように示されます．

$s+t=k$, $1\leqq k\leqq2$ とおき $k$ を固定します．このとき

$$\overrightarrow{\mathrm{OP}}=k\left(\frac{s}{s+t}\overrightarrow{\mathrm{OA}}+\frac{t}{s+t}\overrightarrow{\mathrm{OB}}\right)$$

と表せます．ここで

$$\overrightarrow{\mathrm{OQ}}=\frac{s}{s+t}\overrightarrow{\mathrm{OA}}+\frac{t}{s+t}\overrightarrow{\mathrm{OB}}$$

とおき，$s$, $t$ を $s\geqq0$, $t\geqq0$ の範囲で動かすと

$$\frac{s}{s+t}\geqq0,\quad \frac{t}{s+t}\geqq0,\quad \frac{s}{s+t}+\frac{t}{s+t}=1$$

とから，Q は線分 AB を描きます．次に $k$ を $1\leqq k\leqq2$ の範囲で動かすと，$\overrightarrow{\mathrm{OP}}=k\overrightarrow{\mathrm{OQ}}$ から点Pは四角形 AA′B′B の内部および周上を描きます．

**注意!**　**補足** の説明をつけるのは大変だから，直交座標と同じように斜交座標でも領域がすぐに描けるようにしておくとよいでしょう．

**メインポイント**

**斜交座標と直交座標は，位置関係は同じ．まずは直交座標で考える**

# 82 外心，垂心の位置ベクトル

**アプローチ**

三角形の内心，外心，垂心の位置ベクトルは求められるようにしましょう．

**(内心 I)** 右図において

$$\mathrm{AD}:\mathrm{DB}=b:a \qquad \therefore\quad \mathrm{AD}=\frac{bc}{a+b}$$

$$\therefore\quad \mathrm{CI}:\mathrm{ID}=\mathrm{AC}:\mathrm{AD}=(a+b):c$$

$$\therefore\quad \overrightarrow{\mathrm{CI}}=\frac{a+b}{a+b+c}\overrightarrow{\mathrm{CD}}=\frac{a\overrightarrow{\mathrm{CA}}+b\overrightarrow{\mathrm{CB}}}{a+b+c}$$

となります．

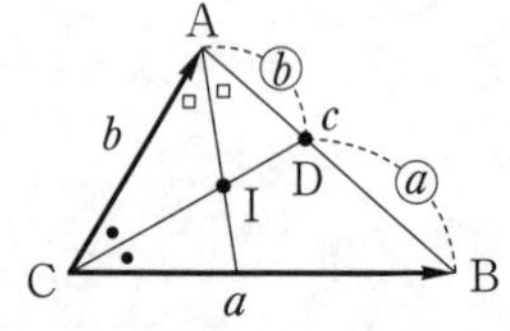


**解答**

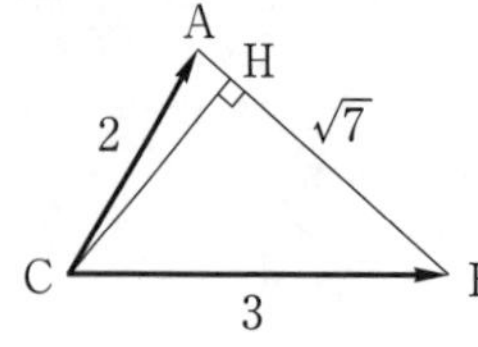


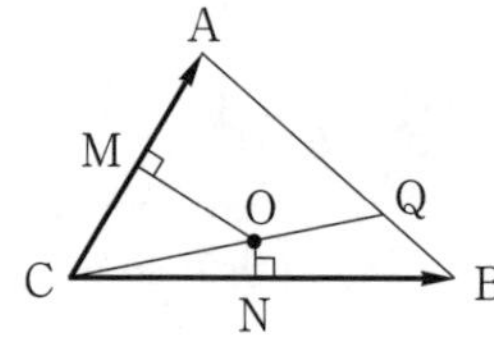


(1) 余弦定理から

$$7=2^2+3^2-2\vec{a}\cdot\vec{b} \qquad \therefore\quad \vec{a}\cdot\vec{b}=3$$

Hは直線 AB 上だから

$$\overrightarrow{\mathrm{CH}}=\overrightarrow{\mathrm{CA}}+t\overrightarrow{\mathrm{AB}}=(1-t)\vec{a}+t\vec{b}$$

とおけて，CH⊥AB だから

$$\overrightarrow{\mathrm{CH}}\cdot\overrightarrow{\mathrm{AB}}=0$$

$$\iff \{(1-t)\vec{a}+t\vec{b}\}\cdot(\vec{b}-\vec{a})=0$$

$$\iff (1-t)(3-4)+t(9-3)=0$$

$$\therefore\quad t=\frac{1}{7} \qquad \therefore\quad \overrightarrow{\mathrm{CH}}=\frac{\mathbf{6}}{\mathbf{7}}\boldsymbol{\vec{a}}+\frac{\mathbf{1}}{\mathbf{7}}\boldsymbol{\vec{b}}$$

◀ ∠CAB$=\theta$ とおくと，余弦定理から

$$\cos\theta=\frac{2^2+7-3^2}{2\cdot2\cdot\sqrt{7}}=\frac{1}{2\sqrt{7}}$$

$$\therefore\quad \mathrm{AH}=\mathrm{CA}\cos\theta=\frac{\sqrt{7}}{7}$$

$$\therefore\quad \mathrm{AH}:\mathrm{HB}=1:6$$

これより $\overrightarrow{\mathrm{CH}}$ を求めることもできる．

(2) 辺 CA，CB の中点をそれぞれ M，N とおくと，O が外心だから

$$\overrightarrow{\mathrm{OM}}\cdot\overrightarrow{\mathrm{CA}}=0,\ \overrightarrow{\mathrm{ON}}\cdot\overrightarrow{\mathrm{CB}}=0$$

$\overrightarrow{\mathrm{OM}}\cdot\overrightarrow{\mathrm{CA}}=0$ より

$$\left(\frac{1}{2}\overrightarrow{\mathrm{CA}}-\overrightarrow{\mathrm{CO}}\right)\cdot\overrightarrow{\mathrm{CA}}=0$$

$$\iff \overrightarrow{\mathrm{CO}}\cdot\overrightarrow{\mathrm{CA}}=\frac{1}{2}|\overrightarrow{\mathrm{CA}}|^2=2$$

◀ $\overrightarrow{\mathrm{CO}}\cdot\overrightarrow{\mathrm{CA}}$
=CA・《CO の影》
=CA・CM
=2・1=2

$\overrightarrow{ON}\cdot\overrightarrow{CB}=0$ より

$$\left(\frac{1}{2}\overrightarrow{CB}-\overrightarrow{CO}\right)\cdot\overrightarrow{CB}=0$$

$$\iff \overrightarrow{CO}\cdot\overrightarrow{CB}=\frac{1}{2}|\overrightarrow{CB}|^2=\frac{9}{2}$$

ここで，$\overrightarrow{CO}=x\vec{a}+y\vec{b}$ とおくと

$$\overrightarrow{CO}\cdot\overrightarrow{CA}=2 \iff 4x+3y=2 \cdots\cdots①$$

$$\overrightarrow{CO}\cdot\overrightarrow{CB}=\frac{9}{2} \iff 3x+9y=\frac{9}{2}$$

$$\iff x+3y=\frac{3}{2} \cdots\cdots②$$

◀$|\vec{a}|^2=4$
$|\vec{b}|^2=9$
$\vec{a}\cdot\vec{b}=3$

①－② から

$$x=\frac{1}{6} \qquad \therefore \quad y=\frac{4}{9} \qquad \therefore \quad \overrightarrow{CO}=\frac{1}{6}\vec{a}+\frac{4}{9}\vec{b}$$

◀$\overrightarrow{CO}=\frac{11}{18}\cdot\frac{3\vec{a}+8\vec{b}}{11}$

$$\therefore \quad \overrightarrow{CQ}=s\overrightarrow{CO}=\frac{s}{6}\vec{a}+\frac{4s}{9}\vec{b}$$

Qは AB 上でもあるから

$$\frac{s}{6}+\frac{4s}{9}=1$$

$$\therefore \quad s=\frac{18}{11} \qquad \therefore \quad \overrightarrow{CQ}=\boldsymbol{\frac{3}{11}\vec{a}+\frac{8}{11}\vec{b}}$$

**参考** **(垂心 H)**

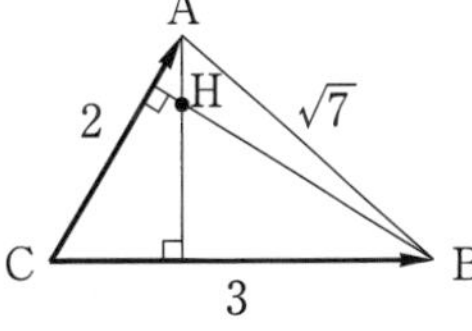


右図において，$\overrightarrow{CH}=x\overrightarrow{CA}+y\overrightarrow{CB}$ とおきます．

$\overrightarrow{BH}\cdot\overrightarrow{CA}=0$，$\overrightarrow{AH}\cdot\overrightarrow{CB}=0$ から

$$\overrightarrow{CH}\cdot\overrightarrow{CA}=\overrightarrow{CA}\cdot\overrightarrow{CB},\ \overrightarrow{CH}\cdot\overrightarrow{CB}=\overrightarrow{CA}\cdot\overrightarrow{CB}$$

$$\iff 4x+3y=3,\ x+3y=1$$

$$\therefore \quad x=\frac{2}{3},\ y=\frac{1}{9} \qquad \therefore \quad \overrightarrow{CH}=\frac{2}{3}\overrightarrow{CA}+\frac{1}{9}\overrightarrow{CB}$$

◀$\overrightarrow{BH}=\overrightarrow{CH}-\overrightarrow{CB}$
$\overrightarrow{AH}=\overrightarrow{CH}-\overrightarrow{CA}$

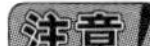
**注意！** $\overrightarrow{CH}\cdot\overrightarrow{CA}=\text{CA}\cdot$《CH の影》

$=\text{CA}\cdot$《CB の影》$=\overrightarrow{CA}\cdot\overrightarrow{CB}$

**メインポイント**

**三角形の内心，外心，垂心の位置ベクトルは求められるように**

# 83 内積の最大・最小

**アプローチ**

線分 AB の中点をMとするとき

$$\overrightarrow{PA}\cdot\overrightarrow{PB}$$
$$=(\overrightarrow{PM}+\overrightarrow{MA})\cdot(\overrightarrow{PM}+\overrightarrow{MB})$$
$$=|\overrightarrow{PM}|^2+(\overrightarrow{MA}+\overrightarrow{MB})\cdot\overrightarrow{PM}+\overrightarrow{MA}\cdot\overrightarrow{MB}$$
$$=PM^2-MA^2$$

が成り立ちます．つまり，$\overrightarrow{PA}\cdot\overrightarrow{PB}$ の大小は **PM の大小と一致する**ということです．

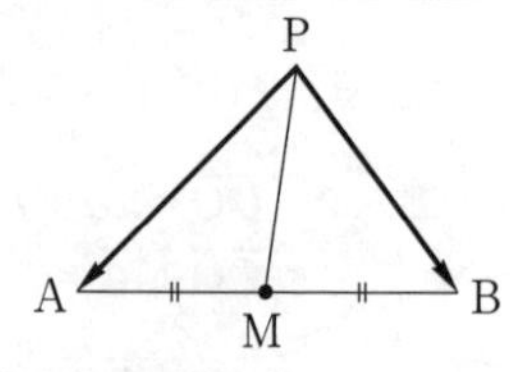


◀ 余弦定理から
$AB^2+2\overrightarrow{PA}\cdot\overrightarrow{PB}$
$=PA^2+PB^2$
中線定理から
$PA^2+PB^2$
$=2(PM^2+MA^2)$
以上から
$\overrightarrow{PA}\cdot\overrightarrow{PB}=PM^2-MA^2$

**解答**

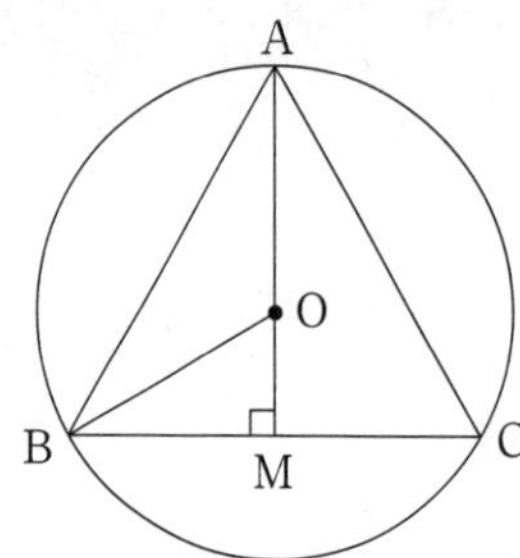


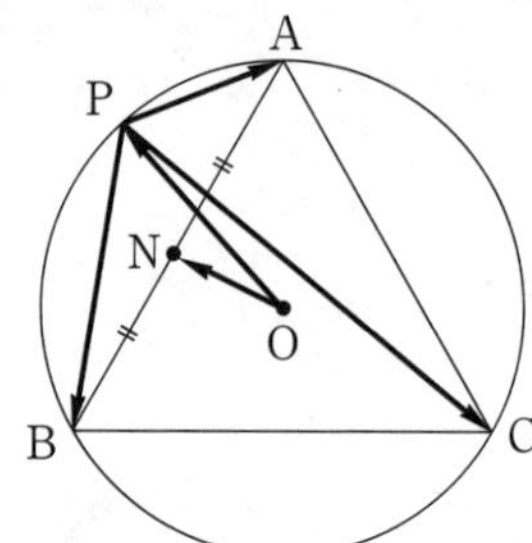


(1) BC の中点をMとおくと

$$半径：BO=\frac{2}{\sqrt{3}}BM=\mathbf{\frac{2}{\sqrt{3}}}$$

(2) (1)から

$$\overrightarrow{OA}\cdot\overrightarrow{OB}=\frac{2}{\sqrt{3}}\cdot\frac{2}{\sqrt{3}}\cos\frac{2}{3}\pi=-\frac{2}{3}$$

$$\therefore \begin{cases} |\overrightarrow{OA}|^2=|\overrightarrow{OB}|^2=|\overrightarrow{OC}|^2=\dfrac{4}{3} \\ \overrightarrow{OA}\cdot\overrightarrow{OB}=\overrightarrow{OB}\cdot\overrightarrow{OC}=\overrightarrow{OC}\cdot\overrightarrow{OA}=-\dfrac{2}{3} \end{cases}$$

また，O は △ABC の重心でもあるから

$$\overrightarrow{OA}+\overrightarrow{OB}+\overrightarrow{OC}=\vec{0}$$

◀ △ABC の重心をGとする．
$\overrightarrow{OG}=\vec{0}$ のとき
$\frac{1}{3}(\overrightarrow{OA}+\overrightarrow{OB}+\overrightarrow{OC})=\vec{0}$

このとき

$$\overrightarrow{PA}\cdot\overrightarrow{PB}+\overrightarrow{PB}\cdot\overrightarrow{PC}+\overrightarrow{PC}\cdot\overrightarrow{PA}$$
$$=(\overrightarrow{OA}-\overrightarrow{OP})\cdot(\overrightarrow{OB}-\overrightarrow{OP})$$
$$+(\overrightarrow{OB}-\overrightarrow{OP})\cdot(\overrightarrow{OC}-\overrightarrow{OP})$$
$$+(\overrightarrow{OC}-\overrightarrow{OP})\cdot(\overrightarrow{OA}-\overrightarrow{OP})$$

$$=3|\overrightarrow{OP}|^2-2(\overrightarrow{OA}+\overrightarrow{OB}+\overrightarrow{OC})\cdot\overrightarrow{OP}$$
$$+\overrightarrow{OA}\cdot\overrightarrow{OB}+\overrightarrow{OB}\cdot\overrightarrow{OC}+\overrightarrow{OC}\cdot\overrightarrow{OA}$$
$$=3\cdot\frac{4}{3}+3\cdot\left(-\frac{2}{3}\right)=\mathbf{2}$$

(3) $\overrightarrow{PA}\cdot\overrightarrow{PB}$

$$=(\overrightarrow{OA}-\overrightarrow{OP})\cdot(\overrightarrow{OB}-\overrightarrow{OP})$$
$$=|\overrightarrow{OP}|^2-(\overrightarrow{OA}+\overrightarrow{OB})\cdot\overrightarrow{OP}+\overrightarrow{OA}\cdot\overrightarrow{OB}$$

ここで，AB の中点をNとおくと

$$\overrightarrow{PA}\cdot\overrightarrow{PB}=\frac{2}{3}-2\overrightarrow{ON}\cdot\overrightarrow{OP}$$

◀アプローチと同様にして $\overrightarrow{PA}\cdot\overrightarrow{PB}=PN^2-NA^2$ から求めてもよい．

さらに $\angle PON=\theta$ とおくと，$ON=\frac{1}{\sqrt{3}}$ とから

$$\overrightarrow{ON}\cdot\overrightarrow{OP}=\frac{1}{\sqrt{3}}\cdot\frac{2}{\sqrt{3}}\cos\theta=\frac{2}{3}\cos\theta$$
$$\therefore\quad \overrightarrow{PA}\cdot\overrightarrow{PB}=\frac{2}{3}-\frac{4}{3}\cos\theta$$

よって $\overrightarrow{PA}\cdot\overrightarrow{PB}$ は

P=C で最大，Pが劣弧 $\overset{\frown}{AB}$ の中点で最小

となり，最大値が **2**，最小値が $-\boldsymbol{\frac{2}{3}}$ である．

**補足** $r=\frac{2}{\sqrt{3}}$ とおき

$$A(r,\ 0),\ B\left(-\frac{r}{2},\ \frac{\sqrt{3}\,r}{2}\right),\ C\left(-\frac{r}{2},\ -\frac{\sqrt{3}\,r}{2}\right),\ P(r\cos\theta,\ r\sin\theta)$$

のように，**座標を設定**する方法もあります．このとき

$$\overrightarrow{PA}\cdot\overrightarrow{PB}=\frac{2}{3}-\frac{2}{3}(\cos\theta+\sqrt{3}\sin\theta)$$
$$=\frac{2}{3}-\frac{4}{3}\sin\left(\theta+\frac{\pi}{6}\right)$$

第7章

**メインポイント**

**$\overrightarrow{PA}\cdot\overrightarrow{PB}$ の最大・最小は，式変形の他に座標の設定もある**

# 84 円のベクトル方程式

**アプローチ**

中心が点C，半径が $r$ の円のベクトル方程式は

$$|\overrightarrow{\mathbf{CP}}|=\boldsymbol{r} \iff |\overrightarrow{\mathbf{OP}}-\overrightarrow{\mathbf{OC}}|^2=\boldsymbol{r}^2$$

となります．さらに，一般形は定点Aに対して

$$|\overrightarrow{\mathbf{OP}}|^2+\overrightarrow{\mathbf{OA}}\cdot\overrightarrow{\mathbf{OP}}+\boldsymbol{c}=\mathbf{0} \quad \cdots\cdots(*)$$

です．例えば

$$|\overrightarrow{\mathrm{OP}}|^2-(\overrightarrow{\mathrm{OA}}+\overrightarrow{\mathrm{OB}})\cdot\overrightarrow{\mathrm{OP}}+\overrightarrow{\mathrm{OA}}\cdot\overrightarrow{\mathrm{OB}}=0$$

の場合，式の形から『円かな？』と考えて

$$\left|\overrightarrow{\mathrm{OP}}-\frac{\overrightarrow{\mathrm{OA}}+\overrightarrow{\mathrm{OB}}}{2}\right|^2=\left|\frac{\overrightarrow{\mathrm{OA}}-\overrightarrow{\mathrm{OB}}}{2}\right|^2$$

と式変形すると，ABが直径の円とわかります．

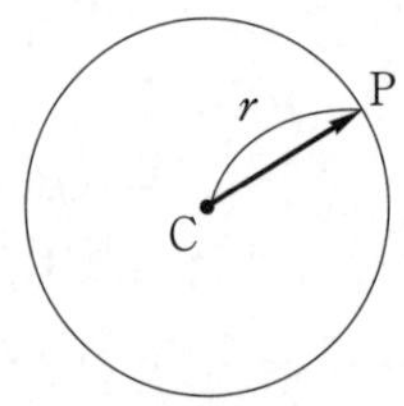


◀平面で $\mathrm{P}(x,\ y)$，$\mathrm{A}(a,\ b)$ とおけば，$(*)$は
$x^2+y^2+ax+by+c=0$

◀$(\overrightarrow{\mathrm{OP}}-\overrightarrow{\mathrm{OA}})\cdot(\overrightarrow{\mathrm{OP}}-\overrightarrow{\mathrm{OB}})=0$
$\iff \overrightarrow{\mathrm{AP}}\cdot\overrightarrow{\mathrm{BP}}=0$
からもABが直径の円とわかります．

**解答**

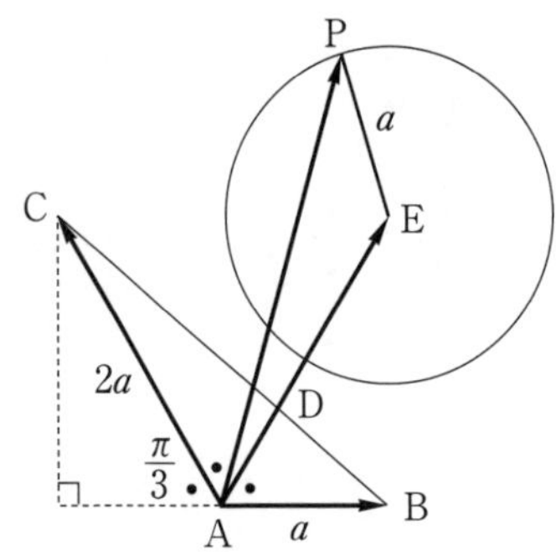


(1) BD：DC＝1：2 のとき

$$\mathrm{AB}:\mathrm{AC}=a:2a=1:2$$

から，ADは，∠BACを2等分する．

$$\therefore \quad \angle\mathrm{BAD}=\angle\mathrm{CAD}=\frac{\pi}{3}$$

よって，△ABC＝△ABD＋△ACD から

$$\frac{1}{2}\cdot a\cdot 2a\sin\frac{2}{3}\pi$$
$$=\frac{1}{2}\cdot\mathrm{AD}\cdot a\sin\frac{\pi}{3}+\frac{1}{2}\cdot\mathrm{AD}\cdot 2a\sin\frac{\pi}{3}$$
$$\iff \frac{\sqrt{3}}{2}a^2=\frac{3\sqrt{3}}{4}a\cdot\mathrm{AD}$$

◀余弦定理で求めてもよいが
△ABC
＝△ABD＋△ACD
を利用すると速い．

$\therefore\quad \mathrm{AD}=|\overrightarrow{\mathrm{AD}}|=\boldsymbol{\frac{2}{3}a}$

(2) $|2\overrightarrow{\mathrm{AP}}-2\overrightarrow{\mathrm{BP}}-\overrightarrow{\mathrm{CP}}|=a$ のとき

$$|2\overrightarrow{\mathrm{AP}}-2(\overrightarrow{\mathrm{AP}}-\overrightarrow{\mathrm{AB}})-(\overrightarrow{\mathrm{AP}}-\overrightarrow{\mathrm{AC}})|=a$$

$$\Longleftrightarrow |2\overrightarrow{\mathrm{AB}}+\overrightarrow{\mathrm{AC}}-\overrightarrow{\mathrm{AP}}|=a$$

◀まずこの式の形から，円かなと思うこと．

ここで，$\overrightarrow{\mathrm{AE}}=2\overrightarrow{\mathrm{AB}}+\overrightarrow{\mathrm{AC}}$ とおくと

$$\overrightarrow{\mathrm{AE}}=3\cdot\frac{1}{3}(2\overrightarrow{\mathrm{AB}}+\overrightarrow{\mathrm{AC}})=3\overrightarrow{\mathrm{AD}}$$

であり，このとき

$$|\overrightarrow{\mathrm{AE}}-\overrightarrow{\mathrm{AP}}|=|\overrightarrow{\mathrm{EP}}|=a$$

となるから，点Pは中心がE，半径が$a$の円を描く．

よって，$|\overrightarrow{\mathrm{AP}}|$ が最大となる点を $\mathrm{P_0}$ とおくと

$$|\overrightarrow{\mathrm{AP_0}}|=\mathrm{AE}+a$$
$$=3\cdot\mathrm{AD}+a=\boldsymbol{3a}$$

(3) 線分APが通過してできる図形は右図の斜線部(境界を含む)になる．ここで，F，GはAから引いた2本の接線の接点である．

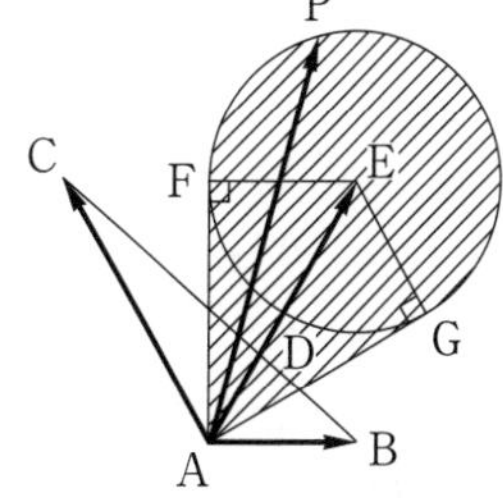


(2)から，AE：EG＝2：1 であるから

$$\angle\mathrm{GEA}=\frac{\pi}{3}\qquad\therefore\quad\angle\mathrm{GEF}=\frac{2}{3}\pi$$

よって，面積$S$は

$$S=2\cdot\frac{1}{2}\cdot\sqrt{3}\,a\cdot a+\frac{2}{3}\cdot\pi a^2$$
$$=\boldsymbol{\left(\sqrt{3}+\frac{2}{3}\pi\right)a^2}$$

◀中心角$\theta$，半径$r$の扇形の面積は $\frac{1}{2}r^2\theta$．この公式でもよい．

第7章

**メインポイント**

**円の一般形は，$|\overrightarrow{\mathrm{OP}}|^2+\overrightarrow{\mathrm{OA}}\cdot\overrightarrow{\mathrm{OP}}+c=0$ である**

# 85 ねじれの位置の2直線

**アプローチ**

$\overrightarrow{\mathrm{OA}}$, $\overrightarrow{\mathrm{BC}}$ の両方に垂直なベクトルの1つを $\vec{n}$ とします．このとき $\vec{n}$ に垂直で，直線 OA, BC をそれぞれ含む右図のような平行な2平面がとれます．**ねじれの位置**の2直線の問題ではこの図で考えましょう．

本問の場合，下の図で長方形 BB′CC′ を C′ がHと一致して，長方形 OO′A′A と重なるように移動すると直線 OA, BC が H′ で交わる様子がわかります．

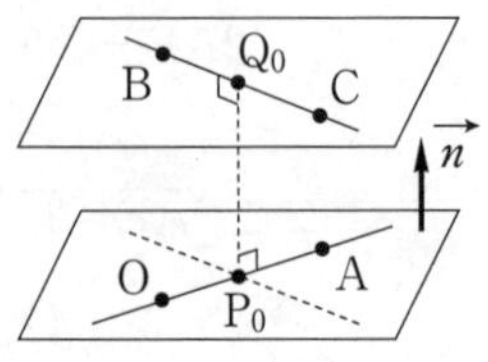


◀上の2平面の距離が PQ の最小値になる．

**解答**

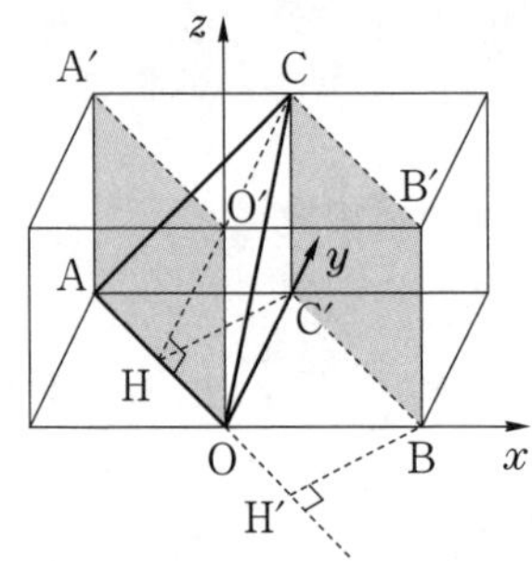


(1) 図のような2つの立方体を考える．このとき，△OAC は正三角形だから，CH⊥OA となる OA 上の点Hは OA の中点となる．

◀成分の特徴から，立方体が考えやすい．

$$\therefore\ \ \mathbf{H}\left(-\frac{1}{2},\ \frac{1}{2},\ 0\right)$$

さらに △CHC′ において

$$\mathrm{CH}=\sqrt{\frac{3}{2}},\ \ \mathrm{C'H}=\frac{1}{\sqrt{2}}$$

$$\therefore\ \ \cos\theta=\frac{\mathrm{C'H}}{\mathrm{CH}}=\frac{\mathbf{1}}{\sqrt{\mathbf{3}}}$$

(2) $\overrightarrow{\mathrm{OP}}=s\overrightarrow{\mathrm{OA}}$, $\overrightarrow{\mathrm{OQ}}=\overrightarrow{\mathrm{OB}}+t\overrightarrow{\mathrm{BC}}$

とおけて，$\overrightarrow{\mathrm{BC}}=(-1,\ 1,\ 1)$ とから P, Q は

$$\mathrm{P}(-s,\ s,\ 0),\ \mathrm{Q}(1-t,\ t,\ t)$$

と表される．

$$\therefore\ \ \overrightarrow{\mathrm{PQ}}=(1-t+s,\ t-s,\ t)$$

PQ が最小のとき

◀$\mathrm{PQ}^2$
$=(1-t+s)^2+(t-s)^2+t^2$
$=2\left\{s-\left(t-\frac{1}{2}\right)\right\}^2+t^2+\frac{1}{2}$
としてもよいが，平方完成は意外にメンドウである．

$$\overrightarrow{PQ}\cdot\overrightarrow{OA}=0,\ \overrightarrow{PQ}\cdot\overrightarrow{BC}=0$$

が成り立つ.

よって

$$2t-2s-1=0,\ 3t-2s-1=0$$

$$\therefore\ s=-\frac{1}{2},\ t=0$$

$$\therefore\ \mathbf{P}\left(\frac{1}{2},\ -\frac{1}{2},\ 0\right),\ \mathbf{Q}(1,\ 0,\ 0)$$

**注意!** 直線 OA 上に, O に関して H と対称な点を H′ とおくと, BH′ // C′H だから

BH′ は直線 OA と直線 BC の両方に垂直

になります.

よって, P=H′, Q=B のときに PQ は最小となります.

**補足** Q から平面 $\alpha$ に垂線 QQ′ を下ろすと

$$PQ^2=PQ'^2+Q'Q^2$$
$$=PQ'^2+P_0Q_0{}^2\geqq P_0Q_0{}^2$$

が成り立つから

$$\overrightarrow{P_0Q_0}\cdot\overrightarrow{OA}=0,\ \overrightarrow{P_0Q_0}\cdot\overrightarrow{BC}=0$$

を満たす $P_0Q_0$ が最小になります.

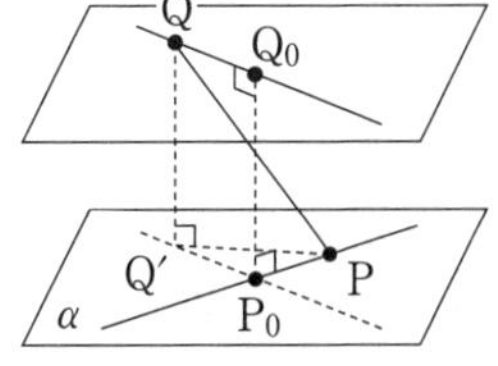


**メインポイント**

**PQ の最小値は, $\overrightarrow{PQ}\cdot\overrightarrow{OA}=0$, $\overrightarrow{PQ}\cdot\overrightarrow{BC}=0$ のとき**

# 86 平面の方程式

**アプローチ**

点 $A(x_0,\ y_0,\ z_0)$ を通り，ベクトル $(a,\ b,\ c)$ に垂直な平面を $\alpha$ とします．このとき，平面 $\alpha$ 上の任意の点 $P(x,\ y,\ z)$ に対して

$$\overrightarrow{AP}\cdot(a,\ b,\ c)=0$$

が成り立つから，平面 $\alpha$ の方程式は

$$\boldsymbol{a(x-x_0)+b(y-y_0)+c(z-z_0)=0}$$

となります．ここで，$(a,\ b,\ c)$ を平面 $\alpha$ の**法線ベクトル**といいます．

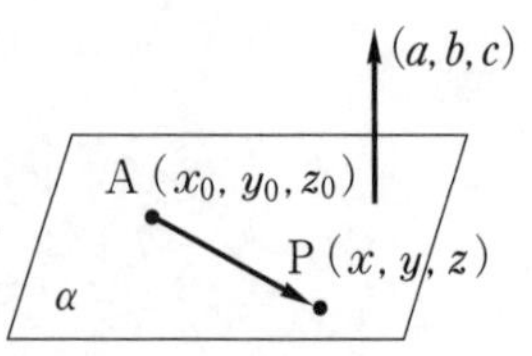


**解答**

(1) $\overrightarrow{AB}=(2,\ 1,\ 2)$，$\overrightarrow{AC}=(-2,\ 2,\ 1)$ から

$$\overrightarrow{AB}\cdot\overrightarrow{AC}=0$$

よって，$\triangle ABC$ は $\angle BAC=\dfrac{\pi}{2}$ の直角三角形である．

(2) $\overrightarrow{AB}$，$\overrightarrow{AC}$ の両方に垂直なベクトルを $(a,\ b,\ c)$ とおくと

$$\begin{cases} 2a+b+2c=0 & \cdots\cdots① \\ -2a+2b+c=0 & \cdots\cdots② \end{cases}$$

①+②，①−②×2 から

$$3b+3c=0,\ 6a-3b=0$$

$$\therefore\ (a,\ b,\ c)=a(1,\ 2,\ -2)$$

よって，平面 $\alpha$ の法線ベクトルの1つは

$$(1,\ 2,\ -2)$$

である．

$$\therefore\ \alpha:(x-1)+2(y-1)-2(z+1)=0$$

$$\iff x+2y-2z-5=0$$

一方，H はOから平面 $\alpha$ に下ろした垂線上だから

$$\overrightarrow{OH}=s(1,\ 2,\ -2)=(s,\ 2s,\ -2s)$$

とおけて，これを $\alpha$ に代入すると

$$s+2\cdot2s-2\cdot(-2s)-5=0\qquad\therefore\ s=\frac{5}{9}$$

◀**補足**の覚え方

$$\begin{matrix} 2 & 1 & 2 & 2 \\ & \times\ \times\ \times & & \\ -2 & 2 & 1 & -2 \end{matrix}$$

から $\overrightarrow{AB}$，$\overrightarrow{AC}$ の両方に垂直なベクトルの1つとして

$$(-3,\ -6,\ 6)$$

が得られる．さらに，成分を簡単な整数にして

$$(1,\ 2,\ -2)$$

このとき $\overrightarrow{AB}$，$\overrightarrow{AC}$ に垂直であることを必ず検算すること．

◀平面 $\alpha$ の法線ベクトルが，直線 OH の方向ベクトル．

$$\therefore\quad \mathbf{H}\left(\frac{5}{9},\ \frac{10}{9},\ -\frac{10}{9}\right)$$

(3) (1)から，△ABCの外心はBCの中点

$$\mathrm{M}\left(1,\ \frac{5}{2},\ \frac{1}{2}\right)$$

になり，3点A，B，Cから等距離の点は

Mを通り，平面$\alpha$に垂直な直線上

にある．よって，四面体OABCに外接する球の中心をDとおくと

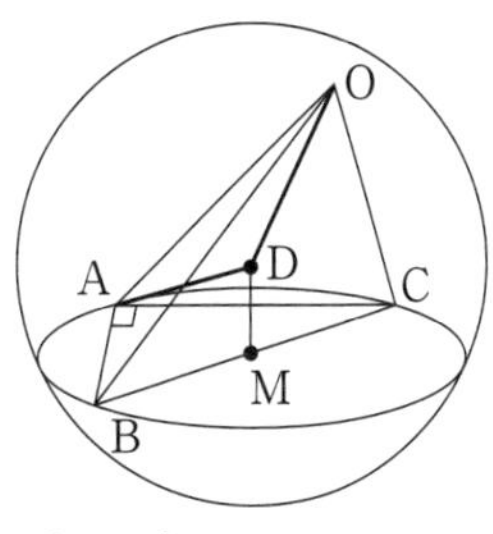


$$\mathrm{D}\left(1+t,\ \frac{5}{2}+2t,\ \frac{1}{2}-2t\right)$$

◀$\overrightarrow{\mathrm{OD}}=\overrightarrow{\mathrm{OM}}+t(1,\ 2,\ -2)$
とおける．

とおける．さらに，OD＝AD だから

$$(1+t)^2+\left(\frac{5}{2}+2t\right)^2+\left(\frac{1}{2}-2t\right)^2$$
$$=t^2+\left(\frac{3}{2}+2t\right)^2+\left(\frac{3}{2}-2t\right)^2$$
$$\Longleftrightarrow\ (2t+1)+\left(\frac{25}{4}+10t\right)+\left(\frac{1}{4}-2t\right)$$
$$=\left(\frac{9}{4}+6t\right)+\left(\frac{9}{4}-6t\right)$$
$$\Longleftrightarrow\ t=-\frac{3}{10}\qquad \therefore\quad \mathrm{D}\left(\frac{\mathbf{7}}{\mathbf{10}},\ \frac{\mathbf{19}}{\mathbf{10}},\ \frac{\mathbf{11}}{\mathbf{10}}\right)$$

**補足** **（外積）**

2つのベクトル

$$\vec{u}=(a,\ b,\ c),\ \vec{v}=(p,\ q,\ r)$$

に対して，ベクトル

$$\vec{u}\times\vec{v}=(\boldsymbol{br-cq},\ \boldsymbol{cp-ar},\ \boldsymbol{aq-bp})$$

を$\vec{u}$，$\vec{v}$の**外積**といい，これは$\vec{u}$，$\vec{v}$の両方に垂直なベクトルです．法線ベクトルをカンタンに求められて便利ですが成分が覚えにくい．

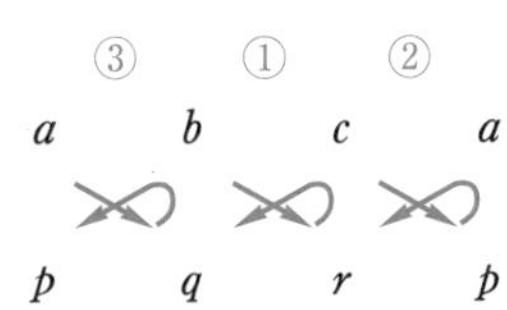


右図のように$x$成分を2つ書き，①，②，③の順にたすき掛け（向きに注意）をしていくと求められます．

**メインポイント**

**$(x_0,\ y_0,\ z_0)$を通る，法線ベクトル$(a,\ b,\ c)$の平面は**

$$\boldsymbol{a(x-x_0)+b(y-y_0)+c(z-z_0)=0}$$

第7章

# 87 立体の切り口

**アプローチ**

立方体$K$の頂点と，$K$と平面$\alpha$による切り口の五角形の頂点を下図のように定めることにします．

このとき，C，D，E，I，K は平面$\alpha$上にあり，直線 CK と DE は交わらないから　CK∥DE です．

$$\therefore \quad \mathrm{CG} : \mathrm{GK} = \mathrm{EB} : \mathrm{BD}$$

$$\Longleftrightarrow 6 : \mathrm{GK} = 3 : 2 \qquad \therefore \quad \mathrm{GK} = 4$$

同様に CD∥KI が成り立つことから，AI=3 が得られます．よって切り口の五角形は，ひし形 CKLD から △ILE(E，I はそれぞれ DL，KL の中点)を除いた部分になります．

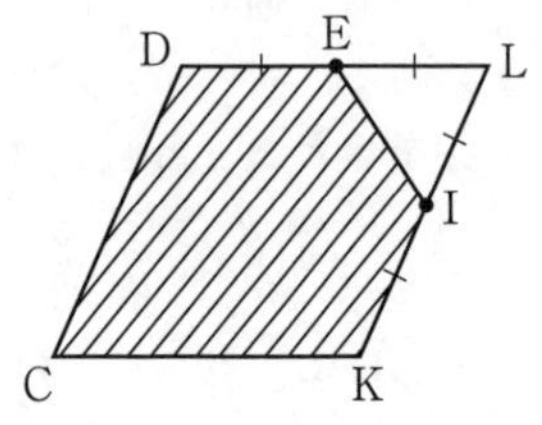


**解答**

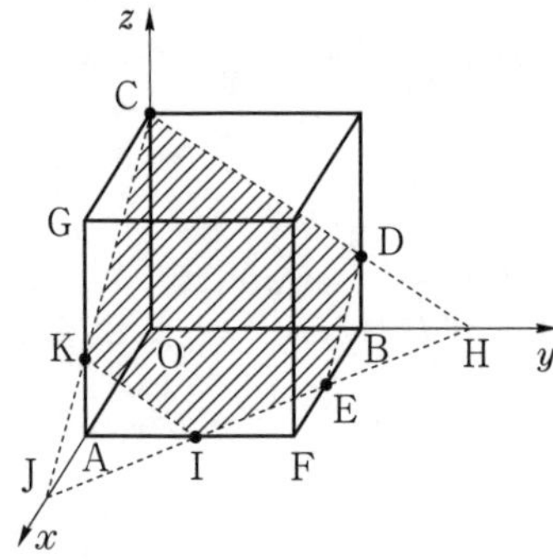


立方体の頂点 G，F を

$$\mathrm{G}(6,\ 0,\ 6),\ \mathrm{F}(6,\ 6,\ 0)$$

とおく．また，CD の延長と $y$ 軸との交点を H，HE の延長と辺 AF，$x$ 軸との交点をそれぞれ I，J，CJ と辺 AG の交点をKとおく．

直線 CD は

$$z=-\frac{2}{3}y+6,\ x=0 \qquad \therefore \quad \mathrm{H}(0,\ 9,\ 0)$$

よって，直線 HE は

$$x+y=9,\ z=0$$

$$\therefore \quad \mathrm{I}(6,\ 3,\ 0),\ \mathrm{J}(9,\ 0,\ 0)$$

さらに，直線 CJ は

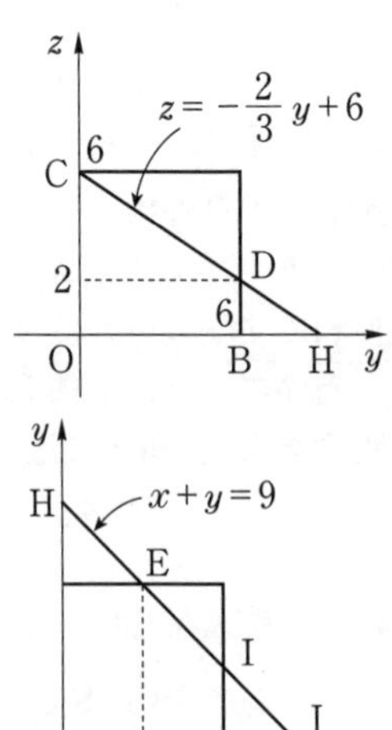

$$z=-\frac{2}{3}x+6,\ y=0 \qquad \therefore\ \mathrm{K}(6,\ 0,\ 2)$$

となる．

以上から，切り口は右図の斜線部になる．ここで

E，I は線分 HJ の 3 等分点

CD：DH＝CK：KJ＝2：1

である．よって，斜線部の面積を $S$ とおくとき

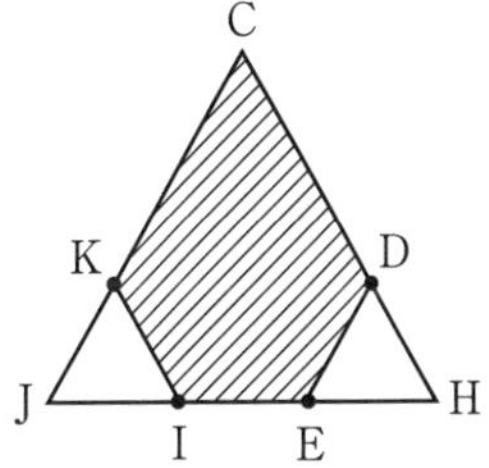


$$\triangle\mathrm{DHE}=\triangle\mathrm{KIJ}=\left(\frac{1}{3}\right)^2\triangle\mathrm{CHJ}$$

が成り立つことと合わせて

$$\therefore\ S=\left(1-\frac{2}{9}\right)\triangle\mathrm{CHJ}=\frac{7}{9}\triangle\mathrm{CHJ}$$

△CHJ は CH＝CJ の二等辺三角形で，HJ の中点をMとおくと

$$\mathrm{M}\left(\frac{9}{2},\ \frac{9}{2},\ 0\right)$$

$$\therefore\ \mathrm{CM}=\sqrt{\left(\frac{9}{2}\right)^2+\left(\frac{9}{2}\right)^2+6^2}=3\sqrt{\frac{17}{2}}$$

$$\therefore\ \triangle\mathrm{CHJ}=\frac{1}{2}\cdot\mathrm{HJ}\cdot\mathrm{CM}$$

$$=\frac{1}{2}\cdot9\sqrt{2}\cdot3\sqrt{\frac{17}{2}}=\frac{27}{2}\sqrt{17}$$

$$\therefore\ S=\frac{7}{9}\cdot\frac{27}{2}\sqrt{17}=\boldsymbol{\frac{21}{2}\sqrt{17}}$$

**参考**　**アプローチ** の考え方では

$\overrightarrow{\mathrm{CD}}=(0,\ 6,\ -4)$，$\overrightarrow{\mathrm{CK}}=(6,\ 0,\ -4)$ から

$\mathrm{CD}^2=\mathrm{CK}^2=52$，$\overrightarrow{\mathrm{CD}}\cdot\overrightarrow{\mathrm{CK}}=16$

と合わせて

$$S=\frac{7}{8}\sqrt{52^2-16^2}$$

$$=\frac{7}{2}\sqrt{13^2-16}=\frac{21}{2}\sqrt{17}$$

**メインポイント**

**線分を延長することで，平面との交点を定める**

# 88 平面上の動点と定点の距離

**アプローチ**

空間において，平面$\alpha$上の動点Pと$\alpha$上にない定点Aをとります．Aから平面$\alpha$に垂線AHを下ろすと

$$AP^2=AH^2+HP^2$$

が成り立ちます．このときAHが一定なので，APとHPの大小が一致します．つまり，**最大・最小が平面で考えられる**ということです．例えば，動点Pが中心Cの円周上を動くとすると，APは右下図の

$$P=P_1 \text{ で最大，} P=P_2 \text{ で最小}$$

になります．

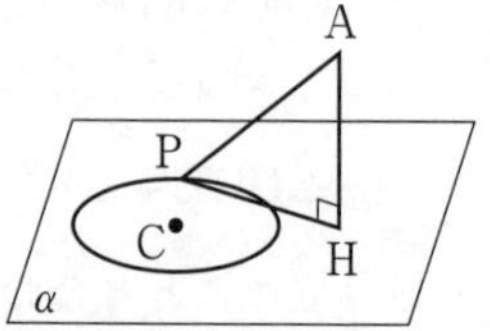


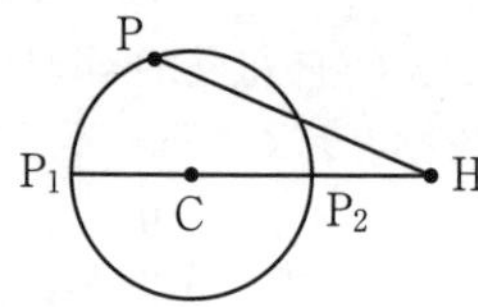


本問では，Pから平面BCHに垂線PH′を下ろします．平面BCHは平面$L$に垂直だから，H′は下図の直線B′C′上にあります．

**解答**

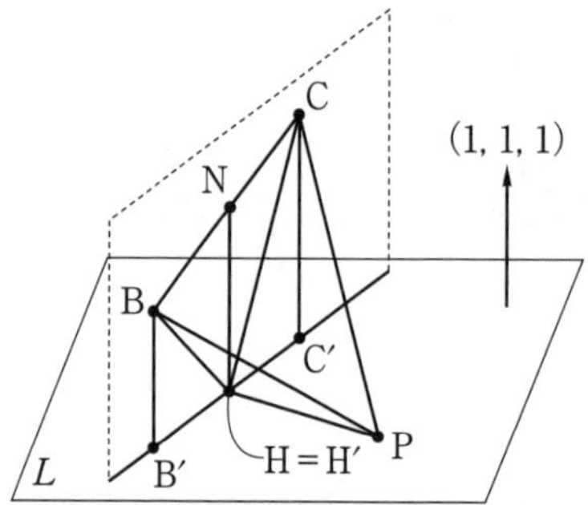


◀(2)では，$t$を実数とすれば H=H′ とできる．

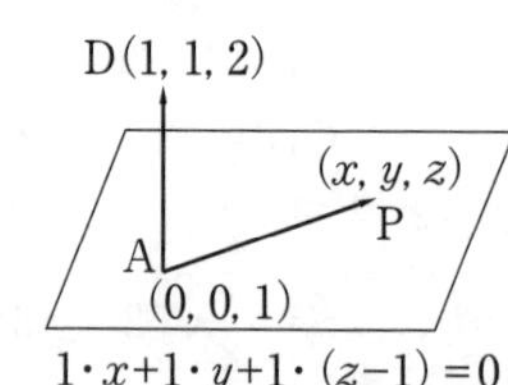


(1) $\overrightarrow{AD}=(1,\ 1,\ 1)$ が法線ベクトルで $A(0,\ 0,\ 1)$ を通るから，平面$L$の方程式は

$$x+y+z=1 \ \cdots\cdots ①$$

また，$\overrightarrow{ON}=\overrightarrow{OB}+t\overrightarrow{BC}$ だから

$$\overrightarrow{ON}=(3,\ 1,\ 1)+t(-2,\ 3,\ 3)$$

$$\therefore\ N(3-2t,\ 1+3t,\ 1+3t)$$

さらに，$\overrightarrow{NH}=s(1,\ 1,\ 1)$ とおけるから

$$\overrightarrow{OH}=\overrightarrow{ON}+\overrightarrow{NH}$$
$$=(3-2t,\ 1+3t,\ 1+3t)+s(1,\ 1,\ 1)$$
$$=(3-2t+s,\ 1+3t+s,\ 1+3t+s)$$

これを①に代入して

$$(3-2t+s)+(1+3t+s)+(1+3t+s)=1$$

$$\therefore \quad s=-\frac{4t+4}{3}$$

$$\therefore \quad \mathbf{H}\left(\frac{\mathbf{5-10}\boldsymbol{t}}{\mathbf{3}},\ \frac{\mathbf{5}\boldsymbol{t}\mathbf{-1}}{\mathbf{3}},\ \frac{\mathbf{5}\boldsymbol{t}\mathbf{-1}}{\mathbf{3}}\right)$$

(2) 点B，Cから平面$L$に下ろした垂線の足をそれぞれB′，C′とおき，直線B′C′を$l$とする．Pから$l$に下ろした垂線の足をH′とおくと

◀アプローチ参照．

$$\angle \mathrm{PH'B}=\angle \mathrm{PH'C}=90^\circ$$

となるから

$$\begin{aligned}&2\mathrm{PB}^2+\mathrm{PC}^2\\&\quad=2(\mathrm{PH'}^2+\mathrm{H'B}^2)+(\mathrm{PH'}^2+\mathrm{H'C}^2)\\&\quad=2\mathrm{H'B}^2+\mathrm{H'C}^2+3\mathrm{PH'}^2\\&\quad\geqq 2\mathrm{H'B}^2+\mathrm{H'C}^2\end{aligned}$$

が成り立つ．等号は P=H′ のときに成立．

よって，H′は(1)のHにおいて$t$を実数とすればよいから

◀Hは線分B′C′上にあるが，$t$を実数全体とすれば直線B′C′上になる．

$$\begin{aligned}&2\mathrm{H'B}^2+\mathrm{H'C}^2\\&=2\left\{\left(\frac{10t+4}{3}\right)^2+\left(\frac{5t-4}{3}\right)^2+\left(\frac{5t-4}{3}\right)^2\right\}\\&\quad+\left\{\left(\frac{10t-2}{3}\right)^2+\left(\frac{5t-13}{3}\right)^2+\left(\frac{5t-13}{3}\right)^2\right\}\\&=50t^2-\frac{100}{3}t+\frac{438}{9}\\&=50\left(t-\frac{1}{3}\right)^2+\frac{388}{9}\end{aligned}$$

以上から，$2\mathrm{PB}^2+\mathrm{PC}^2$ の最小値は $\mathbf{\dfrac{388}{9}}$ である．

第7章

**メインポイント**

**動点を含む平面に垂線を下ろして，平面上の問題にする**

# 89 四面体の内接球

**アプローチ**

(1) $pqr \neq 0$ のとき，3点 $(p,\ 0,\ 0)$，$(0,\ q,\ 0)$，$(0,\ 0,\ r)$ を通る平面は

$$\frac{x}{p}+\frac{y}{q}+\frac{z}{r}=1$$

です．よってA，B，Cを通る平面は

$$x+ay+(1-a)z=1 \quad \cdots\cdots(*)$$

であり，**法線ベクトルは $(1,\ a,\ 1-a)$** となります．

(2) 四面体の内接球の**半径は**，**体積**を利用します．

**解答**

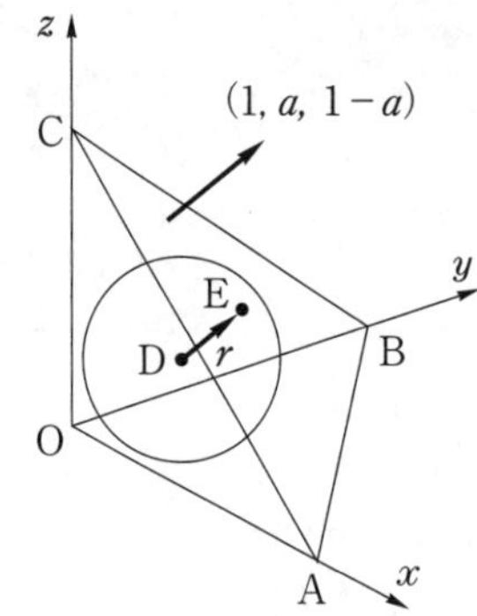


(1) $\overrightarrow{\mathrm{AB}}=\left(-1,\ \dfrac{1}{a},\ 0\right) /\!/ (-a,\ 1,\ 0)$，

$\overrightarrow{\mathrm{AC}}=\left(-1,\ 0,\ \dfrac{1}{1-a}\right) /\!/ (a-1,\ 0,\ 1)$

の両方に垂直なベクトルの1つは

$(1,\ a,\ 1-a)$

よって，求める単位ベクトルは

$$\pm\frac{1}{\sqrt{2(a^2-a+1)}}(1,\ a,\ 1-a)$$

◀外積を利用して
$-a \quad 1 \quad 0 \quad -a$
$\times \quad \times \quad \times$
$a-1 \quad 0 \quad 1 \quad a-1$
$\Downarrow$
$(1,\ a,\ 1-a)$
このベクトルの大きさは
$\sqrt{1+a^2+(1-a)^2}$
$=\sqrt{2(a^2-a+1)}$

(2) $\triangle$ABC の面積 $T$ は，$0<a<1$ とから

$$T=\frac{1}{2}\sqrt{|\overrightarrow{\mathrm{AB}}|^2\cdot|\overrightarrow{\mathrm{AC}}|^2-(\overrightarrow{\mathrm{AB}}\cdot\overrightarrow{\mathrm{AC}})^2}$$

$$=\frac{1}{2}\sqrt{\left(1+\frac{1}{a^2}\right)\left(1+\frac{1}{(1-a)^2}\right)-1^2}$$

$$=\frac{\sqrt{2(a^2-a+1)}}{2a(1-a)}$$

よって，$S$の半径を$r$とおき四面体OABCの体積$V$を考えると

$$V=\frac{r}{3}(\triangle\mathrm{ABC}+\triangle\mathrm{OAB}+\triangle\mathrm{OBC}+\triangle\mathrm{OCA})$$

$$\iff \frac{1}{6}\cdot 1\cdot\frac{1}{a}\cdot\frac{1}{1-a}$$

$$=\frac{r}{3}\left(\frac{\sqrt{2(a^2-a+1)}}{2a(1-a)}+\frac{1}{2}\cdot 1\cdot\frac{1}{a}+\frac{1}{2}\cdot\frac{1}{a}\cdot\frac{1}{1-a}+\frac{1}{2}\cdot\frac{1}{1-a}\cdot 1\right)$$

◀Dと平面(＊)との距離が$r$に等しい．

$$\therefore\quad \frac{|2r-1|}{\sqrt{1+a^2+(1-a)^2}}=r$$

$r$は2つあるが小さい方を求めればよい．

$$\iff \frac{1}{6a(1-a)}=\frac{r(\sqrt{2(a^2-a+1)}+2)}{6a(1-a)}$$

$$\therefore\quad \boldsymbol{r=\frac{1}{\sqrt{2(a^2-a+1)}+2}}$$

(3)　球$S$の中心をD，球$S$と平面ABCとの接点をEとおく．このとき，(2)の半径$r$を用いて

$$\mathrm{D}(r,\ r,\ r)$$

また，(1)と向きを考えて

$$\overrightarrow{\mathrm{DE}}=\frac{r}{\sqrt{2(a^2-a+1)}}(1,\ a,\ 1-a)$$

◀法線ベクトルは

$$\pm(1,\ a,\ 1-a)$$

で，$x$成分が増える向きだから

$$(1,\ a,\ 1-a)$$

よって $r=\dfrac{1}{\sqrt{2(a^2-a+1)}+2}$ として，接点Eは

$$\boldsymbol{(r,\ r,\ r)+\frac{r}{\sqrt{2(a^2-a+1)}}(1,\ a,\ 1-a)}$$

(4)　(2)から

$$r=\frac{1}{\sqrt{2\left(a-\frac{1}{2}\right)^2+\frac{3}{2}}+2}$$

よって，$a=\dfrac{1}{2}$，$r=\dfrac{4-\sqrt{6}}{5}$ のとき，$S$の体積の最大値は

$$\boldsymbol{\frac{4\pi}{3}\left(\frac{4-\sqrt{6}}{5}\right)^3}$$

**メインポイント**

**四面体の内接球の半径は，体積を利用する**

第7章

# 第8章　数　列

## 90 等差数列の応用

**アプローチ**

数列 $\{a_n\}$ の様子は

$$2,\ 5,\ 8,\ \cdots,\ 98,\ 101,\ 1,\ 4,\ \cdots$$

と具体的に書き出せばわかります．

なお，数列 $\{a_n\}$ が公差 3 の等差数列のとき

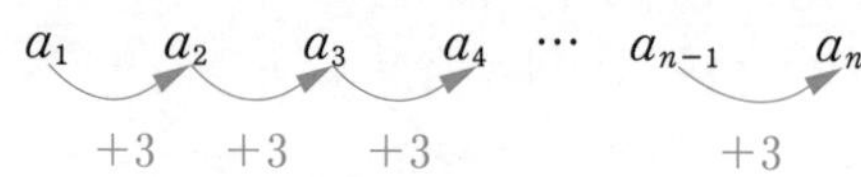


$$a_n=a_1+3(n-1)\ \ (n\geqq 1)$$

となりますが，たとえば初項を $a_3$ にすると

$$a_n=a_3+3(n-3)\ \ (n\geqq 3)$$

となるのはいいでしょうか．

◀数列 $\{a_n\}$ が公比 $r$ の等比数列のときも，例えば $a_2$ が初項なら
$a_n=a_2r^{n-2}\ \ (n\geqq 2)$
です．

本問では，$a_{35}=1$ だから $n\geqq 35$ で $a_n<100$ のとき

$$a_n=a_{35}+3(n-35)$$

であり，$n\geqq 35$ で $a_n\geqq 100$ となる最小の $n$ は

$$a_{68}=1+3(68-35)=100$$

から $n=68$ です．

---

**解答**

(1)　定義から，$a_n<100$ のとき

$\{a_n\}$ は公差 3 の等差数列

このとき，$\{a_n\}$ は増加で，$a_1=2$ から

$$a_{33}=2+32\cdot 3=98,\ \ a_{34}=101>100$$

よって，定義から

$$a_{35}=101-100=1$$

このとき，はじめて $a_{34}>a_{35}$ だから

$$\boldsymbol{m=34},\ \ a_{34}=\boldsymbol{101}$$

$$\sum_{k=1}^{34}a_k=\frac{1}{2}\cdot 34\cdot(2+101)$$
$$=17\cdot 103=\boldsymbol{1751}$$

◀等差数列の和の公式は
$\frac{1}{2}\cdot$(項数)$\cdot$(初項＋末項)

(2) (1)と定義から

$$a_{35}=1,\ a_{68}=1+33\cdot 3=100$$

$$\therefore\ a_{69}=100-100=0$$

$$\therefore\ \begin{cases} a_{102}=99,\ a_{103}=102, \\ a_{104}=2,\ a_{105}=\mathbf{5} \end{cases}$$

◀$n \geqq 69$ で $a_n<100$ のとき
$a_n=3(n-69)$
$\therefore\ a_{103}=3\cdot 34=102$

さらに

$$\sum_{k=1}^{105} a_k=(2+5+\cdots+101)$$
$$+(1+4+\cdots+100)$$
$$+(0+3+\cdots+102)+2+5$$
$$=1751+\frac{1}{2}\cdot 34\cdot(1+100)$$
$$+\frac{1}{2}\cdot 34\cdot(3+102)+7$$
$$=1751+1717+1785+7$$
$$=\mathbf{5260}$$

**注意!** 上の結果から，数列 $\{a_n\}$ は

$$(a_1,\ a_2,\ a_3,\ \cdots,\ a_{103})$$

を繰り返します．よって，例えば $a_{1000}$ は

$$1000=9\cdot 103+73$$

と合わせて

$$a_{1000}=a_{73}=a_{69}+3(73-69)=12$$

となります．

◀$a_{104}=2$ であり，$n=103$ は $a_1=a_{n+1}=2$ となる最小の $n$ より，周期である．

**メインポイント**

**定義から数列 $\{a_n\}$ を具体化して，書き出してみる**

第8章

# 91 和から一般項

**アプローチ**

$n \geqq 2$ のとき

$$S_n = a_1 + a_2 + \cdots + a_{n-1} + a_n$$
$$S_{n-1} = a_1 + a_2 + \cdots + a_{n-1}$$

辺々引いて

$$a_n = S_n - S_{n-1}$$

が成り立ちますが，$n=1$ のときは $a_1 = S_1$ で，別に求めます．

◀ $a_{n+1} = S_{n+1} - S_n$ とすれば $n \geqq 1$ のときに成り立ちます．

**解答**

$$S_{n+1} + S_n = \frac{1}{3}(S_{n+1} - S_n)^2 \quad \cdots\cdots(*)$$

とおく．また，$a_n > 0$ だから

$$0 < S_n < S_{n+1}$$

である．

(1) $S_1 = a_1 = 3$ から，$(*)$に $n=1$ を代入して

$$S_2 + 3 = \frac{1}{3}(S_2 - 3)^2$$
$$\Longleftrightarrow \ S_2{}^2 - 9S_2 = 0$$

ここで，$S_2 > S_1 = 3$ だから $S_2 = \mathbf{9}$ である．

次に，$(*)$に $n=2$ を代入して

$$S_3 + 9 = \frac{1}{3}(S_3 - 9)^2$$
$$\Longleftrightarrow \ S_3{}^2 - 21S_3 + 54 = 0$$
$$\Longleftrightarrow \ (S_3 - 3)(S_3 - 18) = 0$$

よって，$S_3 > S_2 = 9$ と合わせて $S_3 = \mathbf{18}$ である．

◀ $\begin{cases} S_1 = 3,\ S_2 = 9,\ S_3 = 18 \\ a_1 = 3,\ a_2 = 6,\ a_3 = 9 \end{cases}$
となるから
$a_n = 3n,\ S_n = \dfrac{3}{2}n(n+1)$
と予想できる．これを数学的帰納法で証明してもよい．

(2) $n \geqq 1$ のとき，$S_{n+1} - S_n = a_{n+1}$ から

$$(*) \Longleftrightarrow S_{n+1} + S_n = \frac{1}{3}a_{n+1}{}^2 \quad \cdots\cdots ①$$
$$\therefore \quad S_{n+2} + S_{n+1} = \frac{1}{3}a_{n+2}{}^2 \ (n \geqq 0) \quad \cdots\cdots ②$$

よって，$n \geqq 1$ のとき ②−① から

$$(S_{n+2} - S_{n+1}) + (S_{n+1} - S_n)$$
$$= \frac{1}{3}(a_{n+2}{}^2 - a_{n+1}{}^2)$$

◀ すべての $n(\geqq 1)$ に対して $a_{n+1} = f(a_n)$ と
すべての $n(\geqq 2)$ に対して $a_n = f(a_{n-1})$
は同じことを表している．

$$\iff a_{n+2}+a_{n+1}$$

$$=\frac{1}{3}(a_{n+2}{}^2-a_{n+1}{}^2)$$

$$=\frac{1}{3}(a_{n+2}+a_{n+1})(a_{n+2}-a_{n+1})$$

（ここで，$a_{n+2}+a_{n+1}>0$ だから）

$$\iff a_{n+2}-a_{n+1}=3\ (n\geqq 1)$$

$$\iff a_{n+1}-a_n=3\quad (n\geqq 2)$$

(1)から，$a_1=3$，$a_2=6$ だから $n=1$ でも成り立つ．

$$\therefore\quad \boldsymbol{a_{n+1}-a_n=3\ (n\geqq 1)}$$

(3)　(2)から，$\{a_n\}$ は

初項 3，公差 3 の等差数列

$$\therefore\quad a_n=3+3(n-1)=3n$$

$$\therefore\quad S_n=\frac{1}{2}n(3+3n)=\boldsymbol{\frac{3}{2}n(n+1)}$$

**類題**　$\displaystyle\sum_{k=0}^{n-1}3^{-k}a_{n-k}=\frac{1}{n(n+1)(n+2)}$ $(n\geqq 1)$ のとき，$a_n$ を求めよ．

**解答**　（まず，$a_{n-k}$ の $n$ を $\displaystyle\sum_{k=0}^{n-1}$ の外に出す．）

$$\sum_{k=0}^{n-1}3^{-k}a_{n-k}=3^{-0}a_n+3^{-1}a_{n-1}+3^{-2}a_{n-2}+\cdots+3^{-(n-1)}a_1$$

$$=\sum_{k=1}^{n}3^{-(n-k)}a_k=\frac{1}{3^n}\sum_{k=1}^{n}3^k a_k$$

$$\therefore\quad \sum_{k=1}^{n}3^k a_k=\frac{3^n}{n(n+1)(n+2)}\ (n\geqq 1)$$

$n=1$ のとき

$$3a_1=\frac{3^1}{1\cdot 2\cdot 3}\qquad \therefore\quad a_1=\frac{1}{6}$$

$n\geqq 2$ のとき

$$3^n a_n=\sum_{k=1}^{n}3^k a_k-\sum_{k=1}^{n-1}3^k a_k=\frac{3^n}{n(n+1)(n+2)}-\frac{3^{n-1}}{(n-1)n(n+1)}$$

$$\therefore\quad a_n=\frac{1}{n(n+1)(n+2)}-\frac{1}{3(n-1)n(n+1)}$$

**メインポイント**

$\boldsymbol{a_n=S_n-S_{n-1}\ (n\geqq 2)}$，$\boldsymbol{a_1=S_1}$ **で** $\boldsymbol{n=1}$ **は別に考える**

## 92 $\sum_{k=1}^{n}(a_{k+1}-a_k)$, $\sum_{k=1}^{n}(a_{k+2}-a_k)$ の計算

**アプローチ**

$$\sum_{k=1}^{n}(a_{k+1}-a_k)=a_{n+1}-a_1$$

$$\sum_{k=1}^{n}(a_{k+2}-a_k)=a_{n+1}+a_{n+2}-a_1-a_2$$

が成り立ちます.

$$\sum_{k=1}^{n}\frac{1}{k(k+1)}=\sum_{k=1}^{n}\left(\frac{1}{k}-\frac{1}{k+1}\right)$$

$$=1-\frac{1}{n+1}=\frac{n}{n+1}$$

は基本ですが, いろいろな例を**補足**で取り上げます.

◀ $a_2-a_1$
$a_3-a_2$
$a_4-a_3$
$\cdots$
$+)\ a_{n+1}-a_n$
$a_{n+1}-a_1$

**解答**

(1) $(3k+1)(3k+2)=9k(k+1)+2$ から

$$\sum_{k=1}^{n}a_k=\sum_{k=1}^{n}\left\{3+\frac{2}{3k(k+1)}\right\}$$

$$=3n+\frac{2}{3}\sum_{k=1}^{n}\left(\frac{1}{k}-\frac{1}{k+1}\right)$$

$$=3n+\frac{2}{3}\left(1-\frac{1}{n+1}\right)$$

$$=\mathbf{3n+\frac{2n}{3(n+1)}}$$

(2) 定義から, $\sum_{k=1}^{n}b_k$ は

$$1+3+5+\cdots+(2n-1)=n^2$$

より, $a_1$ から $a_{n^2}$ までの総和になる.

よって, (1)の結果から

$$\sum_{k=1}^{n}b_k=\sum_{k=1}^{n^2}a_k=3n^2+\frac{2n^2}{3(n^2+1)}$$

となる. このとき, $0<\frac{2n^2}{3(n^2+1)}<1$ であり, $\sum_{k=1}^{n}b_k$ は増加であることに注意すると,

◀ $3n^2<\sum_{k=1}^{n}b_k<3n^2+1$ だから, 675 以上になる最小の $n$ は $3n^2$ の部分に着目する.

$$3\cdot14^2=588,\quad 3\cdot15^2=675$$

とから

$$\sum_{k=1}^{14}b_k<589,\quad \sum_{k=1}^{15}b_k>675$$

よって，$\sum_{k=1}^{n} b_k \geqq 675$ を満たす最小の $n$ の値は **15**

である．

**補足**

(例1) $\displaystyle\sum_{k=1}^{n} \frac{1}{(3k-1)(3k+2)} = \frac{1}{3}\sum_{k=1}^{n}\left(\frac{1}{3k-1} - \frac{1}{3k+2}\right)$

$\displaystyle = \frac{1}{3}\left(\frac{1}{2} - \frac{1}{3n+2}\right)$

(例2) $\displaystyle\sum_{k=1}^{n} \frac{2}{k(k+1)(k+2)} = \sum_{k=1}^{n}\left\{\frac{1}{k(k+1)} - \frac{1}{(k+1)(k+2)}\right\}$

$\displaystyle = \frac{1}{2} - \frac{1}{(n+1)(n+2)}$

(例3) $\displaystyle\sum_{k=1}^{n} \frac{4}{(2k-1)(2k+3)} = \sum_{k=1}^{n}\left(\frac{1}{2k-1} - \frac{1}{2k+3}\right)$

$\displaystyle = 1 + \frac{1}{3} - \frac{1}{2n+1} - \frac{1}{2n+3}$

**参考** $\sum_{k=1}^{n} k^2$ の求め方は，$(k+1)^3 - k^3 = 3k^2 + 3k + 1$ から

$$\sum_{k=1}^{n} \{(k+1)^3 - k^3\} = \sum_{k=1}^{n} (3k^2 + 3k + 1)$$

$$\Longleftrightarrow (n+1)^3 - 1 = 3\sum_{k=1}^{n} k^2 + 3\cdot\frac{1}{2}n(n+1) + n$$

これを計算して，$\sum_{k=1}^{n} k^2 = \frac{1}{6}n(n+1)(2n+1)$ が得られます．同様に

$$(k+1)^4 - k^4 = 4k^3 + 6k^2 + 4k + 1$$
$$(k+1)^5 - k^5 = 5k^4 + 10k^3 + 10k^2 + 5k + 1$$

を利用して $\sum_{k=1}^{n} k^3$，$\sum_{k=1}^{n} k^4$ も求められます．覚えなくていいですが

$$\sum_{k=1}^{n} k^4 = \frac{1}{30}n(n+1)(2n+1)(3n^2+3n-1)$$

です．

第8章

**メインポイント**

**$\sum_{k=1}^{n} (a_{k+1} - a_k)$ や $\sum_{k=1}^{n} kr^{k-1}$ は，計算できるように**

# 93 漸化式の解法

**アプローチ**

解法はいろいろあります．

(i) 両辺を $3^n$ で割って

$$\frac{a_n}{3^n}=-\frac{5}{3}\cdot\frac{a_{n-1}}{3^{n-1}}+1$$

$b_n=\dfrac{a_n}{3^n}$ とおくと $b_n=-\dfrac{5}{3}b_{n-1}+1$ となる．

(ii) 両辺を $(-5)^n$ で割って

$$\frac{a_n}{(-5)^n}=\frac{a_{n-1}}{(-5)^{n-1}}+\left(-\frac{3}{5}\right)^n$$

$c_n=\dfrac{a_n}{(-5)^n}$ とおくと $c_n=c_{n-1}+\left(-\dfrac{3}{5}\right)^n$ となる．

◀(i)は $b_n-\dfrac{3}{8}=-\dfrac{5}{3}\left(b_{n-1}-\dfrac{3}{8}\right)$ (ii)は $c_n=c_1+\displaystyle\sum_{k=1}^{n-1}\left(-\frac{3}{5}\right)^{k+1}$ として解ける．

解答では，等比型に変形します．

---

**解答**

(1) $a_n=-5a_{n-1}+3^n\ (n\geqq 2)$ ……(＊)

とおく．(＊)を変形して

$$a_n+A\cdot 3^n=-5(a_{n-1}+A\cdot 3^{n-1})$$

とできたすると

$$a_n=-5a_{n-1}-8A\cdot 3^{n-1}\qquad \therefore\quad A=-\frac{3}{8}$$

$$\therefore\quad a_n-\frac{3^{n+1}}{8}=-5\left(a_{n-1}-\frac{3^n}{8}\right)$$

$$\therefore\quad a_n-\frac{3^{n+1}}{8}=(-5)^{n-1}\left(a_1-\frac{3^2}{8}\right)$$

◀$a_n=3a_{n-1}+3^n$ のような場合は等比型に変形できないので注意．この場合は，両辺を $3^n$ で割る．

◀$a_n=-5a_{n-1}+3^n+1$ の場合は $a_n+A\cdot 3^n+B=-5(a_{n-1}+A\cdot 3^{n-1}+B)$ とすればよい．

よって，$a_1=a$ とから

$$\boldsymbol{a_n=\left(a-\frac{9}{8}\right)(-5)^{n-1}+\frac{3^{n+1}}{8}\quad (n\geqq 1)}$$

(2) (1)から，$n\geqq 1$ のとき

$$\begin{aligned}&a_{n+1}-a_n\\&=\left(a-\frac{9}{8}\right)(-5)^{n-1}(-5-1)+\frac{3^{n+1}}{8}(3-1)\\&=-6\left(a-\frac{9}{8}\right)(-5)^{n-1}+\frac{3^{n+1}}{4}\\&=(-5)^{n-1}\left\{-6\left(a-\frac{9}{8}\right)+\frac{9}{4}\left(-\frac{3}{5}\right)^{n-1}\right\}\end{aligned}$$

ここで，十分大きい $n$ に対して，$\left|\frac{9}{4}\left(-\frac{3}{5}\right)^{n-1}\right|$ はいくらでも小さくできる．よって

$a>\frac{9}{8}$ のときは十分大きい奇数 $n$ を，

$a<\frac{9}{8}$ のときは十分大きい偶数 $n$ を

とれば，$a_{n+1}-a_n<0$ とできて不適．

◀十分大きい $n$ では $A\cdot(-5)^{n-1}+B\cdot3^n$ の符号は $A\cdot(-5)^{n-1}$ で決まるということ．

また，$a=\frac{9}{8}$ のとき $a_{n+1}-a_n=\frac{3^{n+1}}{4}$ となり適するから，求める $a$ の値は $\mathbf{\frac{9}{8}}$ である．

**補足** **(漸化式の例)**

**(例１)** 数列 $\{a_n\}$ を $a_1=1$，$a_{n+1}=2a_n+n-2$ で定めるとき，一般項 $a_n$ を求めよ．

**解答** **(等比型に変形)**

$$a_{n+1}=2a_n+n-2$$
$$\iff a_{n+1}+A(n+1)+B=2(a_n+An+B) \quad \cdots\cdots①$$

と変形できたとすると

$$① \iff a_{n+1}=2a_n+An-A+B \qquad \therefore\ A=1,\ B=-1$$
$$\therefore\ a_{n+1}+n=2(a_n+n-1) \qquad \therefore\ a_n+n-1=2^{n-1}(a_1+0)$$
$$\therefore\ a_n=2^{n-1}-n+1$$

**(例２)** 次のように定義される数列 $\{a_n\}$ の一般項を求めよ．

$$a_1=1,\ a_{n+1}=na_n+n-1\ (n=1,\ 2,\ 3,\ \cdots)$$

**解答** 両辺を $n!$ で割ると

$$a_{n+1}=na_n+n-1 \iff \frac{a_{n+1}}{n!}=\frac{a_n}{(n-1)!}+\frac{1}{(n-1)!}-\frac{1}{n!}$$
$$\iff \frac{a_{n+1}}{n!}+\frac{1}{n!}=\frac{a_n}{(n-1)!}+\frac{1}{(n-1)!}$$

つまり，$\frac{a_n}{(n-1)!}+\frac{1}{(n-1)!}$ は定数列となる．

$$\therefore\ \frac{a_n}{(n-1)!}+\frac{1}{(n-1)!}=\frac{a_1}{0!}+\frac{1}{0!}=2 \qquad \therefore\ a_n=2(n-1)!-1$$

**メインポイント**

**漸化式の解法は，式変形か予想して数学的帰納法で証明**

第8章

# 94 いろいろなシグマ計算

**アプローチ**

(1)　$S=\sum_{k=1}^{n-1}k\{(k+1)+(k+2)+\cdots+n\}$ を計算することになりますが，**表を使う方法**が有名です．

◀$S=\dfrac{n^2+n}{2}\sum_{k=1}^{n-1}k$
$-\dfrac{1}{2}\sum_{k=1}^{n-1}k^2(k+1)$
を計算します．

(2)　具体化すれば様子がわかります．
例えば，$n=30$ とすると

$$S=(29+28+\cdots+1)+(1+2+\cdots+70)$$

です．なお **補足** につけましたが，$\boldsymbol{y=\sum_{k=1}^{m}|x-k|}$ のグラフは描けるようにしましょう．

**解答**

(1)　次のような表を考える．

$$\begin{array}{cccccc}
1\cdot1 & 1\cdot2 & 1\cdot3 & 1\cdot4 & \cdots & 1\cdot n \\
2\cdot1 & 2\cdot2 & 2\cdot3 & 2\cdot4 & \cdots & 2\cdot n \\
3\cdot1 & 3\cdot2 & 3\cdot3 & 3\cdot4 & \cdots & 3\cdot n \\
 & & \cdots\cdots & \cdots\cdots & & \\
n\cdot1 & n\cdot2 & n\cdot3 & n\cdot4 & \cdots & n\cdot n
\end{array}$$

この表のうち

$$\begin{array}{ccccc}
1\cdot2 & 1\cdot3 & 1\cdot4 & \cdots & 1\cdot n \\
 & 2\cdot3 & 2\cdot4 & \cdots & 2\cdot n \\
 & & 3\cdot4 & \cdots & 3\cdot n \\
 & & & & \cdots \\
 & & & & (n-1)\cdot n
\end{array}$$

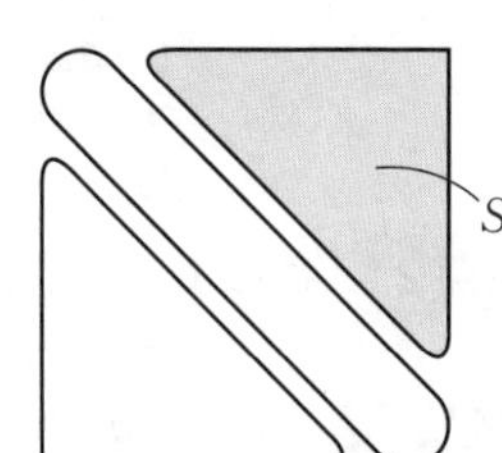


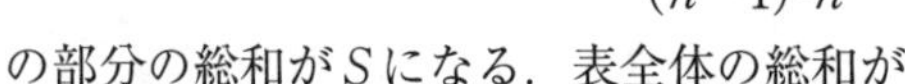
の部分の総和が $S$ になる．表全体の総和が

$$(1+2+3+4+\cdots+n)^2=\left\{\frac{n(n+1)}{2}\right\}^2=\frac{n^2(n+1)^2}{4}$$

対角線部の総和が

$$1^2+2^2+3^2+4^2+\cdots+n^2=\frac{1}{6}n(n+1)(2n+1)$$

$$\begin{aligned}
\therefore\quad S&=\frac{1}{2}\left\{\frac{n^2(n+1)^2}{4}-\frac{1}{6}n(n+1)(2n+1)\right\}\\
&=\frac{n(n+1)}{24}\{3n(n+1)-2(2n+1)\}\\
&=\boldsymbol{\frac{(n-1)n(n+1)(3n+2)}{24}}
\end{aligned}$$

(2) $n \leqq 1$ のとき

$$S(n) = -(n-1)-(n-2)-(n-3)-\cdots-(n-100)$$
$$= -100n + \frac{100 \cdot 101}{2}$$

となり，$S(n)$ は $n$ について減少である．

$n \geqq 100$ のとき

$$S(n) = 100n - \frac{100 \cdot 101}{2}$$

となり，$S(n)$ は $n$ について増加である．

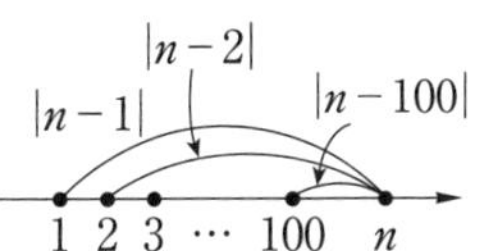


◀ $n \geqq 100$ のとき，上の図から $|n-1|$，$|n-2|$，$\cdots$，$|n-100|$ はすべて増加である．

よって $S(n)$ の最小は，$1 \leqq n \leqq 100$ で考えてよい．

このとき

$$S(n) = \{(n-1)+(n-2)+\cdots+1\} + \{1+2+\cdots+(100-n)\}$$
$$= \frac{1}{2}(n-1)n + \frac{1}{2}(100-n)(101-n)$$
$$= n^2 - 101n + 5050$$
$$= \left(n - \frac{101}{2}\right)^2 + 5050 - \frac{101^2}{4}$$

以上から，$\boldsymbol{n=50}$，**51** で最小値 $50^2 = \boldsymbol{2500}$ となる．

**補足**　$y = \sum_{k=1}^{m} |x-k|$ のグラフは次のようになります（折れ線の傾きは $-m$ から $m$ まで 2 ずつ増えている）．$m=100$ のとき，右図から $x=50$, 51 で最小になります．

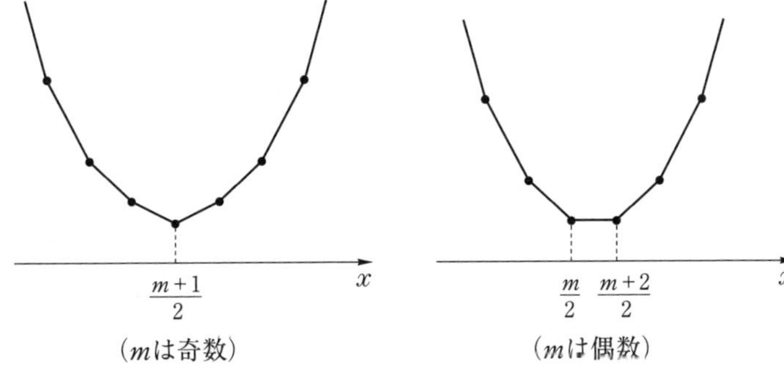


（$m$は奇数）　（$m$は偶数）

**メインポイント**

**(1) の計算法と $y = \sum_{k=1}^{m} |x-k|$ のグラフは覚えておこう**



第8章

# 95 群数列の応用

**アプローチ**

$m$, $n$ は自然数だから，$m+n=l$ の値は小さい順に

$$l=2,\ 3,\ 4,\ 5,\ \cdots$$

であり，この順に $(m,\ n)$ を書き出す(ただし，$m$ の小さい順)と

$l=2:(1,\ 1)$
$l=3:(1,\ 2),\ (2,\ 1)$
$l=4:(1,\ 3),\ (2,\ 2),\ (3,\ 1)$
……
$l=k+1:(1,\ k),\ (2,\ k-1),\ \cdots,\ (k,\ 1)$

となります．これらを上から順に1群，2群，…とする**群数列**と考えます．

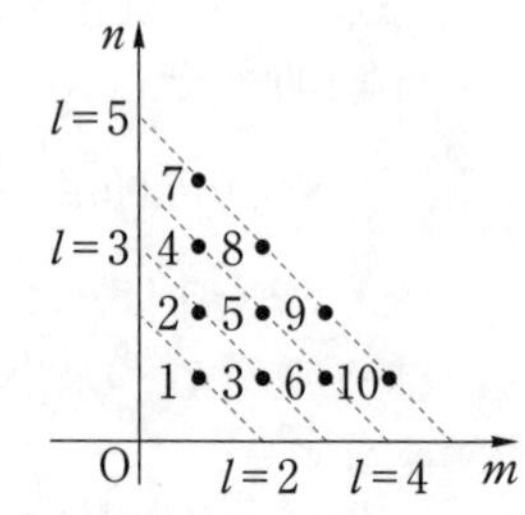


◀上図のように，格子点に番号をつけています．

**解答**

規則(i)，(ii)に従って，自然数の組 $(m,\ n)$ を順に並べると

$$(1,\ 1),\ (1,\ 2),\ (2,\ 1),\ (1,\ 3),\ (2,\ 2),\ (3,\ 1),\ (1,\ 4),\ (2,\ 3),\ \cdots\cdots$$

そこで，次のように群数列を定める．

$\{(1,\ 1)\}$，$\{(1,\ 2),\ (2,\ 1)\}$，
(1群)　(2群)

$\{(1,\ 3),\ (2,\ 2),\ (3,\ 1)\}$，
(3群)

$\{(1,\ 4),\ (2,\ 3),\ (3,\ 2),\ (4,\ 1)\}$，……，
(4群)

このとき，$k$ 群は

$$\{(1,\ k),\ (2,\ k-1),\ \cdots,\ (k,\ 1)\}$$

であり，$(m,\ n)$ は $k$ 個からなり，$m+n=k+1$ を満たす．

◀ $k$ 群の $(m,\ n)$ は
$m+n=k+1$
を満たす．
例えば，$(5,\ 6)$ は
$5+6-1=10$ 群
で，5 がこの群の順番を表すから $(5,\ 6)$ は 10 群の 5 項目．

(1) $10=1+2+3+4$ から

10番目は4群の末項

である．

$$\therefore\ \ (\boldsymbol{m},\ \boldsymbol{n})=(\mathbf{4},\ \mathbf{1})$$

(2) $(m,\ 1)$ は $m$ 群の末項だから

$$N(m,\ 1)=1+2+\cdots+m$$
$$=\boldsymbol{\frac{m(m+1)}{2}}$$

(3) $(m,\ n)$ は $m+n-1$ 群の第 $m$ 項だから

$$N(m,\ n)=N(m+n-2,\ 1)+m$$
$$=\boldsymbol{\frac{(m+n-2)(m+n-1)}{2}+m}$$

(4) (3)から

$$N(m,\ n)=\frac{3}{2}mn-1$$
$$\iff \frac{(m+n-2)(m+n-1)}{2}+m=\frac{3}{2}mn-1$$
$$(m+n)^2-3(m+n)+2+2m=3mn-2$$
$$m^2-(n+1)m+n^2-3n+4=0$$

$m$ の方程式とみて判別式を $D$ とおくと，実数解をもつことから

$$D=(n+1)^2-4(n^2-3n+4)\geqq 0$$
$$\iff 3n^2-14n+15\leqq 0$$
$$\therefore\ (n-3)(3n-5)\leqq 0 \qquad \therefore\ \frac{5}{3}\leqq n\leqq 3$$
$$\therefore\ n=2,\ 3$$

◀ 2 次方程式の整数解では $D\geqq 0$ で範囲を絞る
絞れないときは $D=l^2$（平方数）とおく．

$n=2$ のとき

$$m^2-3m+2=(m-1)(m-2)=0$$
$$\therefore\ m=1,\ 2$$

$n=3$ のとき

$$m^2-4m+4=(m-2)^2=0$$
$$\therefore\ m=2$$

以上から求める $(m,\ n)$ は

**(1，2)，(2，2)，(2，3)**

である．

第8章

**メインポイント**

**『$n$群の$k$項は，はじめから数えて何項目か』**
**『はじめから数えて$m$項目は，何群の何項目か』**
**がすぐに求められるように**

# 96 ガウス記号と数列

**アプローチ**

**ガウス記号**を用いると，$a_n=[\sqrt{2n-1}]$ です．

$\{\sqrt{2n-1}\}$ を順に書き出すと

$\sqrt{1}$，$\sqrt{3}$，$\sqrt{5}$，$\sqrt{7}$，$\sqrt{9}$，$\sqrt{11}$，$\sqrt{13}$，$\sqrt{15}$，…

$\{[\sqrt{2n-1}]\}$ を順に書き出すと

1，1，2，2，3，3，3，3，…

となります．

これから，はじめて$m$が現れるのは

$m$ が奇数のとき $2n-1=m^2$ から

$m$ が偶数のとき $2n-1=m^2+1$ から

とわかります．

◀ 4 は $\sqrt{4^2+1}=\sqrt{17}$ から，5 は $\sqrt{5^2}=\sqrt{25}$ から，6 は $\sqrt{6^2+1}=\sqrt{37}$ から現れます．

**解答**

(1) ガウス記号を用いると

$$a_n=[\sqrt{2n-1}]$$

$$\therefore\quad a_n=m \iff m\leqq\sqrt{2n-1}<m+1$$

$$\iff m^2\leqq 2n-1<(m+1)^2\cdots\cdots(*)$$

(i) $m$ が奇数のとき，$(*)$を満たす $2n-1$ の値は

$$m^2,\ m^2+2,\ \cdots,\ (m+1)^2-1$$

$(m+1)^2-1=m^2+2m$ から $n$ は $m+1$ 個ある．

(ii) $m$ が偶数のとき，$(*)$を満たす $2n-1$ の値は

$$m^2+1,\ m^2+3,\ \cdots,\ (m+1)^2-2$$

$(m+1)^2-2=m^2+2m-1$ から $n$ は $m$ 個ある．

以上から，$a_n=m$ となる $n$ の個数は

**$m+1$（$m$ が奇数），$m$（$m$ が偶数）**

◀ $m$ が奇数のとき

$\dfrac{m^2+1}{2}\leqq n\leqq\dfrac{(m+1)^2}{2}$

$\dfrac{(m+1)^2}{2}-\dfrac{m^2+1}{2}+1$

$=m+1$(個)

$m$ が偶数のとき

$\dfrac{m^2+2}{2}\leqq n\leqq\dfrac{(m+1)^2-1}{2}$

$\dfrac{(m+1)^2-1}{2}-\dfrac{m^2+2}{2}+1$

$=m$(個)

としてもよい．

(2) $2\cdot 99-1=197=14^2+1$ より

$$a_{99}=14,\ a_{100}=14$$

となり，$a_{100}=14$ は $a_n=14$ となる $n$ の 2 番目である．(1)から

$$\begin{cases} a_n=2k-1 \text{ となる } n \text{ は } 2k \text{ 個} \\ a_n=2k \text{ となる } n \text{ は } 2k \text{ 個} \end{cases}\cdots\cdots(**)$$

$$\therefore\quad \sum_{k=1}^{100}a_k=\sum_{k=1}^{7}(2k-1)2k+\sum_{k=1}^{6}2k\cdot 2k+14\cdot 2$$

$$=\sum_{k=1}^{6}(8k^2-2k)+13\cdot14+28$$

$$=8\cdot\frac{1}{6}\cdot6\cdot7\cdot13-2\cdot\frac{1}{2}\cdot6\cdot7+210=\mathbf{896}$$

(3)　$a_{12}=[\sqrt{23}\,]=4$ と(2)の(＊＊)から

$$T_{12}=\sum_{k=1}^{12}\frac{1}{a_k}$$

$$=\left(1+\frac{1}{2}\right)\cdot2+\left(\frac{1}{3}+\frac{1}{4}\right)\cdot4$$

$$=3+\frac{7}{3}=\mathbf{\frac{16}{3}}$$

次に

$$\left(\frac{1}{5}+\frac{1}{6}\right)\cdot6=\frac{11}{5},\ \left(\frac{1}{7}+\frac{1}{8}\right)\cdot8=\frac{15}{7}$$

$$12+6\cdot2+8\cdot2=40$$

となるから

$$T_{40}=\frac{16}{3}+\frac{11}{5}+\frac{15}{7}$$

$$=9+\frac{1}{3}+\frac{1}{5}+\frac{1}{7}=9+\frac{71}{105}<10$$

さらに

$$\frac{1}{9}\cdot2=\frac{2}{9}<\frac{34}{105},\ \frac{1}{9}\cdot3=\frac{1}{3}>\frac{34}{105}$$

と合わせて，$T_n>10$ を満たす最小の $n$ は **43** である．

◀ $\frac{1}{2k-1}$，$\frac{1}{2k}$ はともに $2k$ 個あることを利用して，$T_n>10$ なる $n$ を調べている．

**注意!**　$[\sqrt{n}\,]$ なら $n=m^2$ で値が変わるのでわかりやすいのですが，本問は $[\sqrt{2n-1}\,]$ と少しイジワルです．

**メインポイント**

**ガウス記号の処理：$[\sqrt{2n-1}\,]=m \iff m\leqq\sqrt{2n-1}<m+1$**

第8章

# 97 格子点の個数

## アプローチ

格子点の個数を求めるには

**縦に数えるか，横に数えるか**

つまり $x=k$ 上の格子点の個数を数えるか，$y=k$ 上の格子点の個数を数えるかのいずれかです．

本問では，(1)は縦に，(2)は横に数えます．さらに(1)は $x=2k-1$，$2k$ に場合分けをします．

◀$\dfrac{x^2}{2}$ は $x$ が偶数のとき整数になるが，奇数のときは整数になりません．

## 解答

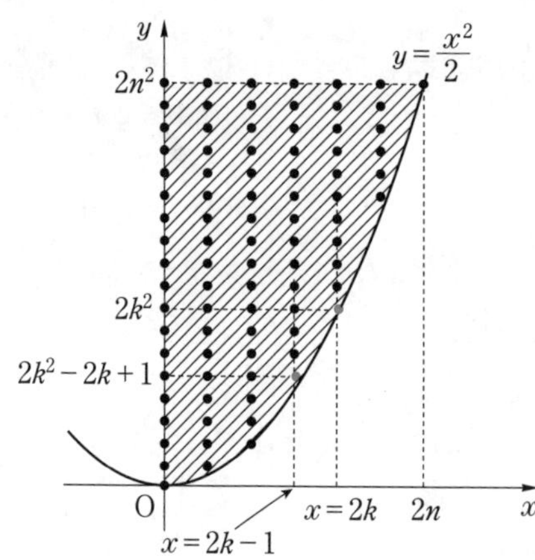


(1) $2n^2=\dfrac{1}{2}x^2 \iff x^2=4n^2$

$\iff x=\pm 2n$

から，不等式の満たす領域は上図の斜線部(境界を含む)になる．

(i) $x=2k$ $(k=0,\ 1,\ \cdots,\ n)$ 上の格子点は

$(2k,\ 2k^2)$，$(2k,\ 2k^2+1)$，…，$(2k,\ 2n^2)$

であり，$2n^2-2k^2+1$ 個ある．

(ii) $x=2k-1$ $(k=1,\ \cdots,\ n)$ 上の格子点は

$\dfrac{(2k-1)^2}{2}=2k^2-2k+\dfrac{1}{2}$

から，$y$ が整数のとき $y \geqq 2k^2-2k+1$ となり

$(2k-1,\ 2k^2-2k+1)$，…，$(2k-1,\ 2n^2)$

であり，$2n^2-2k^2+2k$ 個ある．

◀$2k^2-2k+1$ から $2n^2$ まで
$2n^2-(2k^2-2k+1)+1$
$=2n^2-2k^2+2k$(個)

以上より,

$$\sum_{k=0}^{n}(2n^2-2k^2+1)+\sum_{k=1}^{n}(2n^2-2k^2+2k)$$

$$=2n^2+1+\sum_{k=1}^{n}(4n^2-4k^2+2k+1)$$

$$=2n^2+1+n(4n^2+1)$$

$$-\frac{2}{3}n(n+1)(2n+1)+n(n+1)$$

$$=\mathbf{\frac{1}{3}(8n^3+3n^2+4n+3)}$$

(2)

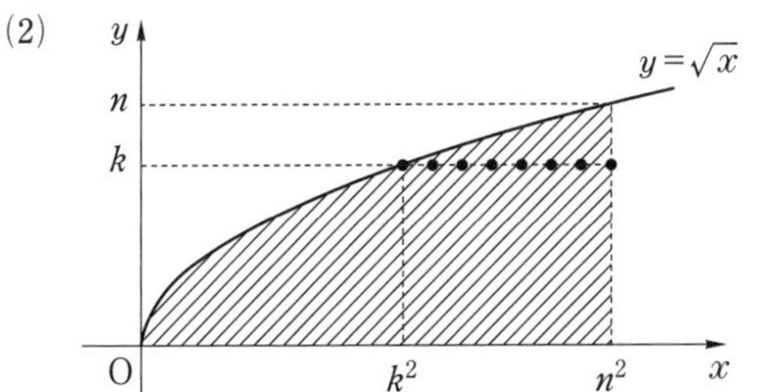


不等式の満たす領域は上図の斜線部(境界を含む)になる. $y=k$ ($k=0$, 1, …, $n$) 上の格子点は

$$(k^2,\ k),\ (k^2+1,\ k),\ \cdots,\ (n^2,\ k)$$

であり, $n^2-k^2+1$ 個ある. よって, 求める個数は

$$\sum_{k=0}^{n}(n^2-k^2+1)$$

$$=(n^2+1)(n+1)-\frac{1}{6}n(n+1)(2n+1)$$

$$=\mathbf{\frac{1}{6}(n+1)(4n^2-n+6)}$$

である.

◀(0, 0), ($n^2$, 0), ($n^2$, $n$), (0, $n$) の 4 点でつくる長方形の内部および周上の格子点の個数は

$(n^2+1)(n+1)$

であり, これから不適な部分の格子点の個数を引いて

$(n^2+1)(n+1)-\sum_{k=0}^{n}k^2$

を計算してもよい.

第8章

**メインポイント**

**格子点の個数は,『縦に数えるか, 横に数えるか』ラクな方で数える**

# 98 フィボナッチ数列

**アプローチ**

$a_{n+2}=a_{n+1}+a_n$ で定まる数列をフィボナッチ数列といいます．特に，$a_1=a_2=1$ のときは

$$a_n=\frac{1}{\sqrt{5}}\left\{\left(\frac{1+\sqrt{5}}{2}\right)^n-\left(\frac{1-\sqrt{5}}{2}\right)^n\right\}$$

となります．フィボナッチ数列の定義から

$$\begin{aligned}&a_{n+1}a_{n+3}-a_{n+2}{}^2\\&=a_{n+1}(a_{n+2}+a_{n+1})-(a_{n+1}+a_n)a_{n+2}\\&=-(a_na_{n+2}-a_{n+1}{}^2)\end{aligned}$$

$a_1a_3-a_2{}^2=1\cdot2-1^2=1$ と合わせて

$$\{a_na_{n+2}-a_{n+1}{}^2\}$$

は初項1，公比 $-1$ の等比数列です．よって

$$a_na_{n+2}-a_{n+1}{}^2=(-1)^{n-1}=(-1)^{n+1}$$

となります．

(1)は，この逆を証明しなさいという問題です．

◀ $x^2-x-1=0$ の解を $\alpha=\frac{1+\sqrt{5}}{2}$，$\beta=\frac{1-\sqrt{5}}{2}$ とおくと，$\alpha+\beta=1$ で

$$\begin{aligned}&a_{n+2}-\alpha a_{n+1}\\&\quad=\beta(a_{n+1}-\alpha a_n)\end{aligned}$$

$$\begin{aligned}\therefore\ &a_{n+1}-\alpha a_n\\&\quad=\beta^{n-1}(a_2-\alpha a_1)\\&\quad=\beta^{n-1}(1-\alpha)\\&\quad=\beta^n\end{aligned}$$

同様にして

$$a_{n+1}-\alpha a_n=\beta^n$$
$$a_{n+1}-\beta a_n=\alpha^n$$

辺々引けば $a_n$ が得られます．

**解答**

(1) $a_na_{n+2}-a_{n+1}{}^2=(-1)^{n+1}$ ……①

とおく．①に $n=1$ を代入して，$a_1=a_2=1$ とから

$$a_1a_3-a_2{}^2=1 \qquad \therefore\ a_3=2$$
$$\therefore\ a_3=a_2+a_1$$

よって，$n=1$ で成り立つ．

次に，

$$a_{k+2}=a_{k+1}+a_k\ (k=1,\ 2,\ \cdots,\ n) \quad ……②$$

が成り立つとする．まず，$a_1=a_2=1$ と②から帰納的に $a_{n+1}$ は自然数である．①から

$$\begin{cases}a_na_{n+2}-a_{n+1}{}^2=(-1)^{n+1}\\a_{n+1}a_{n+3}-a_{n+2}{}^2=(-1)^{n+2}\end{cases}$$

であり，辺々加えて

$$a_na_{n+2}-a_{n+1}{}^2+a_{n+1}a_{n+3}-a_{n+2}{}^2=0$$
$$a_{n+1}(a_{n+3}-a_{n+1})-a_{n+2}(a_{n+2}-a_n)=0$$

さらに，$a_{n+2}-a_n=a_{n+1}$ を代入して

$$\begin{aligned}&a_{n+1}(a_{n+3}-a_{n+1})-a_{n+2}a_{n+1}\\&\quad=a_{n+1}(a_{n+3}-a_{n+2}-a_{n+1})=0\end{aligned}$$

ここで，$a_{n+1}$ は自然数だから

$$a_{n+3}-a_{n+2}-a_{n+1}=0$$

$$\therefore\quad a_{n+3}=a_{n+2}+a_{n+1}$$

となり，$n+1$ でも成り立つ．よって，数学的帰納法によりすべての自然数 $n$ に対して $a_{n+2}=a_{n+1}+a_n$ は成り立つ．

(2)　(1)から

$$a_1=a_2=1,\ a_{n+2}=a_{n+1}+a_n\ (n\geqq 1)\quad \cdots\cdots ③$$

が成り立つ．これから

$$a_3=2,\ a_4=3,\ a_5=5,\ a_6=8$$

となり，$m=1$ のときは成り立つ．

次に，$a_{6m}$ が 8 の倍数であるとする．ここで

$$\begin{aligned}a_{n+6}&=a_{n+5}+a_{n+4}\\&=(a_{n+4}+a_{n+3})+(a_{n+3}+a_{n+2})\\&=a_{n+4}+2a_{n+3}+a_{n+2}\\&=(a_{n+3}+a_{n+2})+2(a_{n+2}+a_{n+1})+(a_{n+1}+a_n)\\&=a_{n+3}+3a_{n+2}+3a_{n+1}+a_n\\&=(a_{n+2}+a_{n+1})+3(a_{n+1}+a_n)+3a_{n+1}+a_n\\&=a_{n+2}+7a_{n+1}+4a_n\\&=(a_{n+1}+a_n)+7a_{n+1}+4a_n\\&=8a_{n+1}+5a_n\end{aligned}$$

$$\therefore\quad a_{6(m+1)}=8a_{6m+1}+5a_{6m}$$

よって，$a_{6(m+1)}$ も 8 の倍数である．以上から，数学的帰納法によりすべての自然数 $m$ に対して $a_{6m}$ は 8 の倍数が成り立つ．

◀さらに
$a_{n+12}$
$=8a_{n+7}+5a_{n+6}$
$=8a_{n+7}$
$+5(8a_{n+1}+5a_n)$
$\therefore\ a_{n+12}-a_n$
$=8(a_{n+7}+5a_{n+1}+3a_n)$
が成り立つ．これは，$a_{n+12}$ と $a_n$ は 8 で割った余りが等しいことを示す．

**注意!**　$a_n$ を 8 で割った余りを順に書き出すと，③から

1，1，2，3，5，0，5，5，2，7，1，0，1，1，…

となり，(1，1，2，3，5，0，5，5，2，7，1，0) を繰り返します．

これから，$a_{6m}$ が 8 の倍数とわかります．

**メインポイント**

**$n$ に関する証明は，まず数学的帰納法を考える**

第8章

# 99 漸化式に戻す

**アプローチ**

(2)
$$\begin{cases} a_1=6,\ a_2=32, \\ a_{n+2}-6a_{n+1}+2a_n=0 \end{cases} \quad \cdots\cdots(\text{I})$$

を解くと

$$a_n=(3+\sqrt{7})^n+(3-\sqrt{7})^n \quad \cdots\cdots(\text{II})$$

となります．$a_n$ $(n\geqq 2)$ が4の倍数であることは，(I)で $a_3=180$ より $a_2$，$a_3$ が4の倍数になることから帰納的に明らかです．そこで，(II)から(I)を導くのが目標になります．

◀(II)では $a_n$ が整数であることも怪しいです．

**解答**

(1) 解と係数の関係から

$$\alpha+\beta=6,\ \alpha\beta=2 \quad \cdots\cdots①$$

である．このとき

$$\alpha^2+\beta^2=(\alpha+\beta)^2-2\alpha\beta$$
$$=6^2-4=\mathbf{32}$$
$$\alpha^3+\beta^3=(\alpha+\beta)^3-3\alpha\beta(\alpha+\beta)$$
$$=6^3-36=\mathbf{180}$$

(2) $a_n=\alpha^n+\beta^n$ とおく．ここで，恒等式

$$\alpha^{n+2}+\beta^{n+2}$$
$$=(\alpha+\beta)(\alpha^{n+1}+\beta^{n+1})-\alpha\beta(\alpha^n+\beta^n)$$

が成り立つ．①を代入して

$$\alpha^{n+2}+\beta^{n+2}$$
$$=6(\alpha^{n+1}+\beta^{n+1})-2(\alpha^n+\beta^n)$$
$$\therefore\ a_{n+2}=6a_{n+1}-2a_n$$

◀ $a_n=A\alpha^n+B\beta^n$ に対しては恒等式
$A\alpha^{n+2}+B\beta^{n+2}$
$=(\alpha+\beta)(A\alpha^{n+1}+B\beta^{n+1})$
$-\alpha\beta(A\alpha^n+B\beta^n)$
を利用する．

よって，(1)と合わせて $n\geqq 2$ のとき

$$\begin{cases} a_2=32,\ a_3=180 \\ a_{n+2}=6a_{n+1}-2a_n \end{cases} \quad \cdots\cdots②$$

が成り立つ．

このとき，$a_n$ $(n\geqq 2)$ が4の倍数であることを示す．$n=2,\ 3$ のとき

$$a_2=4\cdot 8,\ a_3=4\cdot 45$$

から成立．次に，$n\geqq 2$ とし，$a_n$，$a_{n+1}$ が4の倍数であるとすると，②より $a_{n+2}$ は4の倍数になる．

よって，数学的帰納法により $n \geqq 2$ を満たすすべての自然数 $n$ に対して $a_n$ は4の倍数である．

以上から

$$a_n=\alpha^n+\beta^n \quad (n \geqq 2) \text{ は4の倍数}$$

である．

(3) $x^2-6x+2=0$ を解いて

$$\alpha=3+\sqrt{7},\ \beta=3-\sqrt{7}$$

ここで，$0<3-\sqrt{7}<1$ だから $0<\beta^n<1$ である．

また，$a_1=6$ と(2)から $a_n$ はすべての自然数 $n$ に対して偶数である．よって

$$a_n-1<a_n-\beta^n<a_n$$

$$\therefore\ a_n-1<\alpha^n<a_n$$

となり，$\alpha^n$ の整数部分は奇数である．

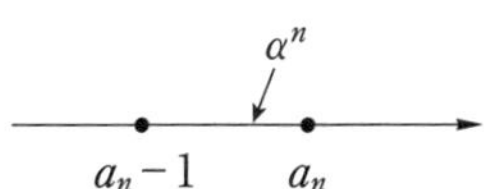


**参考**

(1) $\alpha$，$\beta$ が $x^2-6x+2=0$ の解だから

$$\alpha^2=6\alpha-2,\ \beta^2=6\beta-2$$

が成り立ちます．よって，$\alpha+\beta=6$ と合わせて

$$\alpha^2+\beta^2=6(\alpha+\beta)-4=32$$

$$\alpha^3+\beta^3=6(\alpha^2+\beta^2)-2(\alpha+\beta)$$
$$=6\cdot32-2\cdot6=180$$

(2) $a_{n+2}=6a_{n+1}-2a_n$ は次のようにも示せます．

$\alpha$，$\beta$ は $x^2-6x+2=0$ の解だから

$$\begin{cases}\alpha^2=6\alpha-2\\ \beta^2=6\beta-2\end{cases} \quad \therefore \quad \begin{cases}\alpha^{n+2}=6\alpha^{n+1}-2\alpha^n\\ \beta^{n+2}=6\beta^{n+1}-2\beta^n\end{cases}$$

となり，辺々加えれば得られます．

**メインポイント**

$$A\alpha^{n+2}+B\beta^{n+2}=(\alpha+\beta)(A\alpha^{n+1}+B\beta^{n+1})-\alpha\beta(A\alpha^n+B\beta^n)$$

第8章

# 100 漸化式の図形への応用

**アプローチ**

漸化式の応用問題です．漸化式

$$\sqrt{r_n}-\sqrt{r_{n+1}}=\sqrt{r_n r_{n+1}} \quad \cdots\cdots(*)$$

から $\dfrac{1}{\sqrt{r_{n+1}}}-\dfrac{1}{\sqrt{r_n}}=1$ が導けるでしょうか．

$(*)$では $b_n=\sqrt{r_n}$ とおくと

$$b_n-b_{n+1}=b_n b_{n+1} \qquad \therefore \quad b_{n+1}=\frac{b_n}{b_n+1}$$

この分数型の漸化式は，逆数をとる有名なタイプで，

$$\frac{1}{b_{n+1}}=\frac{1}{b_n}+1 \ (b_n>0 \ より)$$

となります．

**解答**

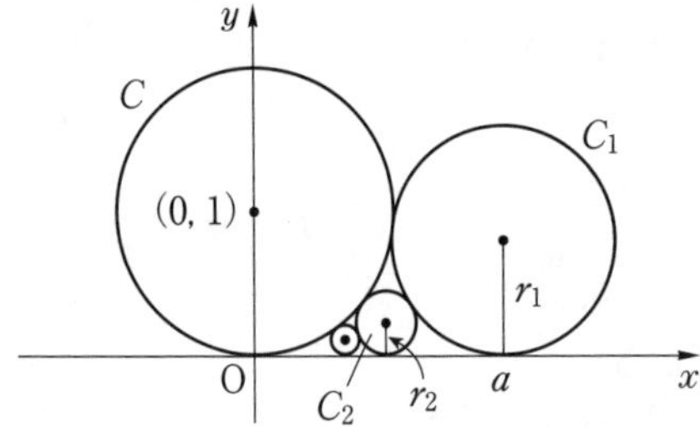


(1)　定義から

$$C_1:(x-a)^2+(y-r_1)^2={r_1}^2$$

である．

よって，$C$ と $C_1$ が接することから

$$\sqrt{a^2+(1-r_1)^2}=1+r_1$$

◀中心間の距離＝半径の和

$$\therefore \quad a^2+(1-r_1)^2=(1+r_1)^2$$

$$\therefore \quad a^2=4r_1 \qquad \therefore \quad \boldsymbol{r_1=\frac{a^2}{4}}$$

(2)　$C_n$，$C_{n+1}$ の中心をそれぞれ

$$(a_n,\ r_n),\ (a_{n+1},\ r_{n+1})$$

とおくと，$C$，$C_n$，$C_{n+1}$ はどの 2 つも外接するから

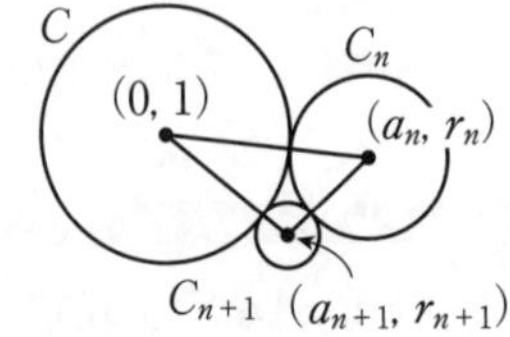

$$\begin{cases} a_n{}^2+(1-r_n)^2=(1+r_n)^2, \\ a_{n+1}{}^2+(1-r_{n+1})^2=(1+r_{n+1})^2, \\ (a_n-a_{n+1})^2+(r_n-r_{n+1})^2=(r_n+r_{n+1})^2 \end{cases}$$

$$\iff \begin{cases} a_n{}^2=4r_n,\ a_{n+1}{}^2=4r_{n+1}, \\ (a_n-a_{n+1})^2=4r_nr_{n+1} \end{cases}$$

さらに，定義から $a_n>a_{n+1}>0$ となるから

$$\begin{cases} a_n=2\sqrt{r_n},\ a_{n+1}=2\sqrt{r_{n+1}}, \\ a_n-a_{n+1}=2\sqrt{r_nr_{n+1}} \end{cases}$$

$$\therefore\ \sqrt{r_n}-\sqrt{r_{n+1}}=\sqrt{r_nr_{n+1}}$$

$$\therefore\ \frac{1}{\sqrt{r_{n+1}}}-\frac{1}{\sqrt{r_n}}=1$$

よって，$\left\{\dfrac{1}{\sqrt{r_n}}\right\}$ は公差が 1 の等差数列だから

$$\therefore\ \frac{1}{\sqrt{r_n}}=\frac{1}{\sqrt{r_1}}+(n-1)\cdot 1=\frac{2}{a}+n-1$$

$$\therefore\ \boldsymbol{r_n=\frac{1}{\left(\dfrac{2}{a}+n-1\right)^2}}$$

**補足** **(対数をとる)**

**(例)** 数列 $\{a_n\}$ を $a_1=2$，$a_{n+1}=2a_n{}^2$ で定めるとき，一般項 $a_n$ を求めよ．

**解答** 定義から，帰納的に $a_n>0$ である．よって

$$a_{n+1}=2a_n{}^2 \iff \log_2 a_{n+1}=2\log_2 a_n+1$$

ここで，$\log_2 a_n=b_n$ とおくと

$$b_{n+1}=2b_n+1 \iff b_{n+1}+1=2(b_n+1)$$

$b_1=1$ と合わせて

$$b_n+1=2^{n-1}\cdot 2$$

$$\therefore\ b_n=\log_2 a_n=2^n-1$$

$$\therefore\ a_n=2^{2^n-1}$$

第8章

**メインポイント**

$$\boldsymbol{a_{n+1}=\frac{a_n}{a_n+1}}$$ **は逆数を，**$\boldsymbol{a_{n+1}=2a_n{}^2}$ **は対数をとる**

## 101 2項定理

**アプローチ**

(1)が(2)の誘導になっています．ただし，(1)の誘導がなくても

$$\sum_{k=3}^{m}\frac{1}{{}_k\mathrm{C}_3}=\sum_{k=3}^{m}\frac{6}{k(k-1)(k-2)}$$

から，92 の(**例2**)と同じようにして計算できます．

なお，2項定理の基本的なまとめを **補足** につけました．

**解答**

(1) $${}_{n+k+1}\mathrm{C}_{k+1}\cdot\left(\frac{1}{{}_{n+k}\mathrm{C}_k}-\frac{1}{{}_{n+k+1}\mathrm{C}_k}\right)$$

$$=\frac{{}_{n+k+1}\mathrm{C}_{k+1}}{{}_{n+k}\mathrm{C}_k}-\frac{{}_{n+k+1}\mathrm{C}_{k+1}}{{}_{n+k+1}\mathrm{C}_k}$$

$$=\frac{(n+k+1)!}{n!(k+1)!}\cdot\frac{n!k!}{(n+k)!}-\frac{(n+k+1)!}{n!(k+1)!}\cdot\frac{(n+1)!k!}{(n+k+1)!}$$

$$=\frac{n+k+1}{k+1}-\frac{n+1}{k+1}=\frac{k}{k+1}$$

これは $n$ によらない値である．

◀ $${}_n\mathrm{C}_k=\frac{n!}{k!(n-k)!}=\frac{n(n-1)\cdots(n-k+1)}{k!}$$

(2) (1)から

$$\frac{1}{{}_{n+k+1}\mathrm{C}_{k+1}}=\frac{k+1}{k}\left(\frac{1}{{}_{n+k}\mathrm{C}_k}-\frac{1}{{}_{n+k+1}\mathrm{C}_k}\right)$$

よって，$k=2$ のとき

$$\frac{1}{{}_{n+3}\mathrm{C}_3}=\frac{3}{2}\left(\frac{1}{{}_{n+2}\mathrm{C}_2}-\frac{1}{{}_{n+3}\mathrm{C}_2}\right)$$

$$\therefore\quad \frac{1}{{}_3\mathrm{C}_3}+\frac{1}{{}_4\mathrm{C}_3}+\frac{1}{{}_5\mathrm{C}_3}+\cdots+\frac{1}{{}_m\mathrm{C}_3}$$

$$=\sum_{n=0}^{m-3}\frac{1}{{}_{n+3}\mathrm{C}_3}$$

$$=\frac{3}{2}\sum_{n=0}^{m-3}\left(\frac{1}{{}_{n+2}\mathrm{C}_2}-\frac{1}{{}_{n+3}\mathrm{C}_2}\right)$$

◀ $$\sum_{k=3}^{m}\frac{6}{k(k-1)(k-2)}=\sum_{k=3}^{m}\left\{\frac{3}{(k-1)(k-2)}-\frac{3}{k(k-1)}\right\}=\frac{3}{1\cdot2}-\frac{3}{m(m-1)}$$

$$=\frac{3}{2}\left\{\left(\frac{1}{{}_2C_2}-\frac{1}{{}_3C_2}\right)+\left(\frac{1}{{}_3C_2}-\frac{1}{{}_4C_2}\right)+\cdots\cdots+\left(\frac{1}{{}_{m-1}C_2}-\frac{1}{{}_mC_2}\right)\right\}$$

$$=\frac{3}{2}\left(\frac{1}{{}_2C_2}-\frac{1}{{}_mC_2}\right)$$

$$=\frac{3}{2}\left\{1-\frac{2}{m(m-1)}\right\}=\boldsymbol{\frac{3(m+1)(m-2)}{2m(m-1)}}$$

**補足**　**（2項定理）**

$$(a+b)^n=\sum_{k=0}^{n}{}_nC_k a^{n-k}b^k$$
$$={}_nC_0a^n+{}_nC_1a^{n-1}b+{}_nC_2a^{n-2}b^2+\cdots+{}_nC_nb^n$$

さらに $a=1$, $b=x$ とおくと

$$\boldsymbol{(1+x)^n=\sum_{k=0}^{n}{}_nC_kx^k}$$
$$\boldsymbol{={}_nC_0+{}_nC_1x+{}_nC_2x^2+\cdots+{}_nC_nx^n}\cdots\cdots(*)$$

**（例1）**　$(*)$において $x=1$ を代入すると

$$\sum_{k=0}^{n}{}_nC_k={}_nC_0+{}_nC_1+{}_nC_2+\cdots+{}_nC_n=2^n$$

$x=-1$ を代入すると

$${}_nC_0-{}_nC_1+{}_nC_2-\cdots+(-1)^n{}_nC_n=0$$
$$\therefore\ {}_nC_0+{}_nC_2+\cdots={}_nC_1+{}_nC_3+\cdots=2^{n-1}$$

**（例2）**　$(*)$を $x$ で微分すると

$$n(1+x)^{n-1}={}_nC_1+2{}_nC_2x+\cdots+n{}_nC_nx^{n-1}$$

さらに，$x=1$ を代入して

$$n2^{n-1}={}_nC_1+2{}_nC_2+3{}_nC_3+\cdots+n{}_nC_n$$

**（例3）**　$\boldsymbol{{}_nC_k+{}_nC_{k-1}={}_{n+1}C_k}$ が成り立つから

$${}_mC_m+{}_{m+1}C_m+\cdots+{}_nC_m$$
$$=({}_{m+1}C_{m+1}+{}_{m+1}C_m)+{}_{m+2}C_m+{}_{m+3}C_m+\cdots+{}_nC_m$$
$$=({}_{m+2}C_{m+1}+{}_{m+2}C_m)+{}_{m+3}C_m+\cdots+{}_nC_m=\cdots$$
$$={}_nC_{m+1}+{}_nC_m={}_{n+1}C_{m+1}$$



**メインポイント**

**2項定理の定義や基本的な計算に慣れておこう**

# 102 2項定理と数学的帰納法

**アプローチ**

$n$ についての帰納法を用いる証明問題で，式に ${}_n\mathrm{C}_k$ が入っている場合

$${}_{n+1}\mathbf{C}_k={}_n\mathbf{C}_k+{}_n\mathbf{C}_{k-1} \quad \cdots\cdots(*)$$

が必要になります．

この等式は，次のように説明できます．

A君を含む $n+1$ 人から $k$ 人の選び方を考えます．

選び方は ${}_{n+1}\mathrm{C}_k$ 通りで，このうち

A君を含む $k$ 人の選び方：${}_n\mathrm{C}_{k-1}$ 通り

A君を含まない $k$ 人の選び方：${}_n\mathrm{C}_k$ 通り

よって，$(*)$が成り立ちます．

◀$${}_n\mathrm{C}_k+{}_n\mathrm{C}_{k-1}=\frac{n!}{k!(n-k)!}+\frac{n!}{(k-1)!(n-k+1)!}=\frac{n!\{(n-k+1)+k\}}{k!(n-k+1)!}=\frac{(n+1)!}{k!(n-k+1)!}={}_{n+1}\mathrm{C}_k$$

**解答**

(1) 右辺を通分して

$$\frac{a(y+n+1)+by}{y(y+1)\cdots(y+n)(y+n+1)}=\frac{(a+b)y+a(n+1)}{y(y+1)\cdots(y+n)(y+n+1)}$$

よって，左辺と比較して

$$n+1=(a+b)y+a(n+1)$$

これは $y$ についての恒等式で，$n+1>0$ より

$$a+b=0,\ a=1 \qquad \therefore\ \boldsymbol{a=1,\ b=-1}$$

(2) $$\frac{n!}{x(x+1)\cdots(x+n)}=\sum_{r=0}^{n}(-1)^r\frac{{}_n\mathrm{C}_r}{x+r} \quad \cdots\cdots(**)$$

とおく．$n=1$ のとき

$$\text{左辺}=\frac{1}{x(x+1)}$$

$$\text{右辺}=\frac{{}_1\mathrm{C}_0}{x}-\frac{{}_1\mathrm{C}_1}{x+1}=\frac{1}{x(x+1)}$$

となり，$(**)$は成り立つ．次に，$n$ が$(**)$を満たすとすると，(1)の結果とから，$n+1$ のときの

$$\text{左辺}=\frac{(n+1)!}{x(x+1)\cdots(x+n)(x+n+1)}$$

$$=n!\cdot\frac{n+1}{x(x+1)\cdots(x+n)(x+n+1)}$$

◀(1)の形をつくる．

$$=\frac{n!}{x(x+1)\cdots(x+n)}$$

$$-\frac{n!}{(x+1)\cdots(x+n)(x+n+1)}$$

$$=\sum_{r=0}^{n}(-1)^r\frac{{}_n\mathrm{C}_r}{x+r}-\sum_{r=0}^{n}(-1)^r\frac{{}_n\mathrm{C}_r}{x+1+r}$$

$$=\sum_{r=0}^{n}(-1)^r\frac{{}_n\mathrm{C}_r}{x+r}-\sum_{r=1}^{n+1}(-1)^{r-1}\frac{{}_n\mathrm{C}_{r-1}}{x+r}$$

$$=\frac{{}_n\mathrm{C}_0}{x}-(-1)^n\frac{{}_n\mathrm{C}_n}{x+n+1}$$

$$+\sum_{r=1}^{n}\frac{(-1)^r{}_n\mathrm{C}_r-(-1)^{r-1}{}_n\mathrm{C}_{r-1}}{x+r}$$ ◀ ${}_n\mathrm{C}_r+{}_n\mathrm{C}_{r-1}={}_{n+1}\mathrm{C}_r$

$$=\frac{1}{x}+\frac{(-1)^{n+1}}{x+n+1}+\sum_{r=1}^{n}\frac{(-1)^r{}_{n+1}\mathrm{C}_r}{x+r}$$

$$=\sum_{r=0}^{n+1}(-1)^r\frac{{}_{n+1}\mathrm{C}_r}{x+r}$$

以上から，$n+1$ のときも成り立つ．よって，数学的帰納法によりすべての自然数で(＊＊)は成り立つ．

**別解** (1) $$\frac{n+1}{y(y+1)\cdots(y+n)(y+n+1)}$$

$$=\frac{(y+n+1)-y}{y(y+1)\cdots(y+n)(y+n+1)}$$

$$=\frac{1}{y(y+1)\cdots(y+n)}-\frac{1}{(y+1)\cdots(y+n)(y+n+1)}$$

よって，$a=1$，$b=-1$ となる．

第8章

**メインポイント**

**${}_{n+1}\mathrm{C}_r={}_n\mathrm{C}_r+{}_n\mathrm{C}_{r-1}$ から，$n$ で仮定した式にもちこむ**

# 第9章 確率・統計

## 103 離散型確率変数の平均・分散

**アプローチ**

確率変数 $X$ に対して，平均(期待値)を $E(X)$，分散を $V(X)$ で表すとき

$$\boldsymbol{V(X)=E(X^2)-\{E(X)\}^2}$$
$$\boldsymbol{E(aX+b)=aE(X)+b}$$
$$\boldsymbol{V(aX+b)=a^2V(X)}$$

が成り立ちます．さらに，確率変数 $X$，$Y$ に対して

$$\boldsymbol{E(X+Y)=E(X)+E(Y)}$$

が成り立ち，特に $X$，$Y$ が独立のとき

$$\boldsymbol{E(XY)=E(X)E(Y)}$$
$$\boldsymbol{V(X+Y)=V(X)+V(Y)}$$

が成り立ちます．問題の(2)では，$X$，$Y$ が独立なので

$$V(X+Y)=2V(X)$$

が成り立ち，(1)の結果からすぐにわかりますが，『(2)の結果を利用して』とあるので計算で求めます．

◀上の3式の証明は
$V(X)=\sum_{k=1}^{n}(x_k-m)^2p_k$
$=\sum_{k=1}^{n}(x_k{}^2-2mx_k+m^2)p_k$
$=E(X^2)-m^2$
など，定義に従ってすぐにできます．確認してください．
下の3式の証明は次ページを参照してください．

**解答**

(1) 平均を $E(X)$ で表すと

$$E(X)=\sum_{k=-n}^{n}k\cdot\frac{1}{2n+1}=0$$

$$\therefore\quad V(X)=2\sum_{k=1}^{n}k^2\cdot\frac{1}{2n+1}$$
$$=\frac{2}{2n+1}\cdot\frac{1}{6}n(n+1)(2n+1)$$
$$=\boldsymbol{\frac{1}{3}n(n+1)}$$

◀$\sum_{k=-n}^{n}k=0$

◀定義から
$V(X)=\sum_{k=-n}^{n}(k-0)^2\cdot\frac{1}{2n+1}$
もしくは
$V(X)=E(X^2)-\{E(X)\}^2$
$=E(X^2)$

(2) $|k|\leqq 2n$ を満たす $k$ に対して

$$X+Y=k,\ -n\leqq X\leqq n,\ -n\leqq Y\leqq n$$

$Y=k-X$ を $-n\leqq Y\leqq n$ に代入して

$$-n\leqq k-X\leqq n \qquad \therefore\quad k-n\leqq X\leqq k+n$$

$-n\leqq X\leqq n$ と合わせると

$$\begin{cases} k-n\leqq X\leqq n & (0\leqq k\leqq 2n) \\ -n\leqq X\leqq k+n & (-2n\leqq k\leqq 0) \end{cases}$$

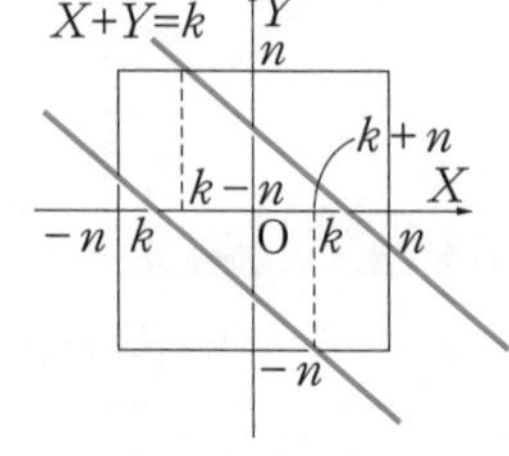

よって，$X+Y=k$ となる $X$，$Y$の組の個数は

$$\begin{cases} 2n-k+1 & (0 \leqq k \leqq 2n) \\ 2n+k+1 & (-2n \leqq k \leqq 0) \end{cases}$$

$$\therefore \quad p_k=\frac{\mathbf{2n-|k|+1}}{\mathbf{(2n+1)^2}}$$

◀$(X,\ Y)$の組が1組定まると，その確率は $\dfrac{1}{(2n+1)^2}$

(3) (2)から，$p_{-k}=p_k$ だから

$$E(Z)=\sum_{k=-2n}^{2n}kp_k=\sum_{k=-2n}^{-1}kp_k+\sum_{k=1}^{2n}kp_k$$
$$=\sum_{k=1}^{2n}(-k)p_{-k}+\sum_{k=1}^{2n}kp_k$$
$$=\sum_{k=1}^{2n}(-k+k)p_k=0$$

$$V(Z)=\sum_{k=-2n}^{2n}k^2p_k=2\sum_{k=1}^{2n}k^2p_k$$
$$=\frac{2}{(2n+1)^2}\sum_{k=1}^{2n}\{(2n+1)k^2-k^3\}$$
$$=\frac{2}{(2n+1)^2}\left\{(2n+1)\cdot\frac{2n(2n+1)(4n+1)}{6}-\frac{(2n)^2(2n+1)^2}{4}\right\}$$
$$=2\left\{\frac{n(4n+1)}{3}-n^2\right\}$$
$$=\mathbf{\frac{2}{3}n(n+1)}$$

◀$E(Z)=0$ より
$V(Z)=E(Z^2)=\sum_{k=-2n}^{2n}k^2p_k$

◀カードを箱に戻すから，$X$，$Y$は独立で，かつ
$V(X)=V(Y)$
$\therefore\ V(X+Y)$
$=V(X)+V(Y)$
$=2V(X)$

**参考** 確率変数$X$，$Y$を

$X=x_i\ (i=1,\ 2,\ \cdots,\ n)$

$Y=y_j\ (j=1,\ 2,\ \cdots,\ m)$

とし，$P(X=x_i)=p_i$，$P(Y=y_j)=q_j$ とおきます．さらに

$P(X=x_i$ かつ $Y=y_j)=r_{i,j}$

とおくと，$\sum_{j=1}^{m}r_{i,j}=p_i$，$\sum_{i=1}^{n}r_{i,j}=q_j$ と合わせて

$$E(X+Y)=\sum_{i=1}^{n}\sum_{j=1}^{m}(x_i+y_j)r_{i,j}$$
$$=\sum_{i=1}^{n}\sum_{j=1}^{m}x_ir_{i,j}+\sum_{i=1}^{n}\sum_{j=1}^{m}y_jr_{i,j}$$
$$=\sum_{i=1}^{n}x_ip_i+\sum_{j=1}^{m}y_jq_j=E(X)+E(Y)$$

また，$X$，$Y$が独立とすると，$r_{i,j}=p_iq_j$ だから

$$E(XY)=\sum_{i=1}^{n}\sum_{j=1}^{m}x_iy_jp_iq_j$$

$$
\begin{aligned}
&= \left(\sum_{i=1}^{n} x_i p_i\right)\left(\sum_{j=1}^{m} y_j q_j\right) = E(X)E(Y) \\
V(X+Y) &= E((X+Y)^2) - \{E(X+Y)\}^2 \\
&= E(X^2+2XY+Y^2) - \{E(X)+E(Y)\}^2 \\
&= E(X^2)+2E(XY)+E(Y^2) \\
&\quad -\{\{E(X)\}^2+2E(X)E(Y)+\{E(Y)\}^2\} \\
&= E(X^2)-\{E(X)\}^2+2\{E(XY)-E(X)E(Y)\} \\
&\quad +\{E(Y^2)-\{E(Y)\}^2\} \\
&= V(X)+V(Y)
\end{aligned}
$$

**メインポイント**

$$V(X)=E(X^2)-\{E(X)\}^2,$$

$$E(aX+b)=aE(X)+b,\quad V(aX+b)=a^2V(X)$$

**特に $X$, $Y$ が独立のとき,**

$$E(XY)=E(X)E(Y),\quad V(X+Y)=V(X)+V(Y)$$

# 104 正規分布

**アプローチ**

確率変数 $X$ の確率密度関数 $f(x)$ が

$$f(x)=\frac{1}{\sqrt{2\pi}\sigma}e^{-\frac{(x-m)^2}{2\sigma^2}}\quad(\sigma>0)$$

で与えられるとき，$X$ は正規分布 $N(m,\ \sigma^2)$ に従うといいます．さらに，$Z=\dfrac{X-m}{\sigma}$ とおくと，$Z$ は標準正規分布 $N(0,\ 1)$ に従います．

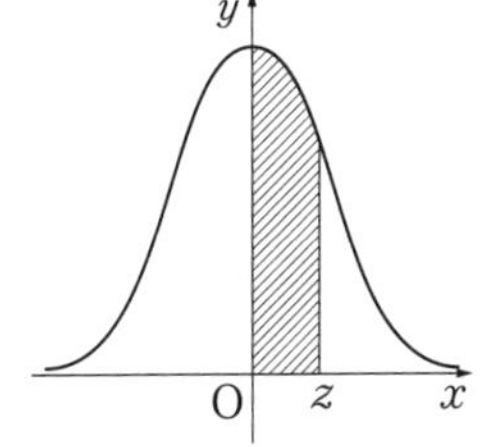


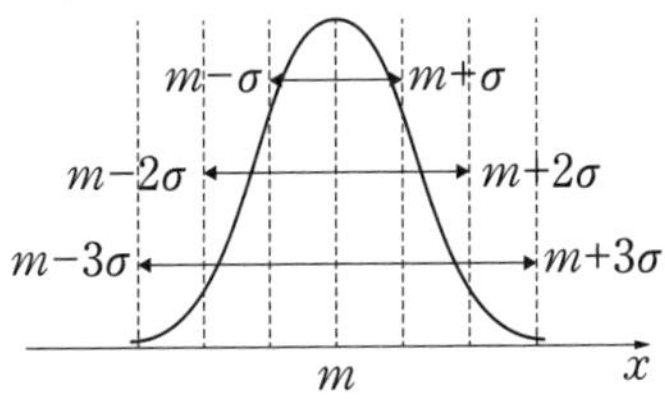


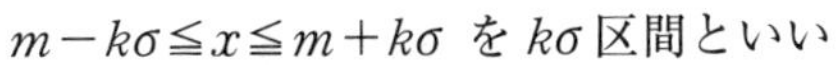


◀標準正規分布

$$p(z)=\int_0^z\frac{1}{\sqrt{2\pi}}e^{-\frac{x^2}{2}}dx$$

とおくと，$p(z)$ は斜線部の面積で，$p(z)$ の値が正規分布表にあります．

$m-k\sigma\leqq x\leqq m+k\sigma$ を $k\sigma$ 区間といい

$1\sigma$ 区間に入る確率：68.27 %

$2\sigma$ 区間に入る確率：95.45 %

$3\sigma$ 区間に入る確率：99.73 %

となります．偏差値が 70 ということは，上位約 2.3 %に入るということです．

また，母平均が $m$，母分散が $\sigma^2$ の母集団から $n$ 個の標本を無作為に取り出すとき，標本平均 $\overline{X}$ に対して

$$\boldsymbol{E(\overline{X})=m,\quad V(\overline{X})=\frac{\sigma^2}{n}}$$

が成り立ちます(次ページを参照)．

**解答**

(1) $Z=\dfrac{X-160}{5}$ とおくと，母平均が 160 と母標準偏差が 5 だから

$$E(Z)=\frac{1}{5}(E(X)-160)=\mathbf{0}$$

$$\sigma(Z)=\frac{1}{5}\sigma(X)=\mathbf{1}$$

◀$E(aX+b)=aE(X)+b$
$\sigma(aX+b)=|a|\sigma(X)$
(105 参照)

第9章

(2) (1)の $Z$ に対して

$$P(X \geqq x)=P\left(Z \geqq \frac{x-160}{5}\right) \leqq 0.1$$

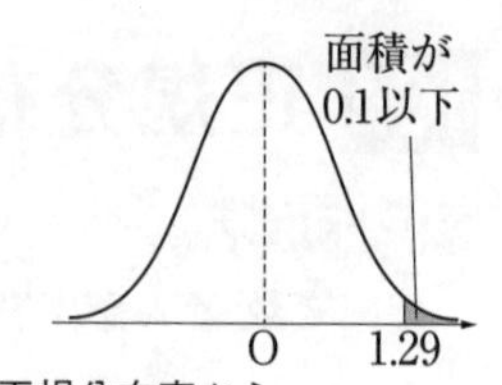


正規分布表から，$p(1.29) \fallingdotseq 0.4$ だから

$\therefore \quad \dfrac{x-160}{5} \geqq 1.29 \qquad \therefore \quad x \geqq 166.45$

◀正規分布表から
$p(1.28)=0.3997$
$p(1.29)=0.4015$
求めるのが整数値だから，どちらでもよい．

よって，最小の整数 $x$ は **167** である．

(3) (1)の $Z$ に対して

$$\begin{aligned} &P(165 \leqq X \leqq 175) \\ &=P(1 \leqq Z \leqq 3) \\ &=p(3)-p(1)=0.4986-0.3413 \\ &=0.1573 \end{aligned}$$

小数第 3 位を四捨五入して

$\therefore \quad P(165 \leqq X \leqq 175)=\mathbf{0.16}$

(4) 標本平均 $\overline{X}$ の平均 $E(\overline{X})$ と標準偏差 $\sigma(\overline{X})$ は

$$E(\overline{X})=160$$

$$\sigma(\overline{X})=\frac{5}{\sqrt{2500}}=\frac{5}{50}=0.1$$

◀標本平均の
平均は母平均に，
分散は母分散を標本の大きさで割ったもの
に等しい．

2500 は十分に大きいから，$Z=\dfrac{\overline{X}-160}{0.1}$ は正規分布 $N(0,\ 1)$ に従う．

$$\begin{aligned} \therefore \quad &P(|\overline{X}-160| \geqq 0.2) \\ &=P\left(\frac{|\overline{X}-160|}{0.1} \geqq 2\right) \\ &=2(0.5-0.4772)=0.0456 \end{aligned}$$

◀$p(2)=0.4772$

小数第 3 位を四捨五入して

$$P(|\overline{X}-160| \geqq 0.2)=\mathbf{0.05}$$

**参考** **(標本平均の平均と分散)**

母集団の母平均を $m$，母分散を $\sigma^2$ とする．この母集団から，$n$ 個の標本を無作為に取り出し，標本の確率変数 $X_1$，$X_2$，…，$X_n$ を考える．標本の平均を $\overline{X}$ とすると

$$\overline{X}=\frac{1}{n}\{X_1+X_2+\cdots+X_n\}$$

このとき，$X_1$，$X_2$，…，$X_n$ は独立だから

$$E(\overline{X})=E\left(\frac{1}{n}\{X_1+X_2+\cdots+X_n\}\right)$$

$$=\frac{1}{n}\{E(X_1)+E(X_2)+\cdots+E(X_n)\}$$

$$=\frac{1}{n}\cdot nm=m$$

$$V(\overline{X})=\frac{1}{n^2}\{V(X_1)+V(X_2)+\cdots+V(X_n)\}$$

$$=\frac{1}{n^2}\cdot n\sigma^2=\frac{\sigma^2}{n}$$

つまり，標本平均の期待値は母平均に等しく，分散は母分散を標本の大きさで割ったものに等しくなります．

**参考** **(中心極限定理)**

上の $\overline{X}$ に対して，$n$ を大きくすると，$\dfrac{\overline{X}-m}{\dfrac{\sigma}{\sqrt{n}}}$ の分布は標準正規分布 $N(0,\ 1)$ に近づきます．

**メインポイント**

**確率変数 $X$ が正規分布 $N(m,\ \sigma^2)$ に従うとき**

**$Z=\dfrac{X-m}{\sigma}$ と標準化して，正規分布表を利用する**

# 105 連続型確率変数の平均・分散

## アプローチ

確率密度関数 $f(x)$ に対しては

$$f(x) \geqq 0,\ \int_{-\infty}^{\infty} f(x)dx = 1$$

が成り立ちます．問題の場合

$$f(x) = 0\ \ (x \leqq -1,\ x \geqq 3)$$

と考えて

$$a \geqq 0,\ 3b + a \geqq 0,\ \int_{-1}^{3} f(x)dx = 1$$

となります．また，平均 $E(X)$，分散 $V(X)$ の定義は

$$E(X) = m = \int_{-\infty}^{\infty} xf(x)dx$$

$$V(X) = \int_{-\infty}^{\infty} (x-m)^2 f(x)dx$$

であり，離散型と同様に

$$\boldsymbol{E(aX+b) = aE(X) + b}$$
$$\boldsymbol{V(aX+b) = a^2V(X)}$$

が成り立ちます．

◀問題の $y=f(x)$ のグラフは次のようになる．

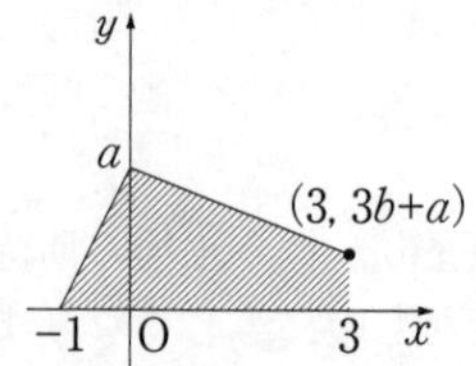


◀定義から
$E(aX+b)$
$= \int_{-\infty}^{\infty} (ax+b)f(x)dx$
$= aE(X) + b$
$V(aX+b)$
$= \int_{-\infty}^{\infty} (ax-am)^2 f(x)dx$
$= a^2V(X)$

## 解答

(1) $\int_{-1}^{3} f(x)dx = 1$ が成り立つから

$$\int_{-1}^{0} a(x+1)dx + \int_{0}^{3} (bx+a)dx = 1$$

$$\therefore\ \ a\left[\frac{x^2}{2} + x\right]_{-1}^{0} + \left[\frac{b}{2}x^2 + ax\right]_{0}^{3}$$

$$= \frac{a}{2} + \left(\frac{9}{2}b + 3a\right) = 1$$

$$\therefore\ \ 7a + 9b = 2\ \cdots\cdots①$$

また，$E(X) = \int_{-1}^{3} xf(x)dx = \frac{2}{3}$ より

$$\int_{-1}^{0} ax(x+1)dx + \int_{0}^{3} x(bx+a)dx = \frac{2}{3}$$

$$\therefore\ \ a\left[\frac{x^3}{3} + \frac{x^2}{2}\right]_{-1}^{0} + \left[\frac{b}{3}x^3 + \frac{a}{2}x^2\right]_{0}^{3}$$

◀条件から
$\int_{-1}^{3} f(x)dx = 1$
$\int_{-1}^{3} xf(x)dx = \frac{2}{3}$

$$=-\frac{a}{6}+\left(9b+\frac{9}{2}a\right)=\frac{2}{3}$$

$$\therefore\quad \frac{13}{3}a+9b=\frac{2}{3}\quad\cdots\cdots②$$

①−② から

$$\frac{8}{3}a=\frac{4}{3}\qquad\therefore\quad a=\mathbf{\frac{1}{2}},\ b=-\mathbf{\frac{1}{6}}$$

このとき，$f(x)\geqq 0$ を満たすから適する．

◀ $a=\frac{1}{2}$，$b=-\frac{1}{6}$ のとき，$y=f(x)$ のグラフは次のようになる．

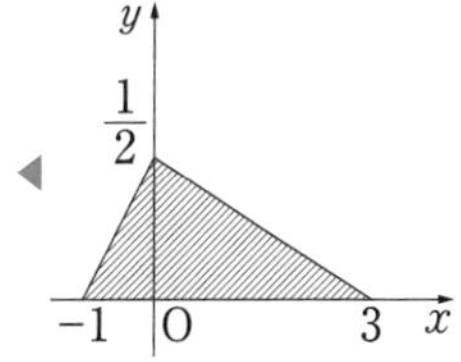


(2) $E(X)=\frac{2}{3}$ より

$$V(X)=\int_{-1}^{3}\left(x-\frac{2}{3}\right)^2 f(x)dx$$

$$=\int_{-1}^{3}x^2f(x)dx-\frac{4}{3}\int_{-1}^{3}xf(x)dx+\frac{4}{9}\int_{-1}^{3}f(x)dx$$

$$=\frac{1}{2}\left[\frac{x^4}{4}+\frac{x^3}{3}\right]_{-1}^{0}+\left[-\frac{x^4}{24}+\frac{x^3}{6}\right]_{0}^{3}-\frac{4}{3}\cdot\frac{2}{3}+\frac{4}{9}\cdot 1$$

$$=\frac{1}{24}+\frac{9}{8}-\frac{8}{9}+\frac{4}{9}=\mathbf{\frac{13}{18}}$$

◀条件 $\int_{-1}^{3}f(x)dx=1$，$\int_{-1}^{3}xf(x)dx=\frac{2}{3}$ を利用する．

(3) (i) $E(X)=\frac{2}{3}$，$V(X)=\frac{13}{18}$ から

$$E(Y)=18\cdot\frac{2}{3}+5=17$$

$$V(Y)=18^2\cdot\frac{13}{18}=18\cdot 13$$

◀ $Y=18X+5$ のとき $E(Y)=18E(X)+5$，$V(Y)=18^2V(X)$

となるから

$$E(\overline{Y})=E(Y)=\mathbf{17}$$

$$V(\overline{Y})=\frac{V(Y)}{117}=\frac{18\cdot 13}{117}=\mathbf{2}$$

◀標本平均の平均は母平均に，分散は母分散を標本の大きさで割ったものに等しい

(ii) $\overline{Y}$ は正規分布 $N(17,\ 2)$ に従う．さらに

$Z=\frac{\overline{Y}-17}{\sqrt{2}}$ とおくと

$$\therefore\quad P(16\leqq\overline{Y}\leqq 18)=P\left(\frac{-1}{\sqrt{2}}\leqq Z\leqq\frac{1}{\sqrt{2}}\right)$$

$\frac{1}{\sqrt{2}}\fallingdotseq 0.7071$ で，正規分布表から

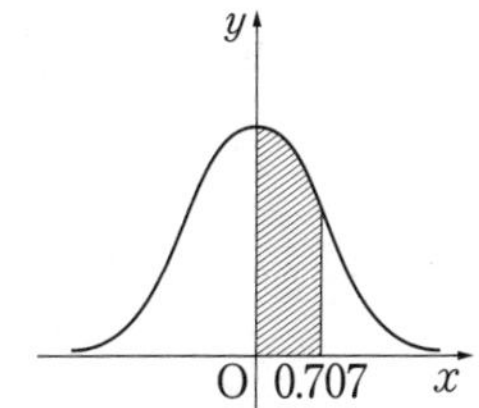


第9章

$P(-0.70 \leqq Z \leqq 0.70) \fallingdotseq 2 \cdot 0.258 = 0.516$

$P(-0.71 \leqq Z \leqq 0.71) \fallingdotseq 2 \cdot 0.261 = 0.522$

となるから，**0.52** である．

◀正規分布表から
$p(0.70)=0.2580$
$p(0.71)=0.2611$

**メインポイント**

**連続型確率変数に対しては，平均と分散を**

$$E(X)=m=\int_{-\infty}^{\infty} xf(x)\,dx,\quad V(X)=\int_{-\infty}^{\infty}(x-m)^2 f(x)\,dx$$

**で定義する．また，離散型確率変数と同様に**

$$E(aX+b)=aE(X)+b,\quad V(aX+b)=a^2V(X)$$

# 106 二項分布と正規分布

## アプローチ

事象 $A$ の起こる確率が $p$ のとき，$n$ 回の反復試行で事象 $A$ が起こる回数を $X$ とします．このとき

$$P(X=k)={}_n\mathrm{C}_k\, p^k(1-p)^{n-k}$$

であり，確率変数 $X$ は二項分布 $B(n,\ p)$ に従うといいます．

二項分布の平均と，分散は

$$E(X)=np,\quad V(X)=np(1-p)$$

◀ 107 の 参考 参照．

であり，計算は $n$ が大きいとき $Z=\dfrac{X-np}{\sqrt{np(1-p)}}$ と標準化して正規分布表で近似します．

例えば，正しいコインを 200 回投げるとき表が 110 回以上出る確率は

$$\sum_{k=110}^{200} {}_{200}\mathrm{C}_k\left(\frac{1}{2}\right)^{200}$$

となりますが，計算が大変なので正規分布 $N(100,\ 50)$ で近似します．$Z=\dfrac{X-100}{\sqrt{50}}$ とおくと

$$P(X \geqq 110)=P(Z \geqq \sqrt{2}\,) \fallingdotseq 0.0793$$

となり，ほぼ 8 % です．

◀ $\dfrac{10}{\sqrt{50}}=\sqrt{2} \fallingdotseq 1.41$ より
$0.5-p(1.41)$
$=0.5-0.4207$
$=0.0793$

## 解答

(1) 事象 $E_1$ を満たす数字の組

$$(a,\ b,\ c)(1 \leqq a \leqq b \leqq c \leqq 6)$$

を書き出すと

(1, 1, 2), (1, 2, 3), (1, 3, 4), (2, 2, 4),
(1, 4, 5), (2, 3, 5), (1, 5, 6), (2, 4, 6),
(3, 3, 6)

$$\therefore\quad P(E_1)=\frac{3\cdot3+3!\cdot6}{6^3}=\frac{5}{24}$$

同様に，事象 $E_2$ を満たす数字の組を書き出すと

(3, 6, 6), (4, 5, 6), (4, 6, 6), (5, 5, 5),
(5, 5, 6), (5, 6, 6), (6, 6, 6)

$$\therefore\quad P(E_2)=\frac{3\cdot4+3!+1\cdot2}{6^3}=\frac{5}{54}$$

◀ 事象 $E_1$ と $E_2$ が排反
$\iff P(E_1 \cap E_2)=0$
事象 $E_1$ と $E_2$ が独立
$\iff P(E_1 \cap E_2)$
$=P(E_1)P(E_2)$

第9章

事象 $E_1\cap E_2$ を満たす数字の組はないから

$\therefore\quad P(E_1\cap E_2)=0$

$\therefore\quad P(E_1\cap E_2)\neq P(E_1)P(E_2)$

以上から，排反であるが，独立ではない．

◀$a+b=c$ のとき
$a+b+c=2c\geqq 15$
これは $c\leqq 6$ に矛盾するから，$E_1$ と $E_2$ が排反としてもよい．

(2)　(1)から，$P(E_1)=\dfrac{5}{24}$ であり，事象 $E_1$ がちょうど 4 回現れる確率は

$${}_{20}C_4\left(\frac{5}{24}\right)^4\left(\frac{19}{24}\right)^{16}=0.21727$$

このとき，事象 $E_1$ がちょうど 5 回現れる確率は

$$\begin{aligned}&{}_{20}C_5\left(\frac{5}{24}\right)^5\left(\frac{19}{24}\right)^{15}\\&={}_{20}C_4\left(\frac{5}{24}\right)^4\left(\frac{19}{24}\right)^{16}\cdot\frac{{}_{20}C_5}{{}_{20}C_4}\cdot\frac{5}{24}\cdot\frac{24}{19}\\&=0.21727\cdot\frac{16}{19}=0.1829\cdots\end{aligned}$$

◀${}_{20}C_5\left(\dfrac{5}{24}\right)^5\left(\dfrac{19}{24}\right)^{15}={}_{20}C_4\left(\dfrac{5}{24}\right)^4\left(\dfrac{19}{24}\right)^{16}\times x$ に式変形している．

よって，小数第 2 位までの確率は **0.18** である．

(3)　事象 $E_2$ が起こる回数を $X$ とすると，$X$ は二項分布 $B\left(400,\ \dfrac{5}{54}\right)$ に従う．このとき

$$E(X)=m=400\cdot\frac{5}{54}=\frac{1000}{27}$$

$$\sigma=\sqrt{400\cdot\frac{5}{54}\cdot\frac{49}{54}}=\frac{70\sqrt{5}}{27}$$

◀二項分布 $B(n,\ p)$ に対して
$E(X)=np$
$V(X)=np(1-p)$

400 は十分大きいので，$Z=\dfrac{X-m}{\sigma}$ は正規分布 $N(0,\ 1)$ に従う．$X\geqq 40$ のとき

$$\begin{aligned}Z&\geqq\frac{27}{70\sqrt{5}}\left(40-\frac{1000}{27}\right)\\&=\frac{8}{7\sqrt{5}}=0.511\cdots\end{aligned}$$

正規分布表から

$$P(Z\geqq 0.51)=0.5-0.1950=0.3050$$

◀$p(0.51)=0.1950$

よって，小数第 2 位までで確率は **0.31** である．

**参考**　**(二項分布の平均，分散)**

確率変数 $X_i(i=1,\ 2,\ \cdots,\ n)$ を

$$P(X_i=1)=p,\ P(X_i=0)=1-p$$

と定め，$X=X_1+X_2+\cdots+X_n$ とします．

$$E(X_i)=1\cdot p+0\cdot(1-p)=p,\quad E(X_i{}^2)=1^2\cdot p+0^2\cdot(1-p)=p$$

$$\therefore\quad V(X_i)=E(\{X_i\}^2)-\{E(X_i)\}^2=p-p^2=p(1-p)$$

$X_i(i=1,\ 2,\ \cdots,\ n)$ は互いに独立だから

$$\begin{aligned}E(X)&=E(X_1+X_2+\cdots+X_n)\\&=E(X_1)+E(X_2)+\cdots+E(X_n)=np\end{aligned}$$

$$\begin{aligned}V(X)&=V(X_1+X_2+\cdots+X_n)\\&=V(X_1)+V(X_2)+\cdots+V(X_n)=np(1-p)\end{aligned}$$

**メインポイント**

**二項分布 $B(n,\ p)$ は，$n$ が十分大きいとき**

$$Z=\frac{X-np}{\sqrt{np(1-p)}}$$ **と標準化して正規分布表を利用する**

第9章

# 107 母平均の推定

## アプローチ

母平均 $m$，母分散 $\sigma^2$ をもつ母集団から，大きさ $n$ の標本を無作為抽出します．このとき，標本平均 $\overline{X}$ に対して $n$ を大きくすると，$\dfrac{\overline{X}-m}{\dfrac{\sigma}{\sqrt{n}}}$ は標準正規分布 $N(0,\ 1)$ に従います．

◀中心極限定理.

正規分布表より，$P(|Z|\leqq 1.96)\fallingdotseq 0.95$ だから，95 %の確率で

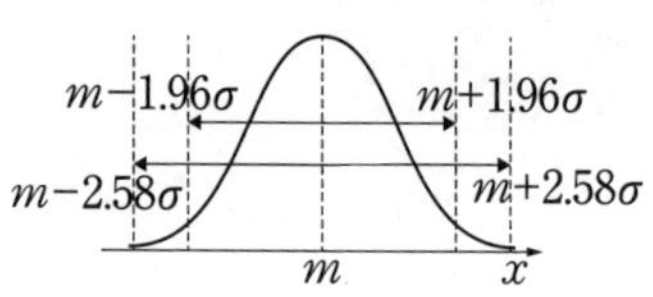


$$\frac{|\overline{X}-m|}{\dfrac{\sigma}{\sqrt{n}}}\leqq 1.96$$

$$\iff m-1.96\cdot\frac{\sigma}{\sqrt{n}}\leqq\overline{X}\leqq m+1.96\cdot\frac{\sigma}{\sqrt{n}}$$

$$\iff \overline{X}-1.96\cdot\frac{\sigma}{\sqrt{n}}\leqq m\leqq\overline{X}+1.96\cdot\frac{\sigma}{\sqrt{n}}$$

◀$1.96\sigma$ 区間に入る確率：95 %
$2.58\sigma$ 区間に入る確率：99 %
は，覚えておきましょう.

となります．このとき，区間

$$\left[\boldsymbol{\overline{X}-1.96\cdot\frac{\sigma}{\sqrt{n}},\ \overline{X}+1.96\cdot\frac{\sigma}{\sqrt{n}}}\right]$$

◀**補足**参照.

を信頼度 95 %の信頼区間といいます．

母標準偏差 $\sigma$ がわからない場合は，標本標準偏差 $S$ で置き換えます．すなわち，95 %の信頼区間は

◀$S=\sqrt{\dfrac{1}{n}\displaystyle\sum_{k=1}^{n}(X_k-\overline{X})^2}$

$$\left[\boldsymbol{\overline{X}-1.96\cdot\frac{S}{\sqrt{n}},\ \overline{X}+1.96\cdot\frac{S}{\sqrt{n}}}\right]$$

また，$P(|Z|\leqq 2.58)\fallingdotseq 0.99$ から，99 %の信頼区間は

$$\left[\boldsymbol{\overline{X}-2.58\cdot\frac{\sigma}{\sqrt{n}},\ \overline{X}+2.58\cdot\frac{\sigma}{\sqrt{n}}}\right]$$

となります．

---

## 解答

［A］ 母集団の平均時間を $m$，標準偏差を $\sigma$ とする．
また，実験データの個数を $n$，その平均を $\overline{X}$ とおく．$\overline{X}$ は，正規分布 $N\left(m,\ \dfrac{\sigma^2}{n}\right)$ に従うから

$$P\left(\frac{|\overline{X}-m|}{\frac{\sigma}{\sqrt{n}}} \leqq 1.96\right)=0.95$$

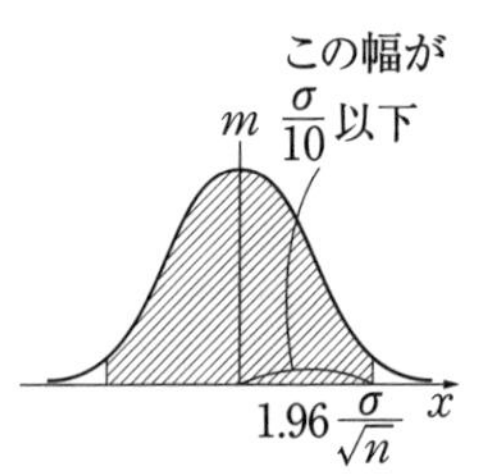


よって，95 %の確率で

$$|\overline{X}-m| \leqq 1.96 \cdot \frac{\sigma}{\sqrt{n}}$$

となるから，$|\overline{X}-m|$ が標準偏差の 10 %以上違わないためには

$$1.96 \cdot \frac{\sigma}{\sqrt{n}} \leqq \frac{\sigma}{10} \iff \sqrt{n} \geqq 19.6$$

$$\therefore \quad n \geqq 384.16$$

したがって，**385** 個以上のデータを取ればよい．

［B］ (1) 母平均を $m$ とし，標本の増加量の平均を $\overline{X}$ とおく．このとき，$E(\overline{X})=m$ である．また，母標準偏差はわからないので，標本標準偏差 0.35 を用いると

◀標本平均の平均は母平均に一致．

◀母標準偏差がわからないときは，標本標準偏差で近似する．

$$\frac{0.35}{\sqrt{100}}=0.035$$

となり，$\overline{X}$ は正規分布 $N(m,\ (0.035)^2)$ に従う．

$$\therefore \quad P\left(\frac{|\overline{X}-m|}{0.035} \leqq 1.96\right)=0.95$$

ここで，信頼度 95 %の信頼区間は

$[2.57-1.96\cdot 0.035,\ 2.57+1.96\cdot 0.035]$

$1.96\cdot 0.035=0.0686$ と合わせて

**$[2.5014,\ 2.6386]$**

である．

(2) 標本の大きさを $n$ 匹とすると

$$P\left(\frac{|\overline{X}-m|}{\frac{0.35}{\sqrt{n}}} \leqq 1.96\right)=0.95$$

◀考え方は［A］と同じ．

よって，95 %の確率で

$$|\overline{X}-m| \leqq 1.96 \cdot \frac{0.35}{\sqrt{n}}$$

となるから，$|\overline{X}-m| \leqq 0.05$ となるためには

第9章

$$1.96\cdot\frac{0.35}{\sqrt{n}}\leqq 0.05 \qquad \therefore\ n\geqq(7\cdot 1.96)^2$$

$(7\cdot 1.96)^2=188.2384$ だから，標本の大きさを

**189 以上**にすればよい．

**参考** **(二項分布を正規分布で近似する)**

**106** の **参考** において，$\overline{X}=\dfrac{X}{n}=\dfrac{1}{n}(X_1+X_2+\cdots+X_n)$ とおくと

$$E(\overline{X})=\frac{1}{n}E(X)=p,\ \ V(\overline{X})=\frac{1}{n^2}V(X)=\frac{p(1-p)}{n}$$

よって中心極限定理より，$n$ を大きくすると

$$\frac{\overline{X}-p}{\sqrt{\dfrac{p(1-p)}{n}}}=\frac{\dfrac{X}{n}-p}{\sqrt{\dfrac{p(1-p)}{n}}}=\frac{X-np}{\sqrt{np(1-p)}}$$

の分布は標準正規分布 $N(0,\ 1)$ に近づきます．

**補足** **(信頼度 95 %とは)**

下の図は，アプローチの無作為抽出をくり返したときの信頼区間

$$\overline{X}-1.96.\ \frac{\sigma}{\sqrt{n}}\leqq x\leqq\overline{X}+1.96\cdot\frac{\sigma}{\sqrt{n}}$$

を表したものです．(線分の長さは $2\times 1.96\cdot\dfrac{\sigma}{\sqrt{n}}$，中点の値が $\overline{X}$)

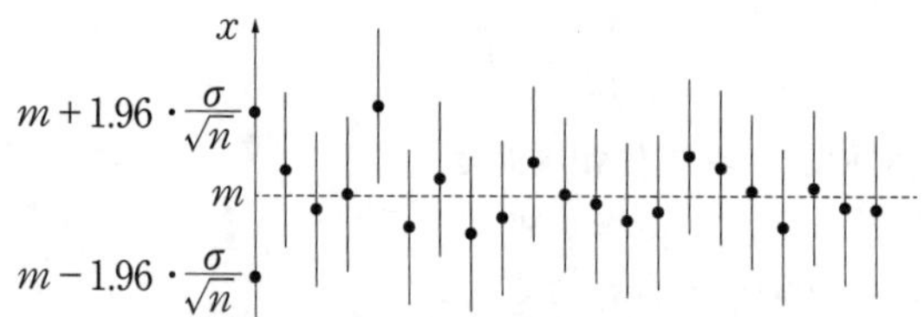


4 回目のように，$m$ が信頼区間に入らない場合もありますが

100 回くり返せば，95 回位は $m$ を含んでいる

というのが，信頼度 95 %の意味です．

**メインポイント**

**95 %，99 %の信頼区間は，それぞれ**

$$\left[\overline{X}-1.96\cdot\frac{\sigma}{\sqrt{n}},\ \overline{X}+1.96\cdot\frac{\sigma}{\sqrt{n}}\right],\ \left[\overline{X}-2.58\cdot\frac{\sigma}{\sqrt{n}},\ \overline{X}+2.58\cdot\frac{\sigma}{\sqrt{n}}\right]$$

# 108 母比率の推定

**アプローチ**

母集団の中である性質 $A$ をもつ母比率を $p$ とし，この母集団から大きさ $n$ の標本を無作為抽出します．このとき，性質 $A$ が現れる回数を $X$ とすると，$X$ は二項分布 $B(n,\ p)$ に従います．

さらに，$n$ を大きくすると $\dfrac{X-np}{\sqrt{np(1-p)}}$ は標準正規分布 $N(0,\ 1)$ に従います．よって，95 %の確率で

$$\frac{|X-np|}{\sqrt{np(1-p)}} \leqq 1.96$$

が成り立つから

$$-1.96\sqrt{np(1-p)} \leqq X-np \leqq 1.96\sqrt{np(1-p)}$$

$$-1.96\sqrt{\frac{p(1-p)}{n}} \leqq \frac{X}{n}-p \leqq 1.96\sqrt{\frac{p(1-p)}{n}}$$

ここで，標本比率を $R=\dfrac{X}{n}$ とおくと

$$-1.96\sqrt{\frac{p(1-p)}{n}} \leqq R-p \leqq 1.96\sqrt{\frac{p(1-p)}{n}}$$

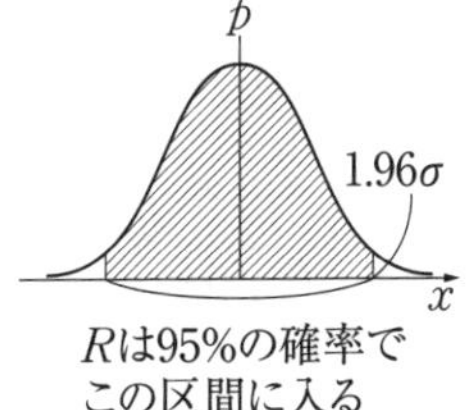

$R$は95%の確率でこの区間に入る

$n$ は大きいので，$p$ を $R$ で近似して

$$\left[\boldsymbol{R-1.96\sqrt{\frac{R(1-R)}{n}},\ \ R+1.96\sqrt{\frac{R(1-R)}{n}}}\right]$$

◀**大数の法則**
事象 $A$ が起こる割合は，$n$ が大きくなるほど母比率 $p$ に近づきます．

信頼度 99 %の信頼区間は

$$\left[\boldsymbol{R-2.58\sqrt{\frac{R(1-R)}{n}},\ \ R+2.58\sqrt{\frac{R(1-R)}{n}}}\right]$$

**解答**

(1) 定義から，$i=1,\ 2,\ \cdots,\ n$ に対して

$$P(X_i=1)=p,\ \ P(X_i=0)=1-p$$

となるから，$X_i$ の平均と分散は

$$E(X_i)=1\cdot p+0\cdot(1-p)=p$$

$$V(X_i)=(1-p)^2\cdot p+(0-p)^2\cdot(1-p)$$
$$=p(1-p)$$

◀$E(X_i^2)$
$=1^2\cdot p+0^2\cdot(1-p)=p$
から
$V(X_i)$
$=E(X_i^2)-\{E(X_i)\}^2$
$=p-p^2$

よって

第9章

$$E(\overline{X})=E\left(\frac{1}{n}\sum_{i=1}^{n}X_i\right)=\frac{1}{n}\sum_{i=1}^{n}E(X_i)=\boldsymbol{p}$$

◀$E(X_1+X_2+\cdots+X_n)$
$=E(X_1)+E(X_2)+\cdots$
$+E(X_n)$

また，$X_i(i=1,\ 2,\ \cdots,\ n)$ は互いに独立だから

$$V(\overline{X})=V\left(\frac{1}{n}\sum_{i=1}^{n}X_i\right)$$
$$=\frac{1}{n^2}\sum_{i=1}^{n}V(X_i)=\boldsymbol{\frac{p(1-p)}{n}}$$

◀$X_i$ が独立のとき
$V(X_1+X_2+\cdots+X_n)$
$=V(X_1)+V(X_2)+\cdots$
$+V(X_n)$

(2) 標本比率 $R$ は

$$R=\frac{320}{400}=\frac{4}{5}$$

だから，母比率 $p$ の信頼度 95 %の信頼区間は

◀両端は
$R\pm1.96\sqrt{\frac{R(1-R)}{n}}$

$$\left[0.8-1.96\cdot\frac{\sqrt{0.8\cdot0.2}}{20},\ 0.8+1.96\cdot\frac{\sqrt{0.8\cdot0.2}}{20}\right]$$

$\iff$ $[0.8-1.96\cdot0.02,\ 0.8+1.96\cdot0.02]$

$\iff$ $[0.7608,\ 0.8392]$

小数第 3 位を四捨五入して，**[0.76, 0.84]** である．

**参考** **(チェビシェフの不等式)**

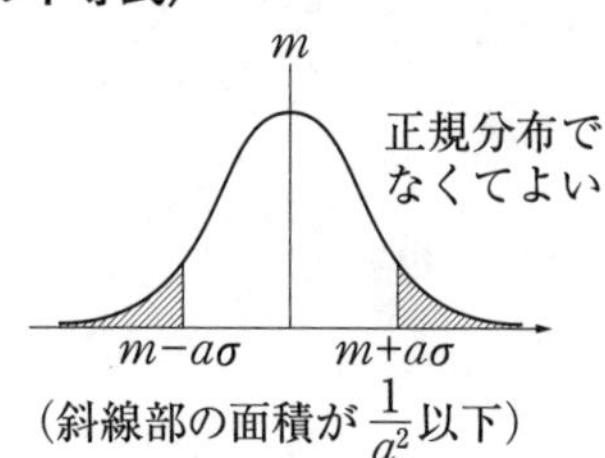


（斜線部の面積が $\frac{1}{a^2}$ 以下）

$$P(|X-m|\geqq a\sigma)\leqq\frac{1}{a^2}\iff P(|X-m|\leqq a\sigma)\geqq1-\frac{1}{a^2}$$

**参考** **(大数の法則)**

二項分布 $B(n,\ p)$ において，チェビシェフの不等式から

$$P(|X-np|\leqq a\sqrt{np(1-p)})\geqq1-\frac{1}{a^2}$$

$T=\frac{X}{n}$ とすると

$$P\left(|T-p|\leqq a\sqrt{\frac{p(1-p)}{n}}\right)\geqq1-\frac{1}{a^2}$$

ここで，$a$ がどんなに大きくとも $n$ を十分大きくとれば，$a\sqrt{\frac{p(1-p)}{n}}$ はいくら

でも小さくできるから，$T$ が $p$ に近い値をとる確率はほとんど1になります．
　つまり，試行回数 $n$ を増やせば，事象 $A$ が起こる割合は一定の値 $p$ に近づくということです．

**メインポイント**

**95 %，99 %の信頼区間は，それぞれ**

$$\left[R-1.96\sqrt{\frac{R(1-R)}{n}},\ R+1.96\sqrt{\frac{R(1-R)}{n}}\right]$$

$$\left[R-2.58\sqrt{\frac{R(1-R)}{n}},\ R+2.58\sqrt{\frac{R(1-R)}{n}}\right]$$

第9章

## 109 検定

**アプローチ**

正しい乱数サイならば，200 回振るとき 9 の目が出る回数の期待値は $200\cdot\frac{1}{10}=20$ 回 です．30 回出たのは多すぎないか？このサイがおかしいのではないか？と疑う訳です．そこで，仮説

『9 の目が出る確率が $\frac{1}{10}$ である』

を立て，正しいか正しくないかを標本をもとに判断することを検定といいます．

**危険率(有意水準)**：立てた仮説を採択するか，棄却するかを，標本をもとに判断する基準を危険率または有意水準という．通常 1 %あるいは 5 %をとる．

ただし，検定では

**第 1 種の誤り**：仮説が正しいのに，棄却する誤り …危険率 5 %または 1 %

**第 2 種の誤り**：仮説が正しくないのに，採択する誤り

があります．

◀『9 の目が出る確率は $\frac{1}{10}$ でない』を示したいので，棄却したい仮説を立てます．

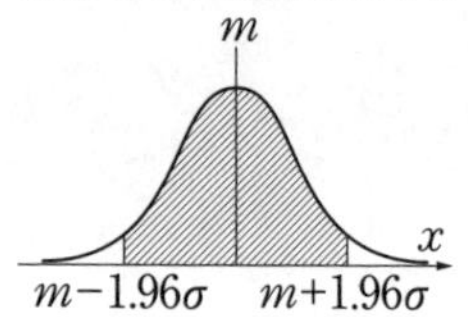


◀ 5 %の危険率で
$(-\infty,\ m-1.96\sigma)$
または
$(m+1.96\sigma,\ \infty)$
にあるとき，仮説がおかしいと判断します．これを，両側検定といいます．

**解答**

(1) 目の和が 14 となる数字の組

$(a,\ b)(a\leqq b)$

を書き出すと

$(5,\ 9),\ (6,\ 8),\ (7,\ 7)$

$\therefore\quad (2+2+1)\left(\frac{1}{10}\right)^2=\mathbf{\frac{1}{20}}$

(2) 確率分布は次の通り．

| $X$ | 0 | 1 | 2 | 3 | 4 | 5 | 6 | 7 | 8 | 9 |
|---|---|---|---|---|---|---|---|---|---|---|
| $P(X)$ | $\frac{5}{50}$ | $\frac{9}{50}$ | $\frac{8}{50}$ | $\frac{7}{50}$ | $\frac{6}{50}$ | $\frac{5}{50}$ | $\frac{4}{50}$ | $\frac{3}{50}$ | $\frac{2}{50}$ | $\frac{1}{50}$ |

$$\therefore\quad E(X)=\frac{1}{50}(0\cdot5+1\cdot9+2\cdot8+3\cdot7+4\cdot6$$
$$+5\cdot5+6\cdot4+7\cdot3+8\cdot2+9\cdot1)$$

$$=\frac{165}{50}=\mathbf{\frac{33}{10}}$$

$$E(X^2)=\frac{1}{50}(0^2\cdot5+1^2\cdot9+2^2\cdot8+3^2\cdot7+4^2\cdot6$$
$$+5^2\cdot5+6^2\cdot4+7^2\cdot3+8^2\cdot2+9^2\cdot1)$$
$$=\frac{825}{50}=\frac{165}{10}$$

$$\therefore\quad V(X)=\frac{165}{10}-\left(\frac{33}{10}\right)^2=\mathbf{\frac{561}{100}}$$

◀ $V(X)=E(X^2)-\{E(X)\}^2$

(3) 9の目が出る回数を $X'$ とおく．9の目が出る確率を $\frac{1}{10}$ とすると

$$E(X')=m=200\cdot\frac{1}{10}=20$$

$$\sigma=\sqrt{V(X')}=\sqrt{200\cdot\frac{1}{10}\cdot\frac{9}{10}}=3\sqrt{2}$$

よって，95 %と 99 %の確率で，それぞれ

$$|X'-m|=|X'-20|\leqq1.96\cdot3\sqrt{2}=8.3\cdots$$
$$\therefore\quad 11.6\leqq X'\leqq28.3$$
$$|X'-20|\leqq2.58\cdot3\sqrt{2}=10.9\cdots$$
$$\therefore\quad 9.0\leqq X'\leqq30.9$$

が成り立つ．$X'=30$ だから

『9の目が出る確率が $\frac{1}{10}$ である』

とは，**有意水準5 %ではいえないが，有意水準1 %ならばいえないことはない．**

◀ 仮説は，棄却されるときに意味をもつ．$X'=30$ は 99 %の区間を満たすが，仮説が正しくないとはいえない，つまりはいえないことはないを意味する．

**参考** **(両側検定，片側検定)**

$Z=\frac{X'-20}{3\sqrt{2}}$ とおくと，$X'=30$ のとき $Z=\frac{10}{3\sqrt{2}}=2.35\cdots$ となります．

図の斜線部に入れば，仮説を棄却します．

(1) (両側検定)『9の目が出る確率が $\frac{1}{10}$ でない』を示したい．

2.35＞1.96，2.35＜2.58 だから

5 %の危険率で棄却できるが，1 %ならば棄却できない

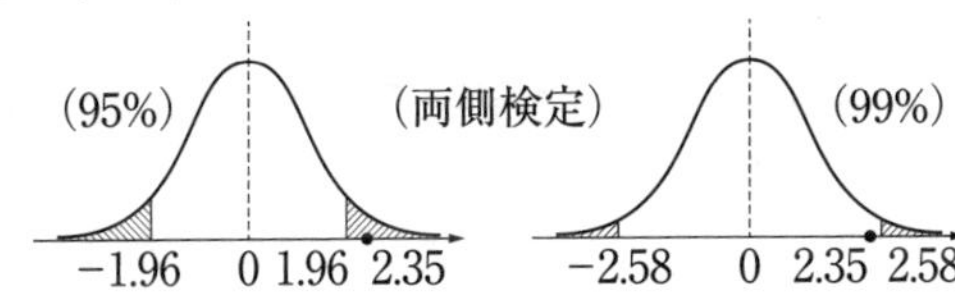


第9章

(2) (片側検定)『9の目が出る確率が $\frac{1}{10}$ より大きい』を示したい.

2.35＞1.65, 2.35＞2.33 だから

5％でも1％でも棄却できる

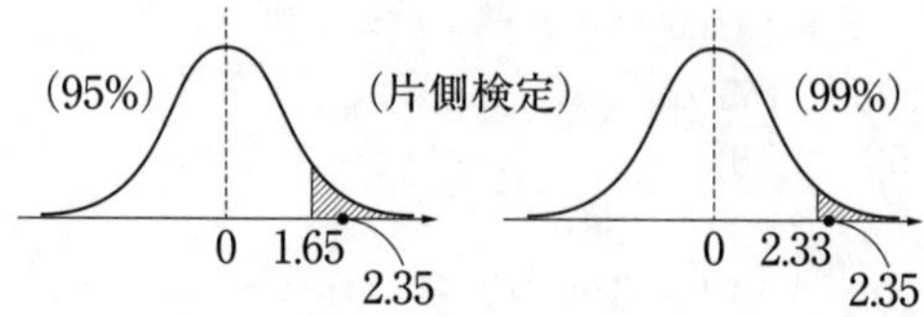


**メインポイント**

**棄却したい仮説を立て，危険率(有意水準)5％あるいは1％で棄却できるかを判断する**

# 110 推定・検定

**アプローチ**

⑴では，本来の割合ならば16人のところ8人しか副作用が出ていません．「新しい薬は効果がある」が示したいことです．仮説

『副作用の発生する割合が4％である』

を立てて検定します．

◀副作用の発生が「低い」といえるのかとあるので，片側検定です．

⑵は母比率の信頼区間

$$\left[R-1.96\sqrt{\frac{R(1-R)}{n}},\ R+1.96\sqrt{\frac{R(1-R)}{n}}\right]$$

にあてはめるだけです．

**解答**

⑴　副作用が発生した人数を $X$ とする．

『副作用の発生する割合が4％である』

とすると

$$E(X)=400\cdot0.04=16$$

$$V(X)=400\cdot0.04\cdot0.96=16\cdot\frac{24}{25}$$

$$\therefore\quad \sigma=\sqrt{V(X)}=\frac{8\sqrt{6}}{5}=3.919\cdots$$

400は十分大きいので，95％の確率で

$$\frac{X-16}{3.9}\geqq-1.65$$

◀95％の確率で $\dfrac{X-np}{\sqrt{np(1-p)}}\geqq-1.65$

$$\Longleftrightarrow\ 16-1.65\cdot3.9\leqq X\qquad\therefore\quad X\geqq9.565$$

$X=8$ はこの区間にないから，**危険率5％では副作用が発生する割合が低いといえる．**

次に，99％とすると

$$16-2.33\cdot3.9\leqq X\qquad\therefore\quad X\geqq6.913$$

◀99％の確率で $\dfrac{X-np}{\sqrt{np(1-p)}}\geqq-2.33$

$X=8$ はこの区間にあるから，**危険率1％では副作用が発生する割合が低いとはいえない．**

⑵　標本比率 $R$ は

$$R=\frac{20}{1000}=0.02$$

だから，製品全体の不良率の信頼度95％の信頼区間は

◀信頼区間の両端は $R\pm1.96\sqrt{\dfrac{R(1-R)}{n}}$

第9章

$$\left[0.02-1.96\cdot\sqrt{\frac{0.02\cdot0.98}{1000}},\ 0.02+1.96\cdot\sqrt{\frac{0.02\cdot0.98}{1000}}\right]$$

$$\Longleftrightarrow\left[0.02-1.96\cdot\frac{7\sqrt{10}}{5000},\ 0.02+1.96\cdot\frac{7\sqrt{10}}{5000}\right]$$

$1.96\cdot\dfrac{7\sqrt{10}}{5000}\fallingdotseq0.0087$ より，$[0.0113,\ 0.0287]$ となるから，**不良率は 1.1 %から 2.9 %の間である．**

類題 **1**

数直線上の原点に立つ人が確率 $p$ で表が出るコインを投げて，表が出れば $+1$ 進み，裏が出れば $-1$ 進むとする．その場所で再びコインを投げ，その結果に応じて $+1$ または $-1$ 進む．これを 100 回繰り返した後に，この人が $-60$ の位置にいたとする．このデータに基づいて，$p$ の値を信頼度 95 %で推定せよ．ただし，信頼区間の端点は小数点以下第 2 位まで求めよ．

（筑波大・改）

解答

100 回コインを投げるとき，表が $k$ 回出たとすると，
この人の位置は

$$k-(100-k)=2k-100$$

$$\therefore\quad 2k-100=-60\quad\therefore\quad k=20$$

よって，標本比率が $\dfrac{20}{100}=0.2$ となり，信頼区間は

$$0.2-1.96\cdot\frac{\sqrt{0.2\cdot0.8}}{10}\leqq p\leqq0.2+1.96\cdot\frac{\sqrt{0.2\cdot0.8}}{10}$$

$$\Longleftrightarrow 0.2-1.96\cdot0.04\leqq p\leqq0.2+1.96\cdot0.04$$

$$\therefore\quad 0.1216\leqq p\leqq0.2784$$

小数点以下第 2 位までだから，信頼区間は
$0.12\leqq p\leqq0.27$ である．

**類題 2**

ある種のメダカの黒色個体と白色個体を交配させたところ，黒色個体ばかりを得た．この第 2 代の黒色個体どうしを交配させた結果，黒色個体 162 尾，白色個体 63 尾が生じた．このメダカの体色の遺伝が，メンデルの法則に従うとすれば，第 3 代の体色の分離比は 3：1 となるはずである．この実験結果がメンデルの法則に矛盾するか，しないかを危険率 5 %で検定せよ．

（旭川医大）

**解答**

仮説を『メンデルの法則に従う』，すなわち

黒色が出る確率 $\frac{3}{4}$，白色が出る確率 $\frac{1}{4}$

とする．黒色個体の数を $X$ とすると

$$E(X)=225\cdot\frac{3}{4}=168.75$$

$$\sigma=\sqrt{V(X)}=\sqrt{225\cdot\frac{3}{4}\cdot\frac{1}{4}}=\frac{15}{4}\sqrt{3}=6.495$$

よって，95 %の確率で

$$168.75-1.96\cdot6.495\leqq X\leqq168.75+1.96\cdot6.495$$

$$\therefore\quad 156.02\leqq X\leqq181.48$$

$X=162$ はこれを満たすから，メンデルの法則に矛盾しない．

第9章

**メインポイント**

**推定，検定は得点源になる．信頼区間など，公式をしっかり覚えよう**

# MEMO

MEMO

〔大学入試 全レベル問題集 数学Ⅰ＋A＋Ⅱ＋B＋ベクトル④(改訂版) 解答編〕東海林藤一 S4g252